100세 시대를 위한 건강한 식생활

100세 시대를 위한 건강한 식생활

신말식 · 서정숙 · 권순자 · 우미경 · 이경애 · 송미영

교문사

머리말

건강은 신체적·정신적·사회적 웰빙과 질병이 없는 완전한 상태라고 세계보건기구는 정의하고 있다. 또한 행복한 삶(웰니스)을 위해서는 신체적 건강, 사회적 건강, 정신 건강, 정서적 건강, 환경 건강, 영적 건강이 잘 순환되어야 한다. 그러나 건강과 장수가 시대의 화두로 떠오른지 오래되었으나, 생활습관에서 오는 만성질환의 증가와 식품 안전성에 대한 우려도 높아지고 있어, 행복한 삶을 영위하기에는 아직도 많은 어려움이 있다. 이를 타개하기 위하여 웰빙, 로하스, 킨포크 라이프와 같은 여러 생활양식이 대두되어 왔으나, 기후변화와 과학기술 발달로 인한 미래의 식생활 변화에 대처하고 건강한 식생활을 영위하기 위해서는 보다 더 다양하고 정확한 많은 정보가 필요하다 하겠다. 이러한 이유로 저자들은 미래지향적인 새로운 식생활 관련 교양 교재의 필요성을 느껴, 함께 뜻을 모아 교재를 집필하기에 이르렀다.

본서는 100세 시대를 위한 건강한 식생활 실천에 도움이 되는 내용을 담았으며, 다음과 같이 다섯 개 파트를 체계적으로 구성하였다.

첫째, 건강한 식생활에 대하여 살펴보았다.

건강한 식생활은 균형 잡힌 식생활과 바람직한 생활양식에서 비롯된다는 것을 강조하였으며, 그 방법을 제시하였다. 또한 사회·경제 발전과 더불어 가치관이 다양화된 글로벌 시대에 우리는 식생활에서 무엇을 바라고 있는지, 섭취 현황은 어떤지 최신 통계로 알아보았다.

둘째, 질병 예방을 위한 식생활 요인에 대하여 살펴보았다.

현재 우리나라는 인구 고령화가 빠르게 진행되고 있어, 암, 심혈관계 질환, 당뇨병 등 만성질환의 발생률이 크게 증가하고 있다. 이에 현대인의 질병과 식생활의 관련성, 만성질환 예방에 기여하는 식사요인에 대하여 알아보았다.

셋째, 식품과 건강에 대하여 살펴보았다.

건강한 식생활은 올바른 식품 선택과 관리가 필수적이다. 이에 관심이 높아지고 있는 자연식품, 갈수록 소비가 증가하고 있는 다양한 가공식품과 편의식품, 이에 더하여 건강기능식품과 조사처리식품 및 유전자변형식품에 대하여 알아보고, 올바른 선택을 할 수 있는 정보를 제공하였다. 또한 안전한 식생활을 영위하기 위한 식중독 예방에 대해서도 알아보았다.

넷째, 건강한 조리법과 상차림에 대하여 살펴보았다.

아무리 식품을 올바로 선택했다 하더라도 조리과정에서 심한 영양소 파괴나 과다한 열량 증가, 유해물질 생성 등이 일어나면 건강한 식생활을 영위할 수가 없다. 이에 건강에 영향을 줄 수 있는 조리용구, 식기류, 포장재 등과 조리방법에 대하여 알아보고, 건강한 조리를 할 수 있는 방안을 제시하였다. 더 나아가 아름답고 쾌적한 식생활을 위한 식탁 차리기에 도움이 되는 다양한 정보를 제공하였다.

다섯째, 음식문화와 미래의 식생활에 대하여 살펴보았다.

최근 사회·경제·문화적 환경변화에 따라 증가하고 있는 외식과 관련된 식생활 동향과 건강한 외식생활을 위한 음식 선택에 대하여 알아보고, 아시아 지역과 지중해 지역의 음식문화와 건강에 대하여 살펴보았다. 또한 기후변화와 과학기술 발달로 인한 미래의 식생활 변화를 가져올 새로운 식품소재들에 대한 최신 정보도 제공하여, 미래의 식생활을 준비하도록 하였다.

본서의 목적과 취지를 살리기 위하여 최선을 다하여 집필하였으나, 아직도 미비한 점이 있을 것이다. 이에 대하여 독자들의 애정 어린 조언을 바라는 한편, 100세 시대를 위한 건강한 식생활을 추구하는 분들에게 조금이나마 도움이 되기를 기대한다. 이 책이 나오기까지 많은 도움을 주신 교문사 류제동 회장님과 아름다운 디자인으로 편집해 주신 편집부 직원들께 감사드린다.

2018년 5월

저자 일동

차례

HEALTHY EATING

FOR THE **AGE** OF **CENTENARIANS**

PART I

건강한 식생활

CHAPTER 1

건강한 식생활

식생활은 인간이 생명 및 성장과 건강을 유지하기 위해 필요한 영양소와 기능성 물질을 식품을 통해 섭취하기 위해 음식을 먹는 일을 말하며, 식품 섭취를 통해 식욕과 오감을 만족시킬 수 있다. 세계보건기구(WHO)의 정의에 의하면 건강은 단순히 질환의 부재 상태가 아니라 신체적·정신적 및 사회적 전반에 걸친 안녕 상태라고 하였다. 즉 식생활은 건강에 영향을 주는 중요한 요인으로 건강과 밀접한 관계가 있다.

1. 식생활과 건강

1) 식생활의 중요성

식생활을 통해 제공된 영양소는 생명 유지에 필요한 에너지를 공급하고, 신체를 구성하며, 체내의 여러 기능을 조절하여 정상적인 생활을 영위하도록 하는 중요한 요소이다. 식생활에 기인된 영양소의 불균형으로 각종 질환이 발병될 수 있으며 이로 인해 신체적·정신적 및 사회적 문제가 나타나므로 올바른 식생활은 매우 중요하다.

우리나라는 영양 부족과 영양 과잉의 문제를 모두 가지고 있는데 칼슘 등 영양소의 섭취 부족은 지속되고 있으며, 가임기 여성의 저체중 문제, 만성질환을 가진 노인의 저영양 문제도 중요한 과제이다. 성인 3명 중 1명은 비만으로 지방과잉섭취자의 에너지 분율은 증가하고 있고 나트륨은 세계보건기구(WHO)에서 권하는 제한선인 2,000mg의 2배 이상을 섭취하고 있다. 영양 부족은 결핍증뿐 아니라 면역기능을 저하시켜 감염성 질환에 의한 사망률을 높이며, 영양 과잉은 비만, 심장질환, 당뇨병, 암과 같은 만성질환의 유발 가능성을 높이므로 식생활을 통해 적절한 영양섭취를 유지하도록 해야 한다.

2) 건강 관련 트렌드

건강의 정의가 치료(cure)가 아닌 관리(care)의 개념으로 바뀌면서 건강수명에 대한 욕구가 강해지고 있다. 건강은 인간의 신체와 정신을 포함하는 전체적인 상태와 질병이나 마음의 상처 존재 유무가 영향을 준다. WHO는 1946년 넓은 의미에서 건강은 신체적·정신적·사회적 웰빙과 질병이 없는 완전한 상태로 정의하였다. 최적의 웰니스(wellness, 행복한 삶)를 위해서는 신체적 건강(physical health), 사회적 건강(social health), 정신 건강(mental health), 정서적 건강(emotional health), 환경 건강(environmental health), 영적 건강(spiritual health)이 잘 순환되어야 한다(그림

표 1-1 헬스케어의 패러다임 변화

구분	1.0(공중보건의 시대)	2.0(질병치료의 시대)	3.0(건강수명의 시대)
시대	• 18~20세기 초	• 20세기 초~말	• 21세기 이후
대표적 기술혁신	• 인두접종 개발	• 페니실린 개발	• 인간게놈프로젝트
목적	• 전염병 예방과 확산 방지	• 질병의 치료·치유	• 질병 예방 및 관리를 통한 건강한 삶 영위
주요 지표	• 전염병 사망률	• 기대수명, 중대질병 사망률	• 건강수명, 의료비 절감, 만족도(+ 경험)
공급자	• 국가	• 제약/의료기기 회사, 병원	• 기존 공급자 + IT, 전자, 건설, 자동차 회사 등
수요자	• 전 국민(시민)	• 환자	• 환자 + 정상인
헬스케어 산업의 주요 변화	• 예방접종, 상하수도 보급 • 청진기, X-Ray 발명 • 의사 양성체제 확립	• 제약/의료기기/병원의 산업화 • 신약 및 치료법 개발	• 유전자 조기진단 • 맞춤치료제 등장 • U-헬스의 보급

자료 : 삼성건강연구소(2012). 헬스케어 3.0 건강수명 시대의 도래. SERI 보고서.

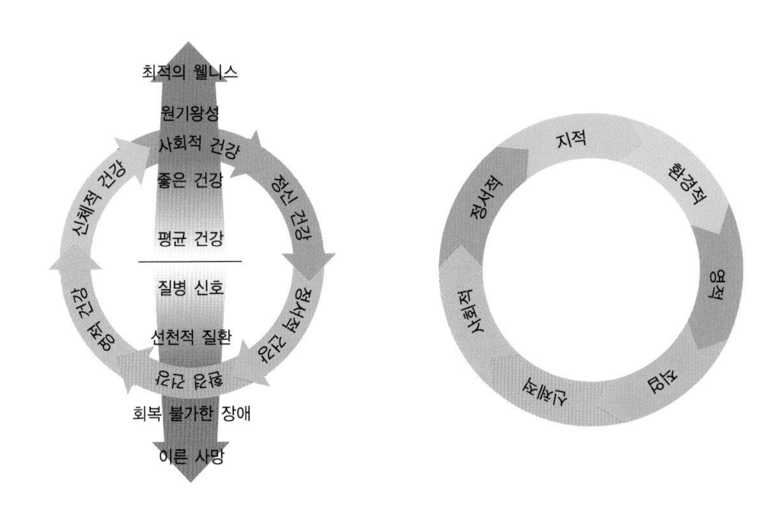

그림 1-1 최적의 웰니스를 나타내는 6가지 건강과 7가지 관점

1-1). 그러면 평균 건강을 유지하면서 점차 원기가 왕성해지고 최적의 행복한 삶을 영위하게 된다. 그렇지 않으면 질병의 신호가 오게 되고 만성적인 질환에서 되돌릴 수 없는 장애를 거쳐 수명이 단축된다.

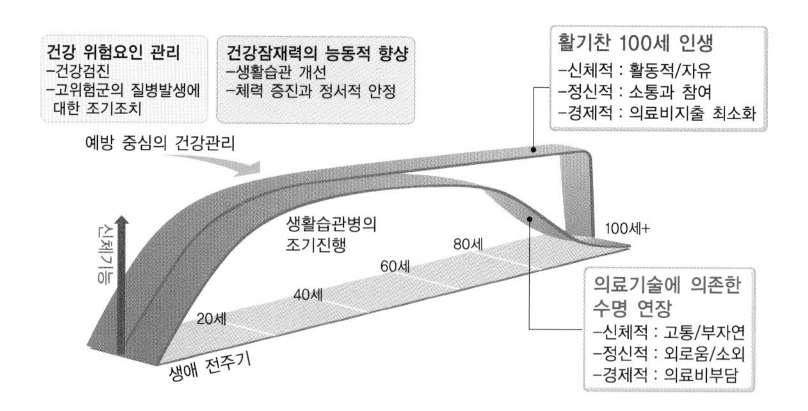

그림 1-2 건강 수명의 중요성

자료 : 한국생산기술연구원(2012).

또한 웰니스는 신체적 활동과 바른 식생활 이상의 것이다. 일리노이스 주립대학교에서는 웰니스는 건강의 최고 수준을 성취하고, 각각의 관점에서 개인 잠재력의 최대 성취와 관련이 있다고 하였다. 총체적인 신체의 웰니스는 정서적, 환경적, 지적, 신체적, 사회적, 영적 및 직업과 관련된 관점을 아우르고 있다. 이 7가지의 관점은 균형 잡힌, 건강한 그리고 행복한 삶을 성취하는 데 열쇠가 된다.

그러므로 건강 수명은 건강 위험요인을 관리하고 건강잠재력을 능동적으로 향상시키며 신체적 활동의 자유와 정신적인 소통 및 참여에 매우 중요하다.

(1) 건강을 지키기 위한 최근 트렌드

① 1인 가구 증가에 따른 혼밥, 혼술 시대에 건강을 지키는 식사법

- 식사 시간은 적어도 20분을 유지함
- 적어도 하루 한 번은 과일을 먹음
- 반찬은 3가지 이상 먹음

1인 가구의 증가로 인해 간편식, 편의식 시장이 증가하고 있다(그림 1-3). 가정에서 식사를 준비하는 것보다는 준비된 간편가정식(HMR, Home Meal Replacement)을

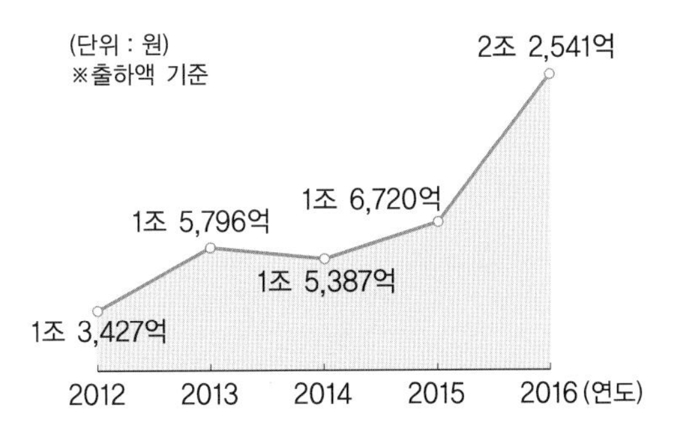

그림 1-3 간편식 시장의 증가 양상

자료 : 농림축산식품부·한국농수산식품유통공사.

이용하거나 외식을 선호하게 되므로 1인용 과일, 간편식 등이 식생활의 트렌드로 나타나며, 건강에 대한 관심의 증가로 간편식이나 패스트푸드 등의 재료가 고급화되고 안전한 재료를 사용하는 경향을 보이고 있다.

② 덴마크의 삶의 방식인 휘게

휘게(hygge)는 덴마크어로 '안락하고 아늑한 상태'라는 뜻으로 전 세계에서 가장 행복한 나라로 꼽히는 덴마크의 삶의 방식이다. 덴마크 행복연구소에서 추천하는 십계명 중에는 달콤한 음식인 초콜릿, 쿠키, 케이크 등으로 마음을 여유롭게 하라는 것이 포함된다.

③ 셀프 헬스 케어

셀프 헬스 케어는 모바일 혹은 스마트 헬스 케어라고 할 수 있다. 실시간으로 체지방·심박동 수를 측정하는 스마트 밴드나 스마트 기기를 이용하여 체성분, 걸음 수, 심박동 수 등 활동량 정보와 건강상태를 측정할 수 있으며 애플리케이션을 이용하여 자신에게 맞는 정보를 얻을 수 있다.

또한 건강보험심사평가원 홈페이지 상단의 의료정보 배너에서 개인정보 수집 동의 후 주민등록번호와 공인인증서를 입력하면 의약품안심서비스(DUR) 점검을 시행한 기관에서 병원이나 약국에서 조제받은 최근 3개월(90일)간의 의약품 투여 내역을 확인할 수 있다.

④ 프로바이오틱스를 함유한 식품 즐기기

프랑스의 음식전문학교인 르 꼬르동 블루(Le Cordon Bleu) 동문들이 바라 본 식품 트렌드는 소화건강에 좋은 발효식품을 활용하는 것으로, 소비자들이 프로바이오틱스가 포함된 발효식품을 즐기게 될 것이며 건강에 좋고 맛과 예술적인 멋이 있는 식품을 활용하게 될 것이라 밝혔다. 이후 발효식품에 대한 관심은 2016년 열풍을 시작으로 현재까지 계속되고 있다.

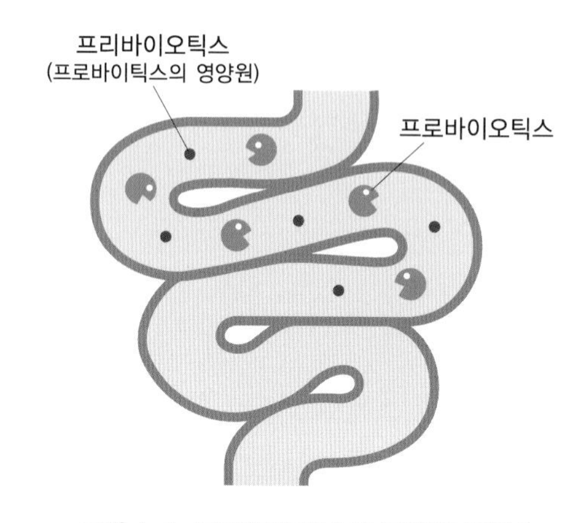

그림 1-4 프로바이오틱스와 프리바이오틱스

⑤ 디톡스를 이용한 트렌드

할리우드 배우들의 다이어트 방법 중 하나로 소개된 인체 내에 축적된 독소를 뺀다는 개념의 해독요법인 디톡스(detoxification, detox) 바람이 건강 트렌드로 자리매김하고 있다. 초기에 유행했던 레몬 디톡스의 문제점이 최근 밝혀지면서 몸에 무리 없이 건강하게 해독이 가능한 각종 채소와 과일을 그대로 착즙하거나 첨가물 없이 갈아서 마시는 주스 클렌즈(juice cleanse) 음료 시장도 뜨겁게 부상하고 있다. 단기간 시도하더라도 근육 손실을 방지하기 위해 콩, 두부, 달걀 등 단백질식품을 병행 섭취하는 것을 권하고 있다. 이는 환경오염, 화학 성분이 가득한 가공식품, 불규칙한 식사, 바쁜 업무로 인한 스트레스 등 우리 몸에 독성 물질이 쌓이는 원인들이 갈수록 늘고 있기 때문이다.

국민 공통 식생활 지침

1. 쌀·잡곡, 채소, 과일, 우유·유제품, 육류, 생선, 달걀, 콩류 등 다양한 식품을 섭취하자.
2. 아침밥을 꼭 먹자.
3. 과식을 피하고 활동량을 늘리자.
4. 덜 짜게, 덜 달게, 덜 기름지게 먹자.
5. 단 음료 대신 물을 충분히 마시자.
6. 술자리를 피하자.
7. 음식은 위생적으로, 필요한 만큼만 마련하자.
8. 우리 식재료를 활용한 식생활을 즐기자.
9. 가족과 함께 하는 식사 횟수를 늘리자.

3) 식생활 지침

우리 국민의 곡류 섭취량과 가족 동반 식사율이 감소하고 1일 육류 섭취량과 아침식사 결식률이 증가하는 등 국민 건강 통계가 변화되고 있다. 이런 식생활을 개선하기 위하여 보건복지부는 2016년 4월 8일 농림축산식품부, 식품의약품안전처와 함께 국민의 건강과 균형 잡힌 식생활을 위한 가이드라인 '국민 공통 식생활 지침'을 발표했다. 이는 각 영역마다 국민의 주요 건강·영양문제와 식품안전, 식품소비행태 및 환경요인 등을 검토해 도출했다. 특히 만성질환 관련 사회·경제적 부담, 곡류 섭취 감소, 과일·채소 섭취 부족, 당류 섭취 증가, 아침결식률 증가, 신체활동 실천율 감소 등 세부항목에 따라 지침이 마련되었다.

4) 나의 식생활 진단하기

현재 여러 기관에서 식생활이나 식습관, 식행동에 대한 평가 및 진단표를 제공하고 있다. 이를 이용하여 나의 식생활을 진단해 보자.

예 대한영양사협회의 〈올바른 식습관 평가하기〉, 경상북도 통합 건강증진사업지원단

의 〈나의 건강관리 체크 중 식생활 진단〉

표 1-2 나의 식생활 평가표

	평상시 나의 식생활	예(5점)	가끔(3점)	아니오(1점)
1	하루 3번 식사를 하는 날이 일주일에 5일 이상이다.	예 ○	가끔 ○	아니오 ○
2	식사 속도는 평균 10분 이상이다.	예 ○	가끔 ○	아니오 ○
3	식사 시 국과 김치를 제외한 3가지 이상의 반찬을 먹는다.	예 ○	가끔 ○	아니오 ○
4	과식하지 않는다.	예 ○	가끔 ○	아니오 ○
5	영양소를 고려한 균형 잡힌 식사를 한다.	예 ○	가끔 ○	아니오 ○
6	잡곡밥을 거의 매일 먹는다.	예 ○	가끔 ○	아니오 ○
7	육류나 달걀을 일주일에 5번 이상 먹는다.	예 ○	가끔 ○	아니오 ○
8	어패류(생선, 오징어, 조개 등)를 일주일에 3번 이상 먹는다.	예 ○	가끔 ○	아니오 ○
9	김치를 제외한 채소, 해조류, 버섯 등을 매 끼니 먹는다.	예 ○	가끔 ○	아니오 ○
10	과일을 매일 먹는다.	예 ○	가끔 ○	아니오 ○
11	우유나 유제품(요구르트, 치즈) 등을 매일 먹는다.	예 ○	가끔 ○	아니오 ○
12	외식할 때 음식이 짜다고 느낀다.	예 ○	가끔 ○	아니오 ○
13	심하게 탄 부분은 먹지 않는다.	예 ○	가끔 ○	아니오 ○
14	곰팡이가 핀 음식은 먹지 않는다.	예 ○	가끔 ○	아니오 ○
	평상시 나의 식생활	**예(1점)**	**가끔(3점)**	**아니오(5점)**
15	밑반찬, 젓갈류, 자반 등의 짠 음식을 매일 섭취한다.	예 ○	가끔 ○	아니오 ○
16	뜨거운 음식을 즐겨 먹는다.	예 ○	가끔 ○	아니오 ○
17	지방이 많은 육류(삼겹살, 갈비 등)는 3일에 1회 이상 먹는다.	예 ○	가끔 ○	아니오 ○
18	외식 시 숯불구이나 고깃집을 1주일에 1회 이상 간다.	예 ○	가끔 ○	아니오 ○
19	육가공식품(햄, 베이컨, 소시지 등)이나 라면, 인스턴트식품을 1주일에 3회 이상 먹는다.	예 ○	가끔 ○	아니오 ○
20	단 음식(아이스크림, 케이크, 스낵, 탄산음료, 꿀, 엿, 설탕 등)을 매일 섭취한다.	예 ○	가끔 ○	아니오 ○

[평가 결과]

평가기준	평가 내용
80~100점	지금까지의 식생활이 양호하다고 할 수 있습니다. 즉 건강을 유지하고 암을 예방할 수 있는 식생활을 하고 있다고 생각하시면 됩니다. 앞으로도 현재의 식생활을 유지하면서 암 예방을 위한 식생활 지침을 실천해 가시기 바랍니다.
60~79점	지금까지의 식생활에 큰 문제는 없으나 좋지 않은 식습관도 존재합니다. 암 예방 및 건강한 삶을 위해 식생활 개선의 노력이 필요하며, 암 예방을 위한 식생활 지침을 염두에 두고 생활하시기 바랍니다.
0~59점	지금까지의 식생활에 문제가 있으며, 이러한 식생활을 계속할 경우 암에 걸릴 위험이 높습니다. 또한 나쁜 식습관은 다른 만성질병을 일으킬 수도 있습니다. 지금까지의 식생활에 대해 반성을 하면서 암 예방을 위한 식생활 지침에 따라 현재의 식생활을 변화시키기 바라며, 식생활 전문가와 상담하시길 권장합니다.

자료 : 국가암정보센터 홈페이지.

2. 건강과 생활양식

생활양식 또는 라이프 스타일(lifestyle)이란 개인이 사회생활의 여러 영역에서 주어진 시간과 장소에서 선택적으로 살아가는 방식을 의미한다. 연령, 성별 및 유전적 요인 외에 건강을 결정하는 요인으로 개인 생활양식 요인, 사회 및 지역사회 영향, 생활 및 작업조건, 사회경제적 및 문화적·환경적 조건 등이 포함된다. 생활양식은 개인의 특성, 가치 또는 세계관을 반영하므로 자아를 세우고 개인의 정체성과 조화가 되는 문화적 상징을 만들어내는 것을 뜻한다(그림 1-5).

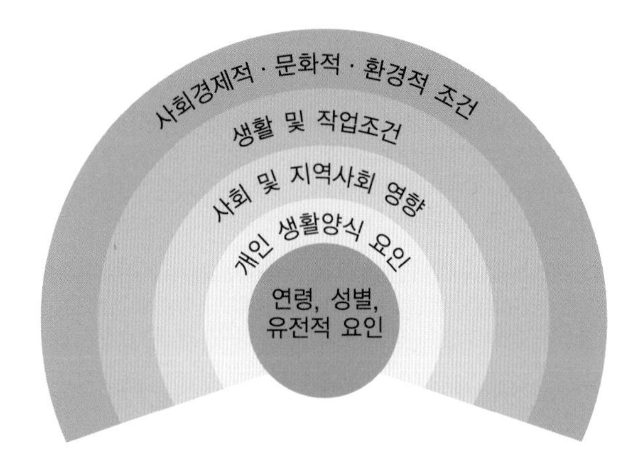

그림 1-5 건강에 사회적 가치를 촉진하기 위한 정책과 전략

자료 : Dahlgren G, Whitehead M(1991). Policies and Strategies to Promote Social Equity in Health. Stockholm, Sweden: Institute for Futures Studies.

1) 생활양식의 주요 지침

건강한 생활양식을 유지하기 위한 주요 지침에는 아래와 같이 5가지 방법이 있으며, 이것은 언제나 꾸준하게 반복 실행되어야 한다.

(1) 균형 잡힌 건강한 식사하기

과일과 채소, 지방을 줄인 유제품 및 통곡물은 건강한 식품 선택이며, 당이나 포화 지방이 높은 식품은 제한하는 것이 바람직하다. 균형 잡힌 식단으로 식사하는 것이 가장 좋으며 식이섬유, 비타민과 무기질이 풍부하게 함유된 식품을 섭취하는 것이 좋다.

(2) 물 많이 마시기

충분한 물의 섭취는 신체기능을 최적화하여 건강을 유지하게 한다. 따라서 음료보다는 충분한 물을 마시는 것이 좋다.

(3) 정기적인 운동과 정상체중 유지

규칙적인 신체 활동은 적정체중을 유지하고 면역력도 키울 수 있어 건강한 생활을 하도록 한다. 자신에게 맞는 신체 활동은 나이와 건강 상태에 따라 다르므로 적합한 운동을 즐겁게 하는 것이 좋다.

(4) 독소 최소화하기

독성이 체내에 남아 있으면 건강을 해치게 되므로 식이섬유를 많이 함유한 채소나 과일 등 식물성 식품을 섭취한다.

(5) 스트레스 관리

많은 사람들이 스트레스와 관련된 질병으로 고통을 받는다. 직장이나 가정의 기술 환경이나 다양한 여러 요인이 스트레스, 불안, 우울 등 수많은 증상을 야기시키고, 몸과 마음을 지치게 한다.

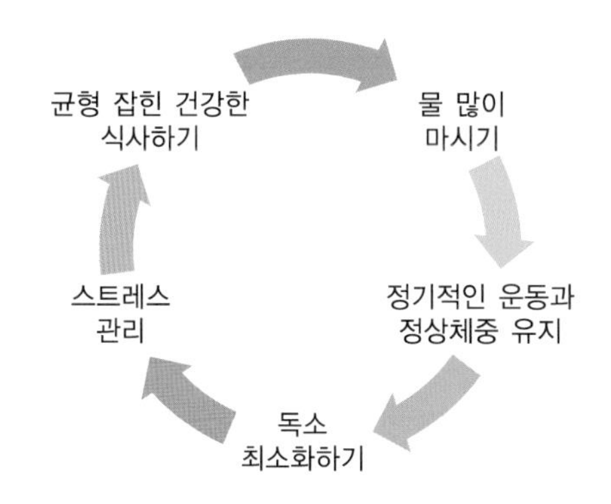

그림 1-6 건강한 생활양식을 위한 유용한 지침

위의 5가지 외에 금연과 적절한 음주, 수면과 휴식 등의 생활양식으로 건강 증진이 가능하다.

시카고 대학에 의한 연구에서는 질병, 유전, 습관, 환경 등 인간 수명에 지대한 영향을 미치는 125가지 수준을 설정한 것을 토대로 실제(신체적) 나이를 계산하고 있다. 그리고 이 나이를 젊게 하는 구체적인 생활습관 비법을 소개하고 있다. 선천적인 요소가 건강과 수명을 3% 정도만 결정짓는다는 사실을 강조하면서 좋은 생활습관을 실천할 것을 강조하고 있다.

2) 생활양식의 새로운 트렌드

(1) 욜로 트렌드

욜로(YOLO, You Only Live Once)는 자신의 행복을 가장 중시하며 살아가는 생활양식으로 미래에 대한 대비를 끊임없이 강조하며 현재를 희생하는 자본주의적 가치관에 지친 이들이 선호하고 있다. 어린 시절부터 극심한 경쟁에서 살아온 젊은층들은 한 번 사는 인생, 지금의 만족을 위해 살자는 욜로식 가치관을 적극 받아들이고 있다.

(2) 로하스 라이프

로하스(LOHAS, Lifestyles of Health and Sustainability)는 건강·환경·사회정의·자기발전과 지속적인 삶에 가치를 두는 소비집단의 라이프 스타일이다. 의식주에 영향을 주고 있는 웰빙 라이프와 비슷하나 의식 있는 중류층으로 환경친화적, 생태학적, 에너지 효율적인 제품을 소비하는 경향을 보이며 유기농식품으로 만든 신선한 건강식을 추구한다.

(3) 킨포크 라이프

킨포크(kinfolk)는 사전적 의미로 가족, 친척 등 가까운 사람을 뜻하며, 직접 재배한 유기농 식재료를 텃밭에서 수확해 친구들과 함께 소박한 식사를 나누고, 자전거를 교통수단으로 삼으며 자연친화적인 삶을 누리는 것이 킨포크 라이프이다. 이웃 간의 소박한 대화, 정갈한 자연주의 식사, 여유로운 삶을 추구하는 등 현대사회에서 힐링을 찾는 많은 사람들에게 각광받는 라이프 스타일이다.

(4) 액티브 시니어 라이프

액티브 시니어 라이프(active senior life)는 점점 고령화 사회로 진입함에 따라 새롭게 등장한 생활양식이다. 액티브 시니어란 은퇴 후, 소비와 여가생활을 즐기며 적극적인 사회활동에도 참여하는 50~60대 이상의 장·노년층을 말하며, 이들의 생활양식이 액티브 시니어 라이프이다. 액티브 시니어는 탄탄한 경제력을 바탕으로 프리미엄 제품에 대한 구매도가 높고, 소비시장의 주요 고객층으로 부상함에 따라 기존의 실버 세대와는 차원이 다르다는 평가를 받고 있다. 액티브 시니어의 활동으로 인해 생겨나고 있는 다양한 문화 양산도 액티브 시니어 라이프의 발전에 큰 기여를 하고 있다.

(5) 나홀로족 라이프

나홀로족, 일명 코쿤(cocoon)족은 다른 사람들과 어울리며 시간과 돈을 낭비하기보다는 자신만의 여가생활을 즐기는 사람들을 뜻한다. 과거에는 집단적인 문화를 추구했다면, 이제 개인주의적 문화로 바뀌고 있다고 할 수 있다. 코쿤족들의 라이프 스타일의 확산으로 혼밥, 혼술 문화가 탄생하게 되었다고 할 수 있다. 즉 1인 가구가 많아지면서 의식주 문화 전반에 영향을 미치는 라이프 스타일 트렌드이며 이에 맞는 다양한 문화가 생겨나고 있다.

3) 생활양식의 변화

(1) 수명을 감소시키는 생활양식

의료기술의 발달에 따라 평균수명이 증가하고 있으나 개개인이 건강하게 살아갈 수 있는 건강수명은 잘못된 식생활이나 생활습관에 의해 감소되고 있다. 노화와 사망을 촉진시키는 요인 중 생활양식은 매우 밀접한 관련이 있으며, 그림 1-7과 같이 당뇨병과 흡연으로 수명이 7년 감소하고 운동부족과 영양 과잉 및 부족은 3년, 수면장애로 인해서도 2년이 감소된다고 보고되었다. 잘못된 생활습관이 질병을 촉진시키며 조기

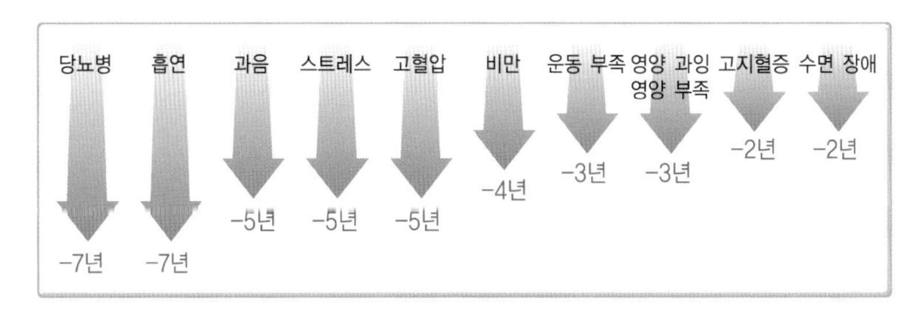

그림 1-7 질병이나 생활양식에 의한 감소 수명

사망의 원인이 된다는 사실을 보여 주고 있다.

(2) 신체나이를 젊게 하는 생활양식

신체나이를 젊게 하는 방법은 그림 1-8에 제시하였다. 스트레스 풀기, 금연, 운동과 소식으로 적정체중 유지, 숙면, 일광욕 등 생활양식을 개선하면 신체나이를 줄일 수 있다. 스트레스를 즉시 풀면 30년이 젊어지며 운동과 소식을 하여 적정체중을 유지하는 식생활 습관을 바꾸어도 6년이 젊어진다. 이 같이 건강한 삶을 살기 위해서는 생활양식이 중요하다는 것을 알 수 있다.

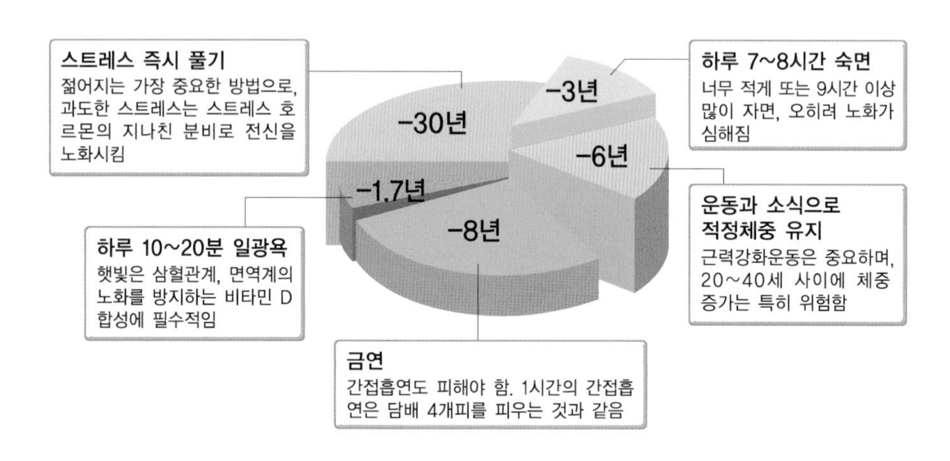

그림 1-8 신체나이를 젊게 하는 생활양식

(3) 삶의 질을 중시하는 생활양식의 미래전략

미래창조과학부 미래준비위원회는 2016년, 삶의 질(quality of life)을 중시하는 라이프 스타일 실현을 위한 미래전략을 다음과 같이 내놓았다.

① 삶의 질

삶의 질은 한 사회의 시민들, 한 나라의 국민들이 얼마나 인간다운 삶을 영위하고 있는가를 나타내는 지표를 말한다. 국민이 얼마나 물질적으로 풍요롭고 정신적으로 행복한 삶을 살고 있는가를 경제·사회·문화·환경 등 다양한 측면에서 포괄적으로 척도화한 지표로, 삶의 만족도와 유사한 개념으로 사용한다. 즉 생존과 안전, 물질적인 풍요에 초점을 맞추던 과거의 생활방식에서 벗어나, 행복하고 인간다운 삶을 강조한다는 의미다.

② 미래사회를 위한 포괄적 전략

그동안 급속하게 진행된 사회의 변화를 토대로 미래사회에서의 삶의 질을 중시하는 라이프 스타일은 개인의 행복을 제일 가치로 두면서 어떻게 공존해나갈 것인지가 핵심이다.

③ 지속가능 미래지향적 공동가치 추구

지속가능성은 환경보호뿐 아니라 자원의 효율적 활용, 기업의 사회적 책임, 경제성과의 공정한 배분 등을 포함한다.

④ 삶의 질 향상을 위한 과학기술의 역할

삶의 질을 추구하는 개인이 자신의 사회적 가치를 높이고 창의적으로 기여함으로써 성취되는 목표이므로 이에 대응하는 과학기술의 역할을 건강, 문화, 편리성, 환경 등에 연계하여 제시한다. 국민의 삶의 질이 과학기술로부터 소외되지 않도록 그 역할을 담당할 수 있도록 한다.

표 1-3 삶의 질을 중시하는 미래의 생활양식

구분	내용
건강	• 뇌·신경·혈관질환 예방 및 극복 • 스마트 헬스케어의 보편화 • 만성질환·난치병 맞춤형 치료기술 개발
문화·편리	• 인공지능에 의한 자동화 확산 • 스마트 교통수단의 개발 및 보급 • 증강현실을 활용한 첨단문화 인프라 조성
환경	• 체계적 재난재해·환경오염 대응시스템 구축 • 신재생에너지의 안정적 수급 및 활용 확산 • 온실가스 예방 및 저감을 통한 국제사회 기여

자료 : 미래창조과학부(2015), 미래준비위원회 보고서.

4) 나의 생활양식 진단하기

생활양식의 주요 지침에 따라 자신의 실제나이와 건강나이를 파악하고 건강을 위해 생활양식을 바꾸도록 노력하려면 다음과 같은 진단표로 평가해 보는 것도 필요하다.

표 1-4 나의 생활양식 진단표

구분	문항		점수
식생활	1. 항상 싱겁게 먹는다. 2. 신선한 과일이나 채소를 매 끼니 먹는다. 3. 검게 탄 음식을 먹지 않는다. 4. 식사를 규칙적으로 한다. 5. 간식을 먹지 않는다.	4개 이상 : -4점 3개 이상 : -2점 2개 : 0점 1개 : +2점 해당 없음 : +4점	
운동	1. 평균 일주일에 3회 이상 30분 이상 한다. (-2점) 2. 운동을 전혀 하지 않거나, 월 3회 미만 한다. (+2점) 3. 1번과 2번 중간에 해당된다. (0점)		
흡연	1. 전혀 피운 적이 없거나, 10년 전에 끊었다. (0점) 2. 5년 전에 끊었다. (+0.5점) 3. 1개월~5년 사이에 끊었다. (+1점) 4. 하루 1갑 미만을 피운다. (+3점) 5. 하루 2갑 이상 피운다. (+5점)		
음주	1. 전혀 마시지 않는다. (-1점) 2. 횟수 관계없이 주량은 소주 2홉 반병 이하이다. (0점) 3. 일주일에 1~3회 또는 한번에 소주 2홉 1병 이상을 마신다. (+2점) 4. 일주일에 4회 이상 또는 한번에 소주 2홉 1병 이상을 마신다. (+4점) 5. 2번과 3번 사이에 해당된다. (+1점)		
스트레스	1. 감당하기 힘든 어려움이 여러 번 있었다. 2. 내 방식대로 살려다 여러 번 좌절을 느꼈다. 3. 기본적인 욕구도 충족되지 않는다고 느낀 적이 있다. 4. 미래에 대해 불확실하다고 느낀 적이 자주 있다. 5. 할 일이 너무 많아 중요한 것을 잊거나 놓치기도 한다.	1개 이하 : -1점 2개 : 0점 3개 : +1점 4개 이상 : +2점	
연간 여행거리 혹은 위험한 직업	1. 서울-부산 거리의 10배 이하/일이 위험하지 않다. (-1점) 2. 서울-부산 거리의 10~19배 정도/일이 약간 위험하다. (+1점) 3. 서울-부산 거리의 20배 이상/일이 위험하고 사고 가능성이 있다. (+2점)		
운전 및 안전습관	1. 안전벨트를 항상 착용하고, 무슨 일을 할 때마다 안전에 주의한다. (-1점) 2. 1번의 사항 중 한 가지만 해당된다. (0점) 3. 1번의 사항 중 두 가지 모두 해당되지 않는다. (+1점)		

(계속)

구분	문항	점수
건강검진	1. 2년에 1회 이상 건강검진을 받는다. (–2점) 2. 전혀 건강검진을 받지 않는다. (+2점) 3. 1번과 2번 중간이다. (0점)	
나는 B형 간염 혹은 바이러스 보균자	1. 그렇다. (+3점) 2. 아니다. (0점) 3. 모른다. (+1점)	
비만도 {(본인체중 – 표준체중) / 표준체중} × 100	1. 표준체중(이상체중의 90~110%) (–1점) 2. 과체중/저체중(이상체중의 110~119% 또는 80~90%) (+1점) 3. 경도비만/저체중(이상체중의 120~129%/75~80% 미만) (+2점) 4. 고도비만/고도저체중(이상체중의 130% 이상 또는 74% 이하) (+3점)	

* 표준체중 = 신장 160cm 이상 : (신장 – 100) × 0.9
신장 150cm 이상 159cm 이하 : 50 + (신장 – 150) × 0.5
신장 150cm 이하 : 신장 – 100
체크리스트에서 나온 점수의 합을 본인의 실제 나이에 더한 것이 바로 건강나이임
예 표로 진단한 결과 –5가 나왔으면 건강나이는 실제 나이보다 5년 젊으며, +5가 나왔다면 5년이 더 든 것임

자료 : 삼성창원병원, 간단건강체크, 건강나이 측정법.

CHAPTER

2

글로벌 시대의 식생활

사회 · 경제 발전과 더불어 가치관의 변화로 인해 가족의 형태 및 관계도 다양화되어, 식생활에 있어서 식생활 형태만이 아니라 지향하는 점들도 다양화되는 등 많은 변화를 초래하고 있다. 이러한 변화는 식생활이 더욱 다양화되고 외부화가 확산되어 외식산업과 식품산업의 발달로 이어지고 있다.

1. 식생활의 지향점 변화

1) 간편지향적 식생활

식생활관리에 소요되는 시간은 보통 가정에서 식생활관리자의 능력, 식단내용, 조리기구, 주방의 구조 및 설비에 따라 달라지기는 하지만, 가사노동시간 중에서 가장 많은 비중을 차지하고 있다. 여성인력의 수요가 증가함에 따라 주부의 취업률이 증가되고 있는데, 전업주부에 비해 취업주부인 경우 평일에는 식생활관리에 충분한 시간을 할애할 수 없다. 따라서 주부의 가사노동을 경감시키기 위하여 식생활관리 시 능률면을 고려하여 간편성을 지향하고 있다(표 2-1).

(1) 가공식품과 간편식의 증가

현대인의 식생활에서는 시간과 조리 기술의 부족 등으로 인해 가능한 한 조리 시간을 절약하고, 시간이 소요되거나 조리법이 까다로운 음식 대신 빵, 우유, 음료, 반조리식품, 조리식품, 가공식품, 인스턴트식품, 편이식품 등 간단히 끓이거나 전자레인지에 데우기만 하면 바로 먹을 수 있는 간편식의 이용이 증가하고 있다(그림 2-1, 2-2, 표 2-2).

또한 조리하려는 의지와 시간, 조리기술은 부족하나 맛과 영양, 질이 모두 훌륭한 고급 음식을 레스토랑이 아닌 집에서 가족과 함께 편안하고 간편하게 즐기기를 원하

표 2-1 간편성 지향 내용

단계	간편성 지향 내용
식단계획 단계	식단을 미리 계획하여 식품구입목록을 만들어 식품을 구입하게 되면, 장보기 횟수를 줄일 수 있고 조리과정을 미리 알 수 있으므로, 식사준비에 소요되는 시간을 절약할 수 있다. 식단 작성 시 주부의 일과 계획에 따라 능률면을 고려하여 바쁜 날에는 손쉬운 음식을, 시간이 충분한 날에는 정성이 더 들어가는 음식을 택하는 것도 좋은 방법이라 할 수 있다.
구매 단계	식품 구매 시간을 절약하기 위하여 인터넷상에서 주문하여 배달까지 받는 형태가 증가하는 추세이다.
조리 단계	각종 가공식품과 간편식의 이용이 증가하고 있으며, 가정식은 감소하지만 외식과 중식(中食)은 계속 증가하고 있다.

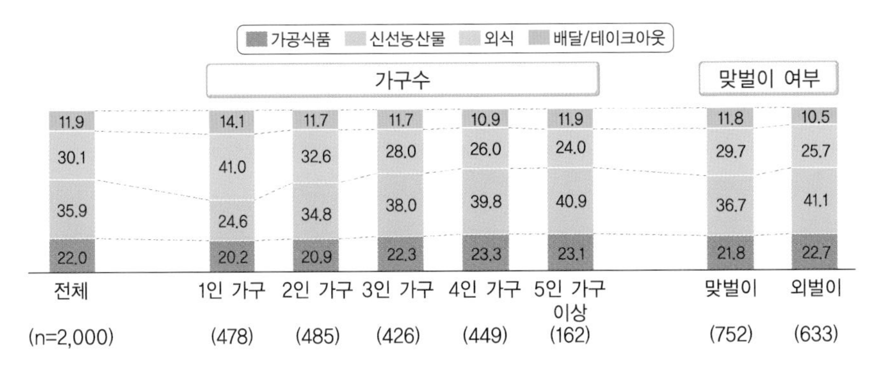

그림 2-1 음식 소비 방법별 지출액 비중(%, 2015년)

자료 : 한국농수산식품유통공사(2015). 2015년 가공식품 소비량 및 소비행태 조사 – 가공식품 소비행태 조사 보고서편.

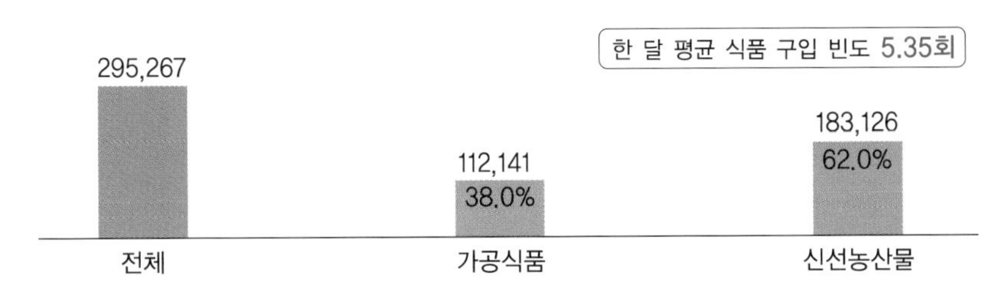

그림 2-2 식품 구입 빈도 및 구입액(원, 2015년)

자료 : 한국농수산식품유통공사(2015). 2015년 가공식품 소비량 및 소비행태 조사 – 가공식품 소비행태 조사 보고서편.

표 2-2 가공식품 구입 이유(%)

구분		음식을 만드는 데 소요되는 시간을 절약하기 위해서	간편해서/쉽게 한 끼를 해결할 수 있어서	가공 식품을 구입하는 것이 식재료를 구입하여 음식을 만드는 것보다 저렴해서
가구(주 구입자) (n=2,000)	1순위	39.3	26.8	14.1
	1 + 2순위	60.9	55.5	31.2
가구원 (n=2,128)	1순위	31.4	28.6	14.5
	1 + 2순위	49.1	57.3	30.2

자료 : 한국농수산식품유통공사(2015). 2015년 가공식품 소비량 및 소비행태 조사 – 가공식품 소비행태 조사 보고서편.

는 사람들이 늘고 있다. 이러한 요구에 부응하여 가정에서의 조리시간을 최대한 짧게 하도록 최상의 식재료로 미리 만들어놓은 음식을 테이크아웃할 수 있는 홈밀리플레

홈밀리플레이스먼트(HMR, Home Meal Replacement, 가정식 대체음식, 간편가정식)

기존의 냉장·냉동식품에 비해 신선도가 높다는 특징이 있다. 일반 가정식을 비롯해 샐러드 및 과일에서부터 삼계탕, 육개장, 덮밥, 스파게티까지 그 종류도 매우 다양하다. 고령화가 심해지고, 핵가족화 및 1인가구의 증가, 여성의 사회 진출이 늘어날수록 관련 시장의 규모도 점차 확대되고 있다.

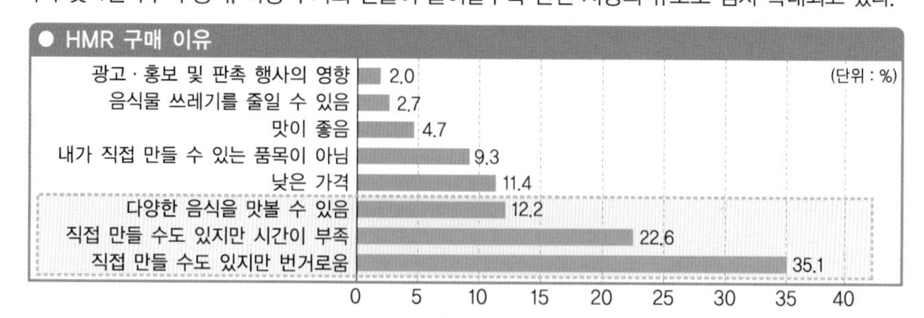

자료 : 장성호(2017). HMR 트렌드와 발전방향. 식품산업과 영양. 22(1). p.13~17.

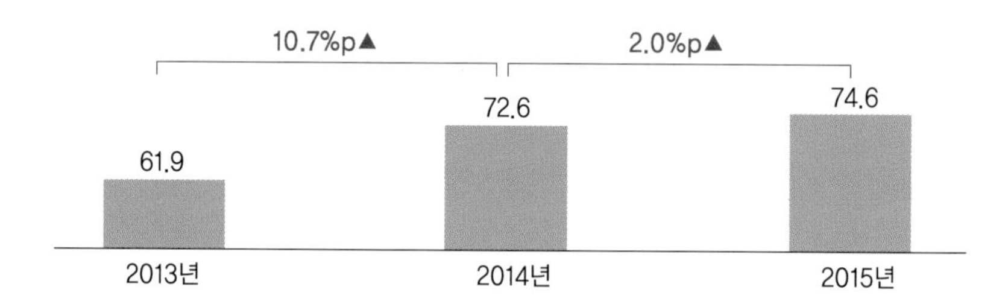

그림 2-3 즉석조리식품 구입 경험률(%)

자료 : 한국농수산식품유통공사(2015). 2015년 가공식품 소비량 및 소비행태 조사 – 가공식품 소비행태 조사 보고서편.

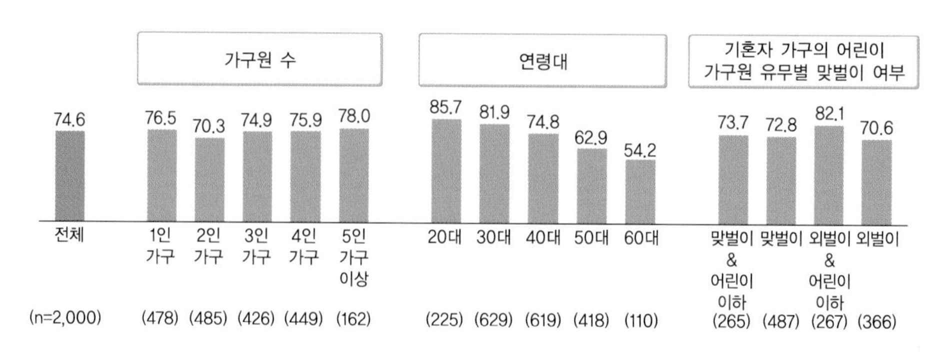

그림 2-4 즉석조리식품 구입 경험률(%, 2015년)

자료 : 한국농수산식품유통공사(2015). 2015년 가공식품 소비량 및 소비행태 조사 – 가공식품 소비행태 조사 보고서편.

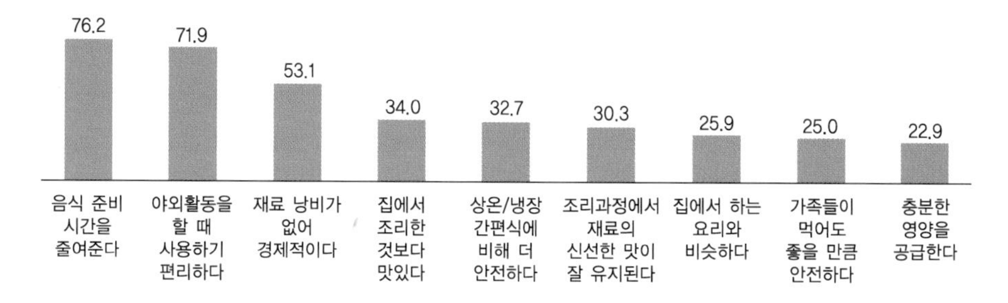

그림 2-5 즉석조리식품에 대한 인식 긍정률(매우 동의 + 동의, %, 2015년)

자료 : 한국농수산식품유통공사(2015). 2015년 가공식품 소비량 및 소비행태 조사 – 가공식품 소비행태 조사 보고서편.

이스먼트 산업이 이미 오래전 선진국에서는 생겨나, 우리나라에서도 활성화되고 있다.

주 구입자가 평소 즉석조리식품을 구입한 경험은 전체 응답자의 74.6%(2015년)를 차지하며, 2013년 61.9%, 2014년 72.6%에 이어 꾸준히 증가하는 추세다(그림 2-3). 즉석조리식품을 구입한 경험률은 상대적으로 낮은 연령대, 주 구입자가 기혼자인 경우, 어린이 이하 가구원이 있는 외벌이 가구 등에서 높은 것으로 나타났다(그림 2-4).

즉석조리식품에 대한 인식 긍정률(매우 동의 + 동의, %)을 보면, 음식 준비 시간을 줄여준다(76.2%), 야외활동을 할 때 사용하기 편리하다(71.9%), 재료 낭비가 없어 경제적이다(53.1%)가 각각 1, 2, 3위를 차지하였으며, 집에서 조리하는 것보다 맛있다(34.0%)가 그 뒤를 이었다(그림 2-5).

(2) 외식의 증가

현대인의 편의주의적인 생활방식 선호와 여성의 사회진출이 많아짐에 따라 가정에서 조리를 하지 않고 외식이나 중식을 통해 식사하고 있는 비율이 증가하고 있다(그림 2-6). 또한 이러한 비율은 특히 청장년층에서 높았다(그림 2-7). 외식은 일반적으로 식사 공간이 아닌 조리 장소를 기준으로 '가정 외에서 조리된 음식을 먹는 것'이다. 음식점의 음식을 집에서 먹거나, 학교나 직장에서 제공하는 집단급식도 외식에 속한다. 한편 중식은 반찬이나 도시락류 등 거의 완전히 조리된 음식을 사서 먹는 것을 말하며, 사회발달과 더불어 중식 시장도 커지고 있다.

외식의 증가에 따라 식료품 지출비 중 외식비가 차지하는 비율은 1996년에 33.4%였던 것이 계속 증가하기 시작하여, 1997년 후반에 경제위기를 겪으면서 1998년 일시

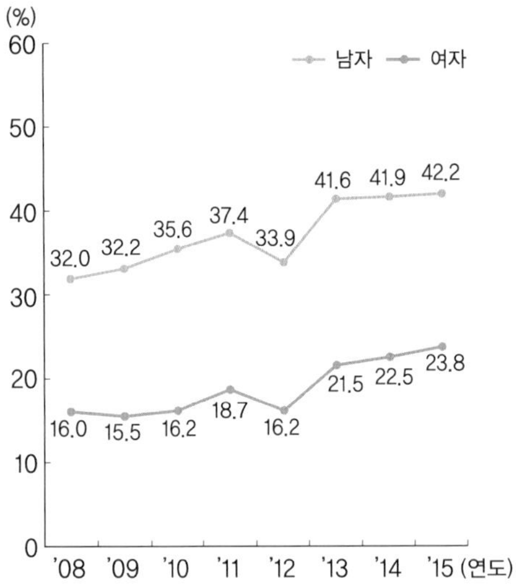

※ 하루 1회 이상 외식률 : 외식빈도가 하루 1회 이상인 분율, 만 1세 이상

※ 2005년 추계인구로 연령 표준화

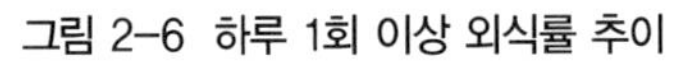

그림 2-6 하루 1회 이상 외식률 추이

자료 : 질병관리본부, 2015년 국민영양통계.

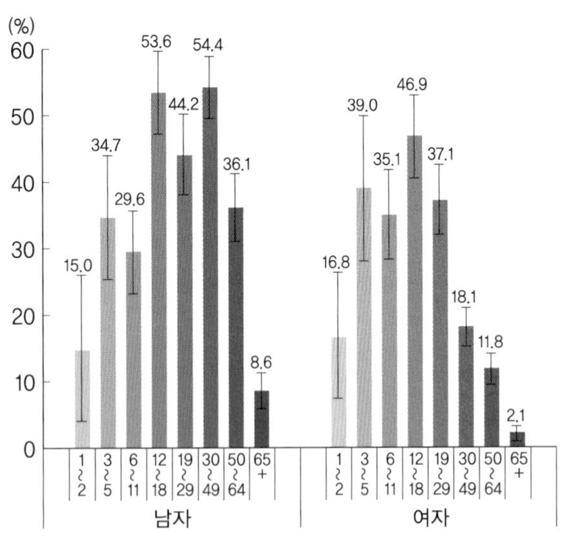

※ 하루 1회 이상 외식률 : 외식빈도가 하루 1회 이상인 분율, 만 1세 이상

그림 2-7 연령별 하루 1회 이상 외식률

자료 : 질병관리본부, 2015년 국민영양통계.

적으로 둔화하였으나 다시 증가하여 2004년에는 45.9%, 2007년에는 46.4%, 2014년에는 48.1%로 거의 반 가까이를 지출한 것으로 나타났다(그림 2-8). 특히 1인 가구에서는 음식 소비 방법별 지출액 비중에서 외식비가 차지하는 비중이 크게 증가하는 것

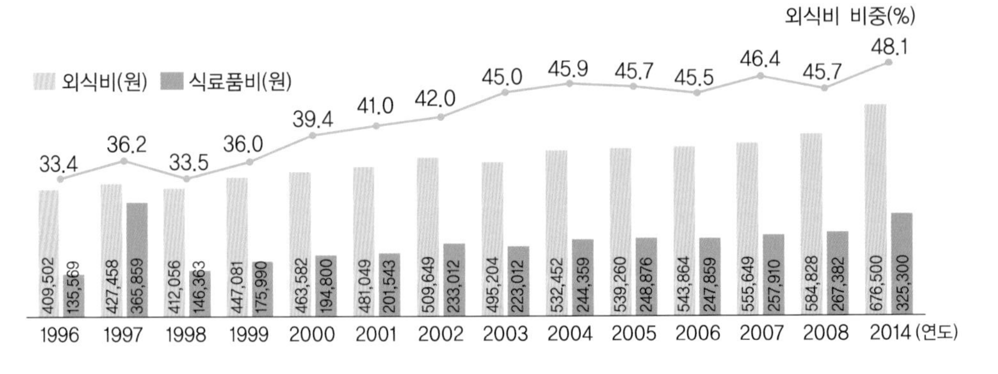

그림 2-8 식료품비 지출 중 외식비 비율 추이

자료 : 통계청(2014).

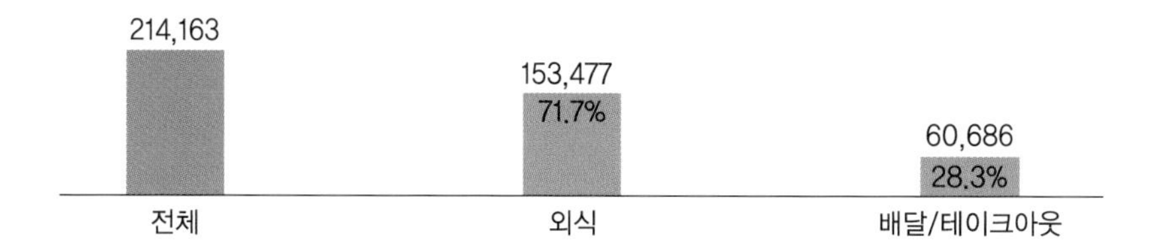

그림 2-9 외식 및 배달/테이크아웃 지출액(원, 2015년)

자료 : 한국농수산식품유통공사(2015). 2015년 가공식품 소비량 및 소비행태 조사 – 가공식품 소비행태 조사 보고서편.

을 볼 수 있다(그림 2-1).

가구당 월 평균 전체 식비는 2015년에 509,430원이었는데, 이 중 '식품(신선농산물 및 가공식품 등) 구입비용'은 295,267원이었으며(그림 2-2), '외식 및 배달/테이크아웃 지출액'은 214,163원으로 나타났다(그림 2-9). 또한 전체 음식 소비 방법별 지출액 비중에서 '외식'이 30.1%(153,477원), '배달/테이크아웃'이 11.9%(60,686원)로 전체의 42%를 차지하며 국내 가구들의 식생활 외부 의존도가 크게 높은 것으로 나타났다(그림 2-1).

가구원 수가 많을수록 '신선농산물 구입' 비중이 높은 반면, '외식 및 배달/테이크아웃'의 비중은 낮았고, 맞벌이 여부별로는 맞벌이 가구에서 '외식' 비중이 외벌이 가구보다 높고, '신선농산물' 비중은 낮았다. 특히, 1인 가구의 경우 '외식'과 '배달/테이크아웃'의 비중이 각각 41%, 14.1%로 전체의 55.1%를 차지하며 2인 가구 이상에 비해 현저하게 높은 것으로 나타났다(그림 2-1).

(3) 1일 3식에서 2식으로 간편화

젊은 층을 중심으로 1일 2식의 형태가 증가하고 있는 추세이다(그림 2-10, 2-11). 이는 과도한 학업이나 인터넷 사용 증가와 더불어 늦게 자고 늦게 일어나 쉽게 아침을 거르거나 간식으로 대체하기 때문이다. 또한 전통적인 식사형태인 주식과 부식의 개념에 있어서도 나이가 어릴수록 구분이 명확하지 않은 현상이 나타나고 있다.

아침 결식은 성장부진, 생산성 감소, 학업성취도 저하 등 여러 문제점이 지적되고 있으며, 또한 두 끼에 몰아서 음식을 섭취하게 되면 오히려 비만이 될 가능성이 더 크다는 문제점도 지적되고 있다. 그러나 새로운 음식문화의 트랜드로 아침과 점심을 겸

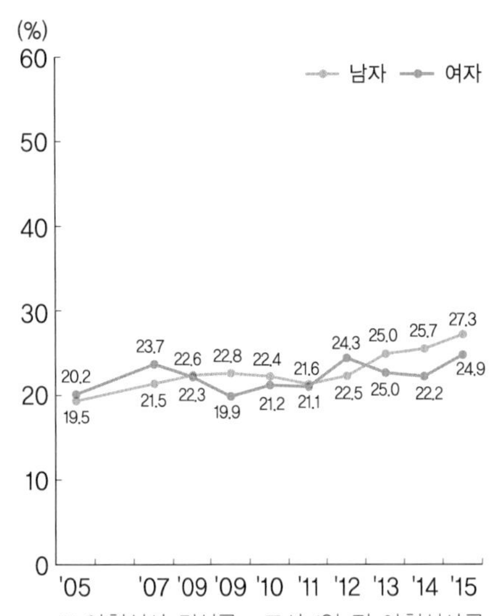

※ 아침식사 결식률 : 조사 1일 전 아침식사를 결식한 분율, 만 1세 이상

※ 2005년 추계인구로 연령표준화

그림 2-10 아침식사 결식률 추이

자료 : 질병관리본부, 2015년 국민영양통계.

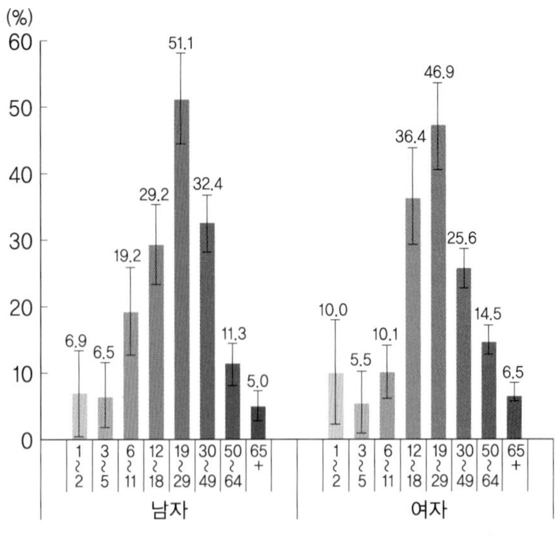

※ 아침식사 결식률 : 조사 1일 전 아침식사를 결식한 분율, 만 1세 이상

그림 2-11 연령별 아침식사 결식률

자료 : 질병관리본부, 2015년 국민영양통계.

해서 먹는 브런치 문화가 유행하면서, 특히 대도시에는 각종 브런치 메뉴를 개발하여 판매하는 식당이 많아지고 있다.

2) 건강안전지향적 식생활

현대인들은 식품에 대해 건강과 안전을 추구하는 경향이 많아져서(그림 2-12) 건강기능식품, 알레르기에 안전한 식품 등이 속속 개발되고 있고, 무농약이나 유기농식품, 친환경축산물 등에 대한 수요도 증가하고 있다. 또한 선진국에서는 외식에서도 음식의 영양성분을 표시하도록 유도하여 소비자들의 건강지향적인 식생활에 도움을 주고 있다(제7장 참조).

(1) 식품의 효용에 대한 가치관

현대인들이 식품을 통해 얻고자 하는 것을 조사한 결과, 주 구입자는 '면역 증강'(37.1%)과 '체지방 감소/다이어트'(36.1%) 순으로 높게 나타난 반면, 가구원은 '체지방 감소/다이어트'(28.4%), '면역 증강'(25.8%) 순으로 나타났다(그림 2-12). 또한 연령대별로는 40대 이상에서는 '면역 증강', 30대 이하에서는 '체지방 감소/다이어트'가 높고, 연령대가 낮을수록 '피부 미용', 연령대가 높을수록 '혈당 조절'이 높게 나타나, 건강 추구가 높은 결과를 나타냈다.

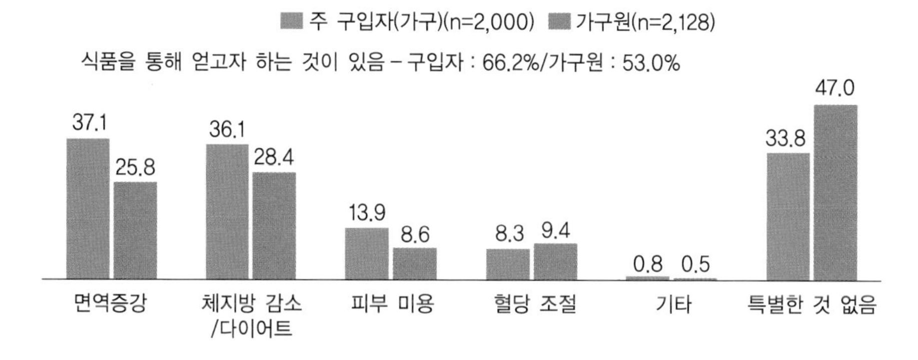

그림 2-12 식품을 통해 얻고자 하는 것

자료 : 한국농수산식품유통공사(2015). 2015년 가공식품 소비량 및 소비행태 조사 – 가공식품 소비행태 조사 보고서편.

(2) 무농약식품, 유기농식품, 친환경축산물에 대한 수요 증가

생산량 증가나 저장 중의 손실을 막기 위하여 사용하는 여러 농약이나 항생제는 인간의 건강을 위협하고 있어, 무농약식품, 유기농식품, 친환경축산물 등에 대한 수요가 증가하고 있다(제6장 참조). 따라서 이들 식품의 품질 보존을 위하여 필요한 규제를 마련하여 소비자가 믿고 사용할 수 있도록 하는 것이 바람직하다.

(3) 로컬푸드의 이용 확산

세계화, 국제화로 인해 수입식품 의존율이 더욱 높아지고 있는 가운데, 영국의 소비자 운동가 팀랭(Tim Lang)은 1994년부터 푸드 마일(food miles)이라는 개념을 제창하였다. 이것은 농산물의 '산지에서 식탁까지'의 거리에 착안한 개념으로 가능한 한 가까

로컬푸드

소비지로부터 가까운 일정한 거리 이내에서 생산된 농수축산식품

1. 주요국의 로컬푸드 운동 사례
   - 일본 : 지산지소(地産地消) 운동, 신선한 제철식품 구입, 전통 식문화 유지 · 계승 도모
   - 미국 : 급식업체 보나테티 사의 로컬푸드 식단 제공, 공공텃밭 장려 등
   - 영국 : 런던푸드 TF 구성, 50km 이내 생산 먹거리 전문 농민장터 개최 등

2. 로컬푸드의 장점
   - 제철식품을 항상 신선할 때 먹을 수 있다.
   - 생산자와 소비자의 거리가 가까워 신선하기 때문에 채소의 영양가가 높다.
   - 지역경제 활성화와 지역에 대한 애착으로 연결된다.
   - 지역의 전통적인 식문화의 유지 · 계승에 도움이 된다.
   - 수송에 소비되는 에너지를 절감할 수 있다(푸드 마일리지).

3. 푸드 마일리지(food mileage)

수송되는 식품의 거리와 양으로 나타내며, 수송 수단인 트럭, 선박, 비행기 등은 이동거리가 길수록 이산화탄소 배출량이 늘어나므로, 수송거리가 먼 식품의 소비는 지구온난화를 가속시키게 된다.

이산화탄소 배출량(g) = 거리(km) × 중량(t) × 수송수단별 이산화탄소 배출계수(g/km · t)
= 푸드 마일리지(km · t) × 수송수단별 이산화탄소 배출계수(g/km · t)

운 곳에서 생산된 식품을 소비하는 것이 식품의 안전성을 높이면서 수송에 따른 환경오염을 경감시킨다는 주장이다. 근래에는 농산물만이 아니라 수산물과 축산물까지로 확대되고 있다. 우리나라에서도 안전하고 신선한 로컬푸드(local food) 소비를 장려하여 로컬푸드 장터를 활성화하고 있으며, '푸드 마일리지'를 업계에서 자율적으로 표시하는 캠페인을 전개하고 있다.

3) 미식지향적 식생활

(1) 맛있고 고급스러운 음식을 즐기는 식생활

경제성장과 더불어 인간이 음식에 바라는 바가 더 이상 허기를 채우기 위한 수단만이 아니라 그 음식을 통해 행복한 경험을 쌓고 더 나아가 좋은 추억을 만들고, 맛을 음미하기 위한 것도 추가되고 있다. 이로 인해 동물성 식품의 소비가 증가하여 전분 위주의 식사로부터 고지방, 고단백질식을 먹는 기회가 많아졌으며, 또한 조리 방법에서도 구이나 찜보다 튀김요리가 많아졌다. 다양한 소스로 풍미를 더욱 좋게 하여 음식 자체에 대한 기호도를 향상시켜 만족도를 높이고 있다. 뿐만 아니라 식기와 장식 소품을 적극적으로 이용한 음식의 담음새와 테이블 코디네이션, 인테리어 등에 관한 연구 등도 활발하여 맛에 대한 간접적인 반응을 최고로 이끌어내어 맛있는 음식을 더욱 맛있게 즐기고자 하는 욕구를 반영하고 있다.

한편, 현대인들의 간편지향적인 식생활로 인해 각종 가공식품, 간편식, 반조리식품, 완전조리식품, 외식 메뉴 등이 범람하고 있는 가운데, 경제적으로 부유한 층에서는 식품이나 음식에서도 고급지향적인 추세가 일고 있다. 이러한 이유로 기업에서는 최상의 식재료를 사용하여 각종 가공식품, 간편식, 반조리식품, 완전조리식품, 외식 메뉴 등을 고급으로 만들어 고급지향적인 소비자를 공략하고 있다. 또한 자녀 수의 감소는 분유나 이유식, 어린이의 먹을거리에 유기농 식품을 사용하는 등 고급화에 큰 영향을 미치고 있다.

(2) 외국 식품이나 음식의 소비 증가 및 다문화적 음식문화의 확장

대중 매체의 영향이나 해외 여행자의 수가 급증하면서 외국의 식문화가 유입되어 식생활이 서구화·국제화되고 있다. 1980년대 후반부터 패밀리레스토랑이란 이름으로 외국 외식업체들이 대거 상륙하면서 외국음식의 소비가 증가하였고, 그후 서아시아나 동남아시아, 중남미 음식 전문점 등이 생기면서 주로 젊은 층을 중심으로 국내 시장을 파고들어 한국인의 식생활을 급격히 변화시켰다. 또한 다양한 외국의 조리법 등을 받아들여 카레라이스, 스파게티, 커틀릿, 피자, 오븐구이 등을 가정에서도 만들어 먹고 있으며, 우리 전통음식이나 조리법도 외국에 소개되어 맛의 국제적 교류가 이루어

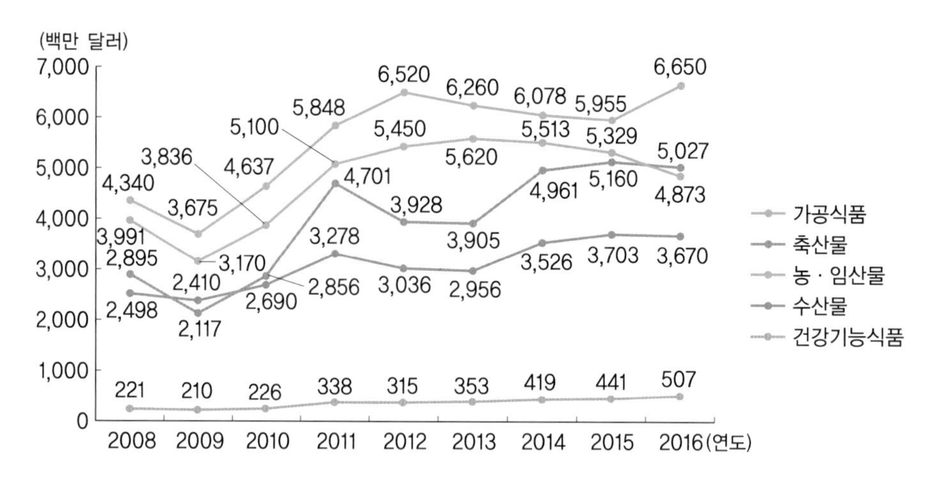

그림 2-13 식품 수입 현황

자료 : 식품의약품안전처(2016).

지는 시대가 된 지 오래이다.

이에 따라 우리나라는 식품 총 섭취량의 50% 이상을 수입품에 의존하고 있으며, 매년 수입이 증가하고 있다(그림 2-13). 최근 5년간 연평균 수입 건수는 7.1% 증가하였으며, 2016년도의 경우 가공식품, 축산물, 농·임산물, 수산물 순으로 수입하였다. 식품 수입의 증가는 가격 경쟁력 측면도 있겠지만, 현대인의 미식지향적인 경향이 커지면서 국내에는 없거나 있더라도 더 맛있는 식품을 수입해서 먹고자 하는 데에 기인된다.

한편 외국여행이나 유학, 장기 출장 외에도 최근에는 국제결혼과 이주 등이 증가하면서 다국적 음식문화가 확장되고 있다. 특히 국제결혼으로 다문화가정이 증가하면서 음식문화에도 다문화적 특징이 가미되어가고 있다.

2. 식품과 영양 섭취 실태

1) 식품 섭취 실태

(1) 식품 섭취량

식품군별 1인 1일 평균 섭취량은 2005년에 비해 2015년에는 총량이 약 25% 증가하였고, 곡류와 채소류, 두류는 감소하였으나 과일류, 음료류, 주류, 육류, 어패류, 감자·전분류, 해조류, 당류 등은 증가하였다(그림 2-14).

(2) 다소비 식품

2005년과 2015년의 다소비 식품을 비교해 보면, 2005년과 2015년 모두 백미와 배추김치가 각각 1·2위를 차지하였으나, 치맥 열풍에 힘입어 2015년에는 우유보다 맥주를 더 많이 소비하였고, 2005년에는 10위권 밖이었던 사과, 콜라, 닭고기가 2015년에는

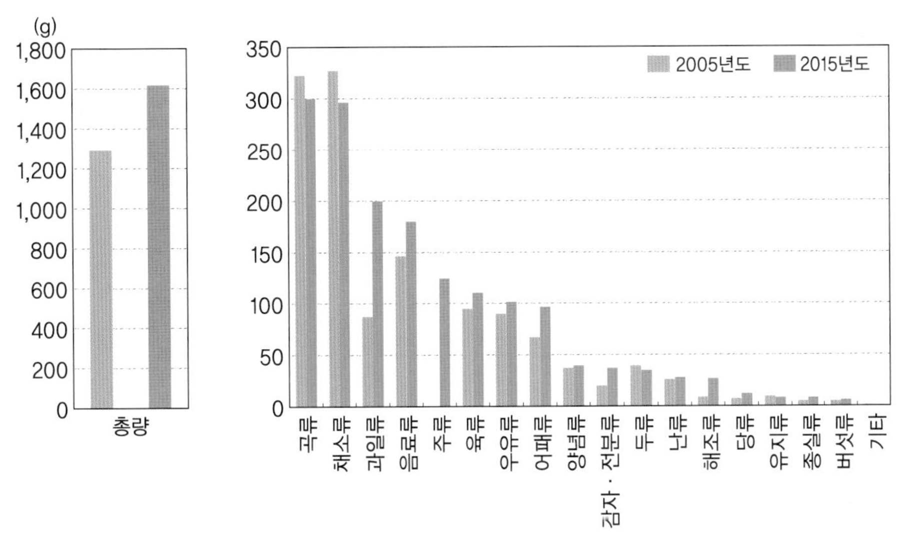

그림 2-14 식품군별 1인 1일 평균 섭취량

자료 : 질병관리본부, 2005년·2015년 국민영양통계.

표 2-3 다소비 식품

순 위	2005년	2015년	순 위	2005년	2015년
1	백미	백미	11	콩나물	고추
2	배추김치	배추김치	12	쇠고기(수입우)	양파
3	우유	맥주	13	라면	귤
4	맥주	우유	14	닭고기	무
5	소주	사과	15	오렌지	감자
6	돼지고기	돼지고기	16	콜라	쇠고기
7	달걀	소주	17	감자	두부
8	두부	콜라	18	우족국물	감
9	양파	달걀	19	사과	빵
10	무	닭고기	20	토마토	포도

자료 : 질병관리본부, 2005년·2015년 국민영양통계.

10위권 안에 들어왔다. 또한 2005년에 13위였던 라면이 2015년에는 20위권 밖으로 밀려나 건강한 식생활을 영위하려는 소비자의 인식 변화를 엿볼 수 있다(표 2-3).

2) 영양소 섭취실태

(1) 한국인 영양소 섭취기준

한국인 영양소 섭취기준(Dietary Reference Intakes)이란 질병이 없는 보통 정도의 노동을 하는 대다수의 한국 사람의 건강 증진 및 질병 예방을 목적으로 에너지 및 각 영양소의 적정 섭취수준을 제시하는 기준을 말한다.

2005년 이전까지 사용하던 영양권장량은 영양섭취 부족이 주요 관심사였던 시기에 필수영양소 결핍 예방을 목표로 제정되었기 때문에, 대다수 건강한 사람들의 필요량을 충족시키는 양을 단일 값으로 제시하였다. 그러나 현대사회에서는 식생활과 질병 패턴의 변화로 인해 건강문제 중에서 영양부족이 차지하는 비중은 줄어들고 비만과 만성질환의 위험률이 증가하고 있으며, 영양보충제, 건강보조식품의 사용 증가로 영양소의 과다섭취가 문제시되고 있다. 따라서 영양필요량 충족에만 초점을 맞추기보다는 만성질환이나 영양소 과다섭취의 예방까지도 함께 고려하여 최적 건강 유지를 목표로 영양소 섭취기준을 제시하는 것이 바람직하다.

이러한 새로운 개념을 담은 영양소 섭취기준을 미국과 캐나다가 공동 작업하여 처음으로 제안하였다. 우리나라는 2005년에 새로운 한국인 영양섭취기준을 제정하였으며, 이후 2010년에 1차 개정, 2015년에 2차 개정, 2020년에 3차 개정하여('한국인 영양소 섭취기준'으로 개명) 현재에 이르고 있다. 영양소 섭취기준은 영양소의 특성에 따라 평균필요량(EAR, Estimated Average Requirements), 권장섭취량(RNI, Recommended Nutrient Intake), 충분섭취량(AI, Adequate Intake), 상한섭취량(UL, Tolerable Upper Intake Level)의 4가지로 구성되어 있다.

(2) 에너지 섭취 실태

에너지 섭취량의 변화는 크지 않지만 약간 증가하는 경향이 있었다(그림 2-15). 열량 영양소의 에너지 섭취량에 대한 기여율은 탄수화물은 감소하였지만, 지방은 증가하여 1995년 19.0%에서 2005년 20.3%, 2015년 21.8%로 증가하였다(그림 2-16).

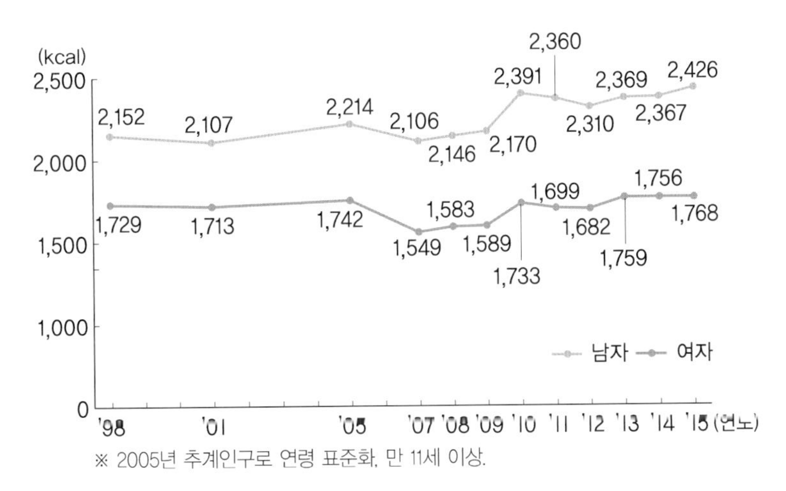

※ 2005년 추계인구로 연령 표준화, 만 11세 이상.

그림 2-15 에너지 섭취량 추이

자료 : 질병관리본부, 2015년 국민영양통계.

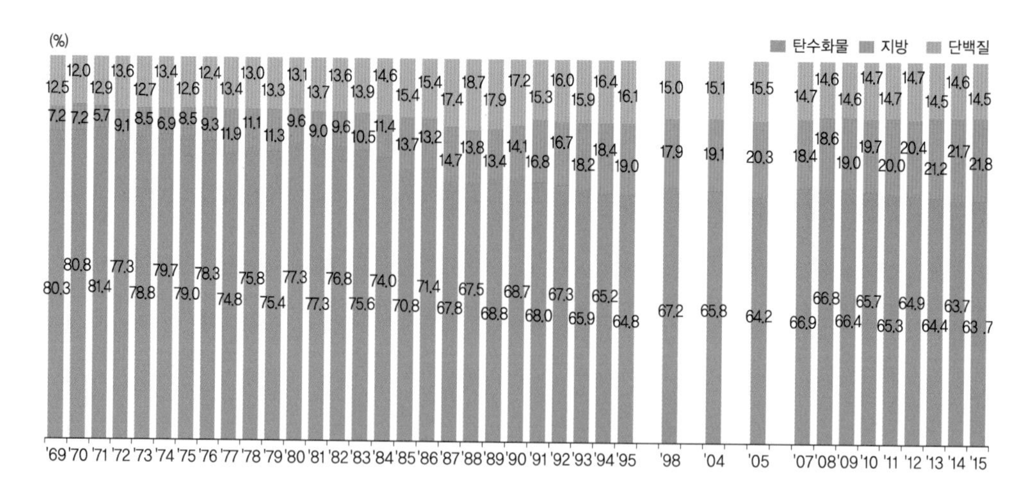

그림 2-16 영양소별 에너지섭취분율 추이

자료 : 질병관리본부, 2015년 국민영양통계.

(3) 영양소 섭취 부족과 과잉

한국인 영양소 섭취기준을 이용하여 영양소의 섭취 부족과 과잉 등을 평가한 결과, 권장섭취량 대비 섭취분율은 단백질(157.6%), 인(154.0%), 철(168.2%), 티아민(183.2%)의 경우 150% 이상이었다. 비타민 A, 리보플라빈, 나이아신, 비타민 C 섭취량은 권장섭취량의 100~115% 범위였으나, 칼슘 섭취량은 권장섭취량의 69.7%로 낮았고, 나트륨은 충분섭취량의 약 3배를 섭취하였다(그림 2-17).

에너지/지방 과잉섭취자 분율은 9.7%였고, 19~29세가 16.8%로 가장 높았으며, 만

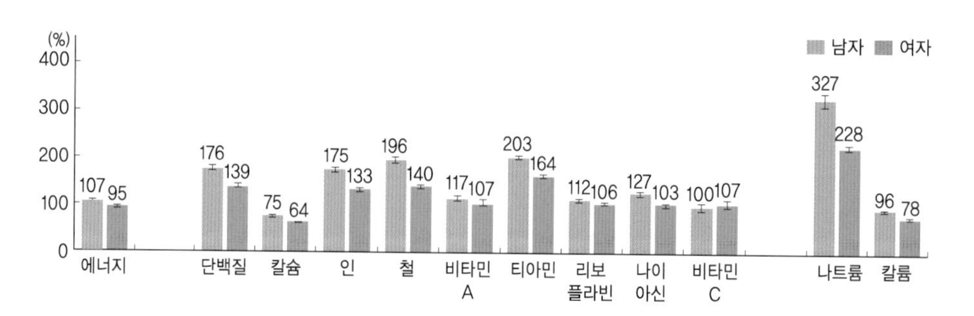

그림 2-17 영양소 섭취기준에 대한 영양소별 섭취분율

자료 : 질병관리본부, 2015년 국민영양통계.

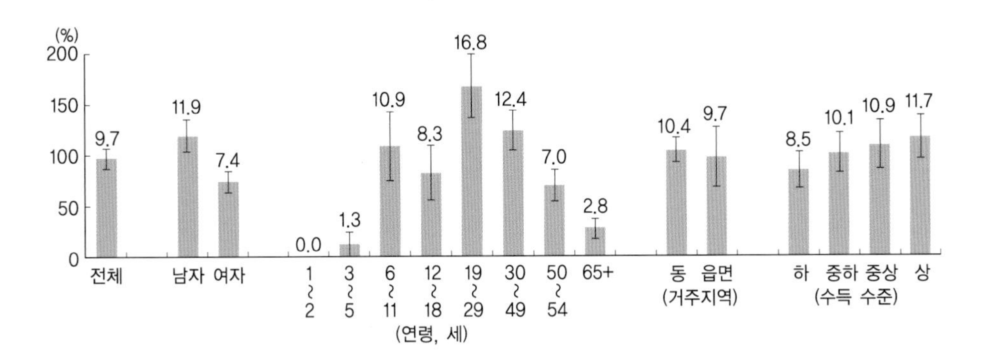

그림 2-18 에너지/지방 과잉섭취자 분율

자료 : 질병관리본부, 2015년 국민영양통계.

19~29세는 영양 섭취 부족과 과잉 분율이 모두 높은 경향을 보였다. 한편, 소득수준이 높을수록 에너지/지방 과잉섭취자 분율이 증가하였다(그림 2-18).

HEALTHY EATING

FOR THE **AGE** OF **CENTENARIANS**

PART II

질병 예방과 식생활

CHAPTER 3 현대인의 질병과 식생활

CHAPTER 4 만성질환 예방과 식사요인

C H A P T E R

3

현대인의 질병과 식생활

현재 우리나라는 빠른 속도로 인구의 고령화가 진행되고 있다. 평균수명의 증가로 노인 인구 비율이 높아지면서 암, 심혈관계 질환, 당뇨병 등 만성질환의 발생률이 크게 증가하고 있다. 만성질환과 관련된 건강문제가 사회적 이슈로 부각되면서 건강한 삶을 위한 생활환경과 식생활의 중요성이 강조되고 있다.

1. 현대인과 건강

1) 한국인의 사망원인

(1) 인구구조의 변화

국제연합의 분류기준에 따르면 한 사회의 전체 인구 중 65세 이상 인구의 비율이 7% 이상 14% 미만이면 고령화사회, 14% 이상 20% 미만이면 고령사회, 20% 이상이면 초고령사회로 구분된다. 우리나라 노인인구 비율의 변동을 살펴보면 2000년에는 노인인구 비율이 7.2%로 고령화사회, 2017년에는 고령사회가 되었고, 2026년에는 초고령사회에 진입할 것으로 예측되고 있다. 이러한 고령화 진행속도는 전 세계적으로 유래가 없는 것으로 OECD 국가 중에서도 가장 빠르게 진행되고 있다. 노인인구의 증가는 질병 발생률, 사망률 및 사망원인 변화에도 큰 영향을 미치게 되므로 향후 노인인구 증가에 따른 국가적·사회적 대책이 필요한 실정이다.

(2) 사망원인의 변화

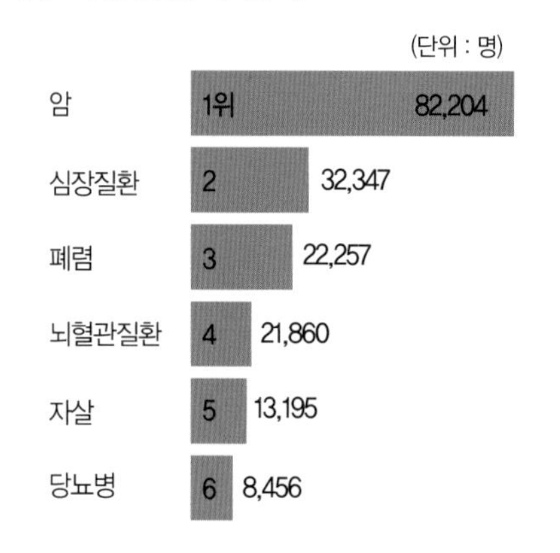

그림 3-1 우리나라의 주요 사망원인(2020년)

자료 : 통계청, 사망원인통계.

우리나라 사람들의 주된 사망원인이 감염성 질환에서 비감염성 질환으로 바뀌게 된 시기는 경제성장에 따라 생활수준이 향상되기 시작한 1970년대로 조사되었다. 1960년대까지는 주요 사망원인이 개발도상국가에서 많이 나타나는 폐렴, 결핵 등의 전염성 질환이었으나, 1970년대 이후에는 뇌혈관질환, 암(악성 신생물) 등의 만성질환이 주요 사망원인으로 나타났고 이러한 경향은 오늘날까지 지속되고 있다. 2020년의 3대 사망원인은 암, 심장질환, 폐렴으로, 2018년부터는 노인 사망자 수가 많아지면서 폐렴이 주요 사망원인으로 기록되었다(그림 3-1).

2) 식생활과 질병 관련성

인간이 삶의 질을 유지하기 위해 가장 필요한 조건은 좋은 건강상태를 유지하는 것이다. 현대인의 건강 위험요인에는 유전, 생활습관, 생활환경, 건강진료체계 등이 있으며, 이 중에서 생활습관이 차지하는 비중이 매우 크다. 생활습관 중에서는 주로 잘못된 식생활과 신체활동 부족이 만성질환 유발에 가장 큰 영향을 미친다. 따라서 우리나라와 서구 선진국에서 주요 사망원인이 되고 있는 암, 심혈관계 질환, 당뇨병 등의 만성질환을 생활습관병이라 부르기도 한다.

세계보건기구(WHO)에서는 비만, 당뇨병, 심혈관질환 등 만성질환의 유발을 감소시키거나 증가시키는 식사요인의 관련성을 표 3-1과 같이 제시하였다.

표 3-1 식사요인과 질병의 관련성

질병	증거	감소요인	증가요인
비만	확정요인	• 규칙적 운동, 고섬유식	• 고밀도에너지, 저밀도 미량영양소 식사
	가능요인	• 모유수유, 건강한 학교환경	• 고밀도에너지 지방식품, 가당음료
당뇨	확정요인	• 과체중군의 체중 감소, 운동	• 복부비만, 운동 부족, 임신성 당뇨
	가능요인	• 고섬유식	• 포화지방, 태아 성장 부진
심혈관 질환	확정요인	• 운동, 필수지방산, 칼륨, 채소, 과일, 생선기름, 절주	• 포화지방, 트랜스지방산, 식염, 과체중, 과음
	가능요인	• 불포화지방, 섬유소, 전곡, 종실, 엽산	• 콜레스테롤 섭취, 커피
암	확정요인	• 운동(대장암)	• 과체중(식도, 대장, 유방, 신장, 자궁암) • 음주(구강, 인두, 후두, 식도, 간, 유방암)
	가능요인	• 채소, 과일(구강, 식도, 위, 대장암), 운동	• 가공육(대장암), 염장식품이나 식염(위암), 뜨거운 음식(구강, 인두, 식도암)
골다공증	확정요인	• 비타민 D, 칼슘, 운동	• 과음, 저체중
	가능요인	• 채소, 과일, 콩제품, 적절한 음주	• 식염, 고단백질 섭취, 저단백질 섭취
충치	확정요인	• 불소	• 설탕 섭취량이나 섭취빈도
	가능요인	• 딱딱한 치즈, 무가당 껌	–

자료 : WHO/FAO(2003).

2. 비만과 영양

1) 에너지 대사와 균형

바람직한 체중조절을 위해서는 에너지의 섭취와 소비에 의한 체내 에너지 균형이 중요하므로 일상생활에서 에너지 균형을 유지하는 생활습관을 가져야 한다. 섭취한 에너지가 소비한 에너지보다 많을 때는 체중이 증가한다(그림 3-2).

그림 3-2 에너지 균형

(1) 에너지 소비량

에너지란 우리 몸이 생명을 유지하고 활동하기 위해 필요한 힘으로서 에너지는 음식 섭취를 통해서 얻게 된다. 우리가 섭취하는 영양소 중 당질, 단백질, 지방에서 에너지를 공급받을 수 있으며, 당질과 단백질은 g당 4kcal, 지방은 g당 9kcal의 에너지를 낸다.

인체가 하루에 소비하는 에너지는 총 에너지 소비량의 약 60~70%를 차지하는 기초대사량, 약 30%를 차지하는 활동대사량과 약 10%에 해당하는 식품 이용을 위한 에너지 소비량을 포함한다. 그러나 이는 활동 강도, 일하는 시간, 개인의 체격에 따라 다를 수 있다. 기초대사량은 생명현상을 유지하기 위해 신체 내에서 무의식적으로 일어나는 기관의 활동 및 대사작용에 해당하는 체온조절, 심근 수축작용, 혈액순환, 호흡 등에 필요한 에너지를 말한다. 식품 이용을 위한 에너지란 음식을 섭취한 후 음식이 소화, 흡수, 대사, 이동 등 영양소로 이용되기 위한 과정에 필요한 에너지를 말한다.

(2) 에너지 필요량

우리나라 사람들이 최적의 건강상태를 유지하는 데 필요한 열량과 영양소량을 제시한 한국인 영양소 섭취기준에서 일일 에너지 필요량을 위해 산정한 값이 에너지필요추정량이다. 2020년 한국인 영양소 섭취기준에 의하면 남자는 19~29세 2,600kcal, 30~49세 2,500kcal이며, 여자는 19~29세 2,000kcal, 30~49세 1,900kcal에 해당된다.

2) 비만의 특성

(1) 비만의 형태와 진단기준

비만은 지방조직이 과잉으로 축적된 상태로 단순히 체중만으로는 비만을 판정할 수 없다. 키와 체중이 같아도 골격의 차이가 있을 수 있고, 근육이 많은 사람과 적은 사람이 있으며 체중은 적게 나가지만 체지방량이 많은 마른 비만 형태도 있다. 체지방이 과다해지면 당뇨병, 고혈압 등의 만성질환에 걸릴 확률이 높아지고, 반대로 장기간 에너지 섭취가 부족하면 체지방이 손실될 뿐만 아니라 체단백질의 손실도 일어나 면역기능이 저하되므로 질병에 걸리기 쉽다.

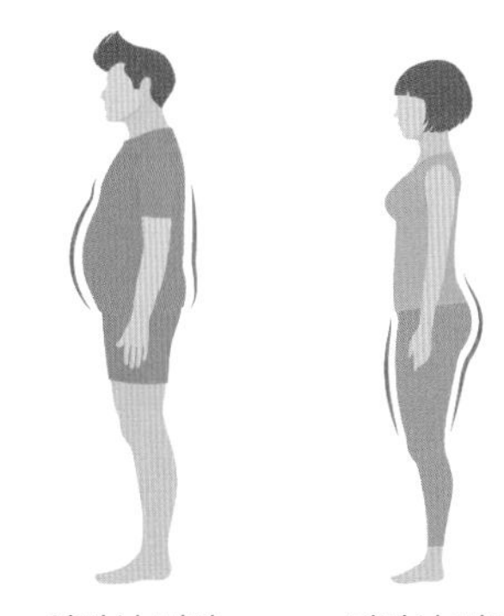

그림 3-3 상반신 비만과 하반신 비만

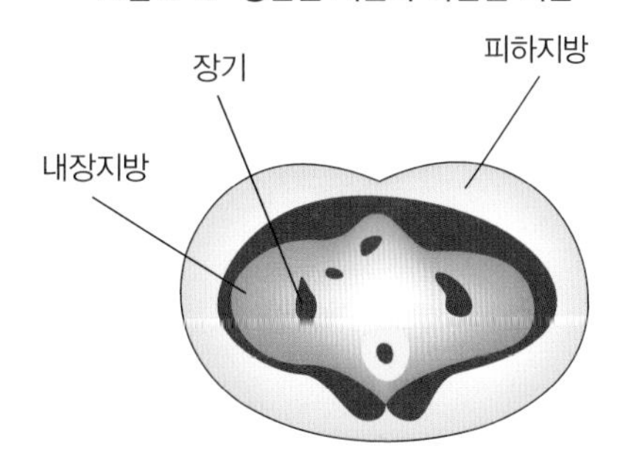

그림 3-4 내장지방과 피하지방

신체 내 체지방이 축적된 부위에 따라 상반신 비만과 하반신 비만으로 구분할 수 있는데, 남성은 주로 상반신인 복부에 체지방이 축적되고 여성은 하반신인 허벅지, 엉덩이 등에 지방이 축적된다. 상반신 비만은 사과형 비만, 하반신 비만은 서양배형 비만이라고 부르기도 한다(그림 3-3).

상반신 비만인 복부비만은 허리둘레가 남자는 90cm, 여자는 85cm 이상이면 복부비만으로 진단한다. 복부비만이라 하더라도 체지방이 축적된 부위에 따라 질병의 위험성이 달라진다. 내장지방형 비만은

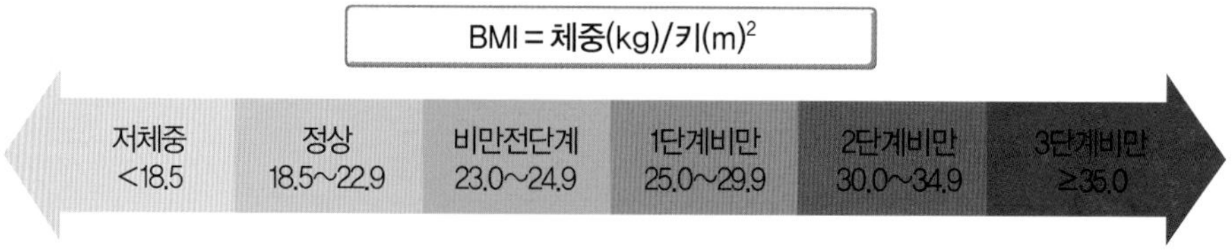

BMI = 체중(kg)/키(m)²

저체중 <18.5 | 정상 18.5~22.9 | 비만전단계 23.0~24.9 | 1단계비만 25.0~29.9 | 2단계비만 30.0~34.9 | 3단계비만 ≥35.0

*비만전단계는 과체중 또는 위험체중으로, 3단계 비만을 고도비만으로 부를 수 있다.

그림 3-5 체질량지수(BMI)에 따른 비만 단계

자료 : 대한비만학회(2020). 비만진료지침.

만성질환의 위험이 매우 높은데 내장지방과 피하지방의 면적비가 0.4 이상이면 내장지방형 비만으로 판정한다(그림 3-4).

비만 판정에 주로 사용하는 지표는 체질량지수(BMI, Body Mass Index)로 체격지수 중에서는 비교적 체지방과 상관관계가 높다. 또한 측정이 간단하여 임상에서 일반적으로 사용된다. 그러나 근육량이 많은 운동선수, 고령자, 비만도가 심한 환자, 임산부, 키가 너무 작은 사람은 정확도가 떨어진다. 그림 3-5는 체질량지수에 의한 비만 판정기준을 나타낸 것이다.

(2) 비만과 질병 관련성

비만은 여러 만성질환의 발생을 증가시키는데 이는 체질량지수에 의해 설명될 수 있다. 체질량지수가 25kg/m² 이상인 경우에는 암, 심장질환, 당뇨병 등에 의한 사망률이 증가한다. 그 외에도 관절염, 지방간, 담낭염 등의 질환에 걸릴 가능성이 높다. 반면 저체중인 경우에는 소화기질환, 폐질환 등에 의한 사망률이 증가할 수 있다.

3) 비만의 식사관리

(1) 영양소별 고려사항

체중감소를 위해 무리한 저열량식사를 하게 되면 여러 가지 임상적인 부작용이 초래될 수 있다. 그러므로 이러한 부작용을 초래하지 않으면서 바람직한 체중을 유지하기에 적합한 식사관리 방법을 실천해야 하며, 이때 영양소별 고려사항은 다음과 같다.

- **탄수화물 :** 뇌신경계는 포도당을 에너지원으로 사용하므로 적정한 당질 섭취는 중요하다. 당질을 지나치게 제한하면 케톤체의 과잉 생성으로 케토시스(ketosis)에 의한 산독증이 생기기 쉽다. 이를 예방하기 위해서는 하루에 최소 100g 이상의 당질을 전곡류 형태로 섭취하는 것이 좋다. 특히 식이섬유는 하루 25~30g 섭취를 권장하고, 단순당은 쉽게 소화·흡수되므로 섭취를 제한한다.
- **단백질 :** 급격한 저열량식사 시에는 체단백질이 분해되므로 주의해야 한다. 단백질을 섭취할 때는 동물성 지방이 함께 섭취되는 것을 주의해야 하고 흰살생선, 달걀흰자, 두부, 닭가슴살 등 지방이 적은 식품을 선택한다.
- **지방 :** 가급적 필수지방산을 섭취하고 동물성 지방의 섭취를 제한한다. 불포화지방산과 포화지방산의 섭취비율은 1~1.5로 유지하는 것이 좋다. 또한 오메가-3 지방산의 섭취도 권장한다.
- **비타민과 무기질 :** 비타민과 무기질이 풍부한 채소와 과일을 충분히 섭취한다.
- **수분 :** 신진대사를 촉진하고 만복감을 주기 위해 충분한 수분을 섭취한다.

(2) 체중 감소를 위한 식사요령

- 열량 섭취량과 소비량의 균형을 생각한다.
- 저열량·저지방 식품을 기본으로 하루에 세끼 식사를 한다.
- 주식은 흰쌀밥 대신 잡곡밥이나 현미밥을 먹는다.
- 여러 가지 식품군을 골고루 먹는다.
- 물을 자주 많이 마신다.
- 고열량의 소스류 섭취는 피하며, 싱겁게 조리하여 먹는다.
- 커피나 탄산음료는 피하며 대신 보리차, 생수 등을 마신다.
- 식사는 정해진 장소, 일정한 시간에 규칙적으로 한다.
- 식사는 천천히 한다.
- 결식을 하거나 군것질로 식사를 대신하지 않는다.
- 저녁은 오후 6시 이전에 먹는다.
- 눈에 보이는 곳에 음식이나 식품을 놓지 않는다.
- TV를 보거나 책을 볼 때는 군것질이나 식사를 하지 않는다.

• 식사는 조금 작은 소형 식기류에 담아서 먹는다.

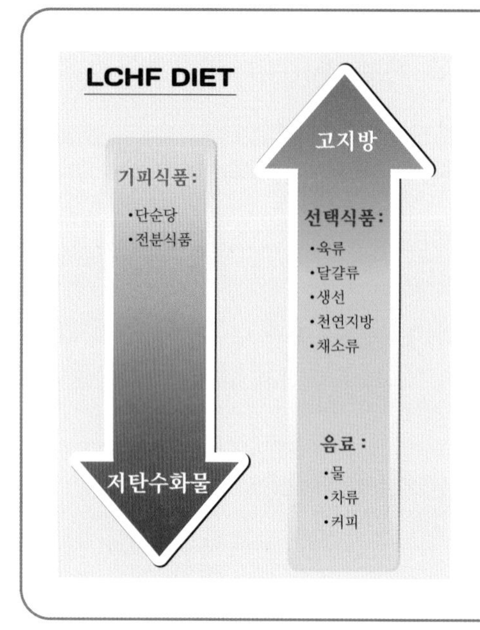

저탄수화물 · 고지방 다이어트(LCHF Diet)의 문제점

저탄수화물·고지방 다이어트는 체중 감량을 위해 탄수화물은 총 열량의 45% 미만, 지방은 35%를 초과하는 식사를 하는 것을 의미하는 경우가 일반적이다. 저탄수화물 · 고지방 다이어트의 체중 감량 효과는 일시적으로 빠르게 나타날 수 있다. 그러나 탄수화물 섭취를 지나치게 줄이고 지방을 과다하게 섭취하는 식사를 지속하면 체지방의 분해가 과잉으로 유도되어 지방의 불완전연소를 일으키게 되고, 그 결과 케톤체가 체내에 쌓여 우리 몸을 산성으로 만드는 케톤증이라는 임상 증세를 나타내어 위험해진다.

표 3-2 체중 감소를 위한 식품 선택

식품군	추천식품	제한식품
특징	섬유소가 많거나 열량이 적음	지방 또는 당분이 많음
곡류군	현미, 잡곡, 콩, 통밀빵, 고구마류	고혈당지수 식품(감자, 떡, 옥수수, 백미 등)
어육류군	지방이 적은 부위의 살코기, 흰살생선, 껍질 벗긴 닭고기, 달걀, 두부	삼겹살, 갈비, 소시지, 햄, 돈가스, 새우튀김, 닭튀김, 탕수육
채소 및 과일군	채소류, 버섯류, 해조류, 신선한 생과일	마요네즈 드레싱 샐러드, 야채튀김, 과일통조림, 가당음료
지방군	없음	버터, 동물성 기름
우유군	무지방 우유, 탈지분유	치즈, 아이스크림, 크림, 생크림
음료군	물, 보리차, 둥글레차, 녹차, 홍차, 블랙커피 등	초코우유, 가당 요구르트, 콜라, 사이다, 꿀차
기타	–	• 당류 : 설탕, 사탕, 꿀, 잼, 엿, 젤리 • 주류 : 맥주, 포도주, 소주

* 고당지수 식품 : 혈당을 급격히 올려 인슐린 분비를 자극하여 체지방을 합성하게 됨

- 편안한 환경에서 여유 있게 식사를 한다.
- 외식이나 가공식품, 패스트푸드 등은 많이 먹지 않는다.
- 스트레스를 먹는 것으로 풀지 않는다.

(3) 저열량 조리법

같은 식품이라도 조리법에 따라 열량이 달라지므로 저열량 조리법을 활용한다.

저열량 조리법

- 간은 싱겁게 한다.
- 센 불에서 살짝 볶는다.
- 진한 양념은 피한다.
- 튀김보다는 찜이나 굽는 방법을 선택한다.
- 고기는 끓은 물에서 살짝 데쳐 기름을 제거한다.
- 해조류, 채소류를 자주 이용한다.

(4) 체중 감량의 유지전략

체중 감량 유지 및 체중 감량 후 체중 재증가에는 다양한 인자들이 관련된다. 체중 감량 후 유지를 위해서는 표 3-3에서 제시한 내용을 실시할 때 효과가 있으나, 그 효

표 3-3 체중 감량 후 체중의 유지 및 재증가와 관련된 인자

체중 유지	체중 재증가
• 체중 감량 목표의 달성 • 초기 체중 감량이 큼 • 지속적인 체중 감량 • 신체활동 증가 • 총 섭취 열량 및 섭취량 감소 • 지방 섭취의 감소 • 간식 횟수 감소 • 규칙적인 식습관 • 아침식사 • 융통성 있는 식사 조절 • 자기감시 • 사회적 지지 • 대처 능력 • 과업 수행에 대한 자신감(self-efficacy) • 장기간의 치료(치료자와의 지속적 만남)	• 신체 활동 부족(좌식 생활) • 공복감 증가 • 폭식 • 엄격한 식사 조절 • 체중 감량에 대한 동기가 낮음 • 이분법적 사고 • 자신감 결핍 • 정신사회적 인자(스트레스, 우울증 등) • 가족 기능 장애 • 대처 능력 부족 • 체중순환(weight cycling)

자료 : 대한비만학회(2020). 비만진료지침.

체중 감량을 위한 식단 예시(1,500kcal)

• 영양소 분석

(1인 기준)

열량 (kcal)	탄수화물 (g)	단백질 (g)	지질 (g)	콜레스테롤 (mg)	칼슘 (mg)	철 (mg)	비타민 C (mg)
1,465	205	78	40	171	672	18.1	103

• 식단 구성

구분	식단	재료
아침	현미밥	백미 60g, 현미 15g
	쇠고기무국	쇠고기 20g, 무 35g, 파 10g, 마늘·간장·참기름 약간
	갈치구이	갈치 50g, 식용유 약간
	미역오이초무침	건미역 4g, 오이 35g, 마늘·고춧가루·소금·식초 약간
	배추김치	배추김치 50g
점심	보리밥	백미 60g, 보리 15g
	시금치조갯국	시금치 34g, 모시조개 35g, 다시용 멸치 3g, 된장 10g, 마늘·파 약간
	쇠고기장조림	쇠고기 40g, 꽈리고추 15g, 마늘·청주·간장 약간
	상추겉절이	상추 30g, 오이 20g, 마늘·파·고춧가루·간장·참기름 약간
	열무김치	열무김치 40g
저녁	현미밥	백미 45g, 현미 15g
	표고버섯북어국	북어 15g, 표고버섯 15g, 마늘·고추·파·간장 약간
	콩나물잡채	콩나물 40g, 쇠고기 40g, 고사리 10g, 느타리버섯 10g, 당근 10g, 도라지 10g, 간장·소금·참기름 약간
	더덕구이	더덕 30g, 고추장 5g, 마늘·파·간장·물엿·참기름 약간
	배추김치	배추김치 50g
간식	저지방우유	저지방우유 200g
	토마토주스	토마토주스 100g

과는 개인에 따라 달라질 수 있다. 따라서 감량된 체중을 성공적으로 유지하기 위해서는 개인의 특성을 고려하여 이러한 방법들을 선택적으로 적용해야 한다.

3. 심혈관계 질환과 영양

1) 심혈관계 질환의 특성

(1) 심혈관계의 기능

심혈관계는 혈액량을 조절하여 온몸으로 혈액을 공급하는 역할을 하며 산소, 영양소, 대사물을 신체 각 부위로 운반한다. 심장의 펌프작용에 의해 혈액이 운반되어 모세혈관에서 각종 영양소 공급과 물질교환이 가능하게 된다. 이때 혈액이 혈관벽에 나타내는 압력을 혈압이라 하며 이는 동맥혈압을 말한다(표 3-4).

표 3-4 혈압의 분류

혈압 분류		수축기 혈압(mmHg)		이완기 혈압(mmHg)
정상혈압*		<120	또는	<80
주의혈압		120~129	또는	80~84
고혈압 전단계		130~139	또는	85~89
고혈압	1기	140~159	또는	90~99
	2기	≧160	또는	≧100
수축기 단독 고혈압		≧140	그리고	<90

* 심뇌혈관질환의 발생위험이 가장 낮은 최적혈압

자료 : 대한고혈압학회(2018), 고혈압진료지침.

(2) 심혈관계 질환의 종류

동맥의 수축기 혈압이나 이완기 혈압이 비정상적으로 높을 때 고혈압이 발생한다. 또한 혈중 지질이 증가되면 이상지질혈증이 발생하는데(표 3–5), 그 종류는 고콜레스테롤혈증, 고중성지방혈증, 복합형 등이 있다. LDL–콜레스테롤이 높으면 관상동맥에 콜레스테롤이 축적되어 동맥경화를 유도할 가능성이 높지만, HDL–콜레스테롤은 조직의 콜레스테롤을 간으로 운반하여 담즙을 통해 체외로 배설됨으로써 혈중 콜레스테롤 농도를 낮추므로 오히려 혈중 농도가 40mg/dL 이하로 낮아지지 않도록 주의해야 한다. 동맥경화로 혈관이 좁아지면 혈류의 흐름에 저항이 높아져 혈압이 상승한다. 혈압이 높아지면 동맥벽에 플라크나 혈전 생성이 촉진되어 동맥경화가 발생하기 쉽다(그림 3–6). 동맥경화는 대동맥, 관상동맥, 뇌저동맥에 잘 발생하며 협심증, 심근경색, 심장마비, 뇌졸중 등을 유발한다.

표 3–5 한국인의 이상지질혈증 진단기준

분류	혈중 농도(mg/dL)
1. LDL 콜레스테롤*	
매우 높음	≥190
높음	160~189
경계	130~159
정상	100~129
적정	<100
2. 총콜레스테롤	
높음	≥240
경계	200~239
적정	<200
3. HDL 콜레스테롤	
낮음	≤40
높음	≥60
4. 중성지방	
매우 높음	≥500
높음	200~499
경계	150~199
적정	<150

* 이상지질혈증 진단의 HDL 콜레스테롤 '높음' 기준의 경우 치료지침의 저위험군

자료 : 한국지질·동맥경화학회, 이상지질혈증 치료지침 제정위원회(2018).

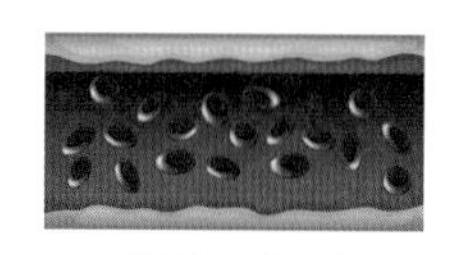

① 관상혈관은 심근에 산소와 영양소 공급

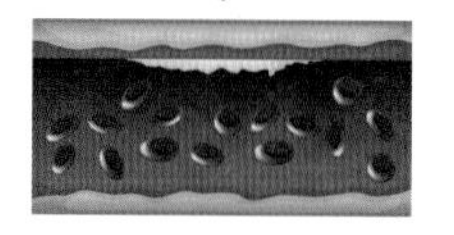

② 죽상종 형성

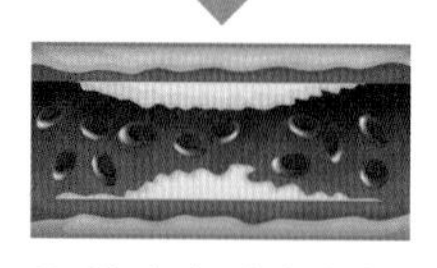

③ 혈관이 갈라지거나 굽은 부분에 죽상종 형성

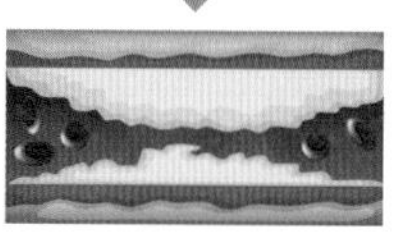

④ 죽상종이나 혈전으로 혈관이 막히면 주변 심근괴사

그림 3–6 동맥경화의 진행과정

2) 심혈관계 질환의 식사관리

심혈관계 질환은 심장, 혈관 등 순환계통 질환의 통칭으로 심장병과 혈관 질환이 있다. 각 질환의 식사관리는 원칙적인 면에서는 유사하다.

(1) 고혈압의 식사관리

① **체중조절 :** 비만은 혈압 상승 원인, 표준체중 유지가 목표

② **나트륨 제한 :** 저염식, 1단계 고혈압, 2단계 고혈압 시 나트륨 제한

③ **칼륨 섭취 증가 :** 칼륨 섭취는 나트륨 섭취의 저하효과, K/Na 비율이 중요

④ **알코올 섭취 제한 :** 고혈압 환자는 남자 2잔, 여자 1잔 이내로 제한

⑤ **식이섬유와 수분 섭취 :** 신선한 채소·과일 섭취, 이뇨제 복용 시 탈수 주의

⑥ **운동 및 생활습관 개선**

- 유산소운동, 적정 강도의 운동
- 스트레스 관리

DASH 다이어트의 특징

1. 미국에서 실시되고 있는 DASH(Dietary Approach to Stop Hypertension) 다이어트는 특정 영양소보다는 여러 영양소들이 골고루 포함된 식사를 통하여 혈압을 낮추는 식사이다. DASH 다이어트는 고혈압 환자에서 혈압 강하에 효과를 보이는데 그 특징은 다음과 같다.
   - 높은 채소 · 과일 섭취량(한 끼에 2~3교환의 채소 혹은 과일 섭취)
   - 저지방 우유 · 유제품 섭취
   - 낮은 포화지방과 지방 섭취량 : 고기보다는 껍질 벗긴 가금류, 생선, 견과류 섭취
   - 당분과 설탕이 함유된 음료 제한
2. DASH 다이어트의 경우 전형적인 미국인 식사에 비해 전곡류, 채소, 과일과 콩류의 섭취를 증가시킴으로써 식이섬유, 칼륨, 마그네슘 섭취는 늘리고 저지방 유제품을 선택하며, 가금류와 생선류는 하루에 2교환 이하로 제한함으로써 지방과 포화지방 섭취를 줄이게 되어 혈압의 강하를 가져온다(수축기 혈압 6~11mmHg 저하).

(2) 이상지질혈증의 식사관리

이상지질혈증의 식사관리 방법은 협심증, 심근경색, 뇌졸중 등 심뇌혈관계 질환의 식사관리에 널리 적용된다(표 3-6).

① **이상체중 유지와 탄수화물 섭취 감소 :** 비만일 경우 비만 식사요법 준수

② **지방 섭취 감소**

- **총지방 감소 :** 총에너지 섭취량의 30% 미만
- **포화지방산 감소 :** 총에너지 섭취량의 7% 이내

표 3-6 이상지질혈증의 식품 선택방법

식품군	이런 것을 선택하세요. 그러나 섭취량은 과다하지 않게!	주의하세요. 섭취 횟수와 섭취량이 많아지지 않도록!
어육류/ 두류/ 알류	• 생선 • 콩, 두부 • 기름이 적은 살코기 • 껍질을 벗긴 가금류 • 달걀	• 갈은 고기, 갈비, 육류의 내장 • 가금류 껍질, 튀긴 닭 • 고지방 육가공품(스팸, 소시지, 베이컨 등)
유제품	• 탈지유, 탈지분유, 저(무)지방 우유 및 그 제품 • 저지방 치즈	• 연유 및 그 제품 • 치즈, 크림치즈 • 아이스크림 • 커피크림
유지류	• 불포화지방산: 옥수수유, 올리브유, 들기름, 대두유, 해바라기씨유 • 저지방/무지방 샐러드 드레싱	• 버터, 돼지기름, 쇼트닝, 베이컨기름, 소기름 • 치즈, 전유로 만든 샐러드 드레싱 • 단단한 마가린
곡류	• 잡곡, 통밀	• 버터, 마가린이 주성분인 빵, 케이크 • 고지방 크래커, 비스킷, 칩, 버터팝콘 등 • 파이, 케이크, 도넛, 고지방 과자
국	• 조리 후 지방을 제거한 국	• 기름이 많은 국, 크림수프
채소/ 과일	• 신선한 채소, 해조류, 과일	• 튀기거나 버터, 치즈, 크림, 소스가 첨가된 채소/과일 • 가당 가공제품(과일통조림 등)
기타	• 견과류: 땅콩, 호두 등	• 초콜릿/단 음식 • 코코넛 기름, 야자유를 사용한 제품 • 튀긴 간식류

자료 : 한국지질·동맥경화학회, 이상지질혈증 치료지침 제정위원회(2018)

- **트랜스지방산 감소 :** 권장 에너지 섭취의 1% 이하, HDL 저하와 LDL 상승문제 해소
- **다가불포화지방산과 단일불포화지방산 섭취 증가 :** P/M/S 비(1 : 1~1.5 : 1)가 중요
- **콜레스테롤 섭취 제한 :** 100mg/1,000kcal(300mg/일 이내)

③ 알코올 섭취 제한 : 혈중 중성지방 상승 주의(1~2잔/일 이내)

④ 식이섬유 섭취 증가 : 25g 이상/일

⑤ 금연

4. 당뇨병과 영양

1) 당뇨병의 특성

(1) 분류, 증상과 위험인자

① 분류

당뇨병은 췌장에서 분비되는 인슐린이 부족하거나 그 기능이 제대로 작용하지 않아 일어나는 대사성 질환이다. 당뇨병은 발병 원인에 따라 주로 제1형 당뇨병과 제2형 당뇨병으로 분류되며, 임신성 당뇨병과 영양실조, 기타 특정 질환에 의한 경우도 있다. 제1형 당뇨병은 인슐린 의존형 당뇨병(IDDM, Insulin Dependent Diabetes Mellitus)으로 인슐린을 만들어 내는 췌장의 베타세포가 주로 자가면역에 의해 파괴되어 발생한다. 제1형 당뇨병은 인슐린이 결핍된 상태이므로 치료하려면 반드시 인슐린 주사를 맞아야 한다. 제2형 당뇨병은 인슐린 비의존형 당뇨병(NIDDM, Non-Insulin Dependent Diabetes Mellitus)으로 췌장에서 분비하는 인슐린은 충분하지만 말초조직에서의 인슐린 작용이 저하되거나, 췌장에서 필요량보다 적은 양의 인슐린이 분비되어 혈당이 높아져서 발병하게 된다. 제2형 당뇨병은 대개 40세 이후의 성인에게서 나타나는데, 우리나라 당뇨병 환자의 90% 이상이 제2형 당뇨병에 속한다. 제2형 당뇨병

의 경우 식사요법, 운동요법과 경구 혈당강하제가 혈당 조절에 도움이 된다.

② 증상

당뇨병 환자는 혈당이 정상보다 높아져 고혈당 상태가 되고 포도당이 소변으로 빠져 나오는 당뇨 증세를 보인다. 당뇨병의 대표적인 증상은 물을 많이 마시거나, 음식을 많이 먹거나, 소변을 많이 보는 것이다(다음, 다식, 다뇨). 또 쉽게 피로해지고 체중이 감소하기도 한다. 당뇨병은 여러 가지 합병증을 동반하는 경우가 많다.

③ 발병 위험인자

당뇨병 발병의 위험인자는 유전적 인자와 환경적인 인자를 들 수 있다(그림 3–7). 가족력이 있는 사람은 당뇨병의 발병 위험이 증가한다. 환경적인 요인은 노화, 운동부족, 과중한 스트레스, 비만, 임신 등이 해당된다.

그림 3–7 당뇨병의 위험인자

(2) 진단

당뇨병의 전형적인 증상인 다음, 다식, 다뇨, 체중감소 등의 증상이 있는 경우에는 당뇨병을 쉽게 발견할 수 있으나 이러한 증상이 없는 경우에는 당뇨병의 선별검사를 통한 진단이 필요하다. 당뇨병 진단검사로서 직접적인 방법에는 혈중 인슐린과 C–펩타이드 농도, 당화혈색소(HbA1c, glycosylated hemoglobin) 함량을 측정하는 방법이 있다. 그러나 임상적으로는 혈당, 당화혈색소 검사와 요당검사가 널리 사용되고 있다. 당뇨병의 진단기준은 표 3–7과 같다.

표 3-7 한국인의 당뇨병 진단기준

정상 혈당	1. 최소 8시간 이상 음식을 섭취하지 않은 상태에서 공복 혈장포도당 100mg/dL 미만 2. 75g 경구포도당부하 2시간 후 혈장포도당 140mg/dL 미만
당뇨병	1. 당화혈색소 ≥ 6.5% 또는 2. 8시간 이상 공복혈장포도당 ≥ 126mg/dL 또는 3. 75g 경구포도당부하 2시간 후 혈장포도당 ≥ 200mg/dL 또는 4. 당뇨병의 전형적인 증상(다뇨, 다음, 설명되지 않는 체중감소)이 있으면서 무작위 혈장포도당 ≥ 200mg/dL
당뇨병 전 단계	1. 공복혈당장애 : 공복혈장포도당 100~125mg/dL 2. 내당능장애 : 75g 경구포도당부하 2시간 후 혈장포도당 140~199mg/dL 3. 당화혈색소 : 5.7~6.4%

주 1) 당뇨병의 1~3 중 하나에 해당하는 경우 서로 다른 날 검사를 반복해야 하지만, 동시에 시행한 검사들에서 두 가지 이상을 만족한다면 바로 확진할 수 있다.
2) 당화혈색소는 표준화된 방법으로 측정되어야 한다.

자료 : 대한당뇨병학회(2021). 당뇨병 진료지침.

대사증후군 진단기준

만성적인 대사 장애로 인하여 내당능 장애, 고혈압, 이상지질혈증, 비만, 심혈관계 죽상동맥경화증 등의 여러 가지 질환이 한 개인에게서 한꺼번에 나타나는 것을 대사증후군이라고 한다. 여러 진단기준이 있지만 일반적으로 아래의 기준 중 세 가지 이상에 해당되면 대사증후군으로 진단한다.

- **중심비만(central obesity) :** 남자의 경우 허리둘레가 90cm 이상, 여자의 경우 허리둘레가 85cm 이상
- **고중성지방혈증(hypertriglyceridemia) :** 중성지방이 150mg/dL 이상이거나 현재 약물치료 중
- **고밀도지단백 콜레스테롤(HDL-cholesterol)이 낮을 경우 :** 남자의 경우 40mg/dL 미만, 여자의 경우 50mg/dL 미만이거나 현재 약물 치료중
- **공복혈당이 높을 경우** :** 100mg/dL 이상이거나 현재 약물치료 중
- **고혈압 :** 수축기 혈압이 130mmHg 또는 이완기 혈압이 85mmHg 이상이거나 현재 약물치료 중

자료 : * 대한비만학회(2020).

2) 당뇨병의 식사관리

(1) 혈당 조절을 위한 식사관리

당뇨병 환자의 올바른 영양관리 방법은 혈당 조절과 합병증 예방을 위해 정상적인 활동을 하면서 영양상태를 잘 유지할 수 있도록 적절한 양의 영양소를 섭취하는 것이다.

① 식사요법의 기본 원칙

- 매일 일정한 시간에 알맞은 양의 음식을 규칙적으로 먹는다.
- 설탕이나 꿀 등 단순당의 섭취에 주의한다.
- 식이섬유를 적절히 섭취한다.
- 지방을 적정량 섭취하며 콜레스테롤의 섭취를 제한한다.
- 소금 섭취를 줄인다.
- 술은 피하는 것이 좋다.

② 혈당 조절을 위한 식품 및 조리법

- **단순당질 식품을 사용하지 않는다** : 설탕이나 꿀은 혈당을 빠르게 올리는 단순당질 식품이다. 단순당질 대신 식초, 겨자 등의 향신료를 이용해 맛을 내고, 소량 사용만으로도 단맛을 낼 수 있는 인공감미료를 이용한다.

표 3-8 기본적인 영양관리지침

영양소	공급방법
에너지	성별·연령별·개인별 권장량을 충족시키도록 함
당질	총열량의 50~60%
단백질	총열량의 15~20%, 연령별·체중별 권장량을 충족시키도록 함
지방	총열량의 25% 이내, 포화지방은 총열량의 7% 미만
콜레스테롤	1일 300mg 이하
식이섬유	20~25g(12g/1,000kcal/일)

자료 : 대한당뇨병학회(2015). 당뇨병 진료지침.

- **염분을 적게 사용하는 조리법을 선택한다** : 조리 시 소금, 간장, 된장, 고추장 등 양념류의 사용을 줄인다. 김치는 가능한 한 싱겁게 만들어서 먹는다.
- **식이섬유가 풍부한 식품을 활용한다** : 식이섬유는 혈당과 혈중지방의 농도를 낮추어 혈당 조절에 도움을 준다. 또한 식이섬유는 식후 포만감을 주고 변비를 예방한다. 잡곡류, 채소류, 해조류 등과 같이 식이섬유가 풍부한 식품을 활용한다.
- **신선한 자연식품을 선택한다** : 가공식품의 사용을 줄이고 신선한 자연식품을 다양하게 선택하여 조리에 활용하도록 한다.

혈당지수(당지수)

혈당지수(GI, Glycemic Index)란 섭취한 식품의 혈당 상승 정도와 인슐린 반응을 유도하는 정도를 나타내며, 순수 포도당을 100이라고 했을 때와 비교하여 수치로 표시한 지수이다. 높은 혈당지수의 식품은 낮은 혈당지수의 식품보다 혈당을 더 빨리 상승시킨다.

[식품의 당지수 예(포도당 섭취 기준)]

높은 당지수의 식품(70 이상)		중간 당지수의 식품(56~69)		낮은 당지수의 식품(55 이하)	
떡	91	고구마	61	현미밥	55
흰밥	86	아이스크림	61	호밀빵	50
구운 감자	85	파인애플	59	쥐눈이콩	42
시리얼(콘플레이크)	81	페이스트리	59	우유	27
수박	72			대두콩	18

당부하지수

당부하지수(GL, Glycemic Load)는 혈당지수에 식품의 1회 섭취량을 고려한 것으로 혈당지수에 식품 1회 섭취량에 포함된 당질의 양을 곱한 다음 100으로 나누어 계산한다. 당뇨병 환자에게 총 당질의 양뿐만 아니라 혈당지수, 당부하지수를 고려하여 식품을 선택하도록 하면 혈당 조절에 도움이 될 수 있다.

자료 : 대한당뇨병학회(2015). 당뇨병 진료지침.

혈당 조절을 위한 식단 예시(1,800kcal)

• 영양소 분석

(1인 기준)

열량 (kcal)	탄수화물 (g)	단백질 (g)	지질 (g)	콜레스테롤 (mg)	칼슘 (mg)	철 (mg)	비타민 C (mg)
1,800	254	92	50	244	817	19.2	272

• 식단 구성

구분	식단	재료
아침	현미밥	백미 60g, 현미 15g
	모시조갯국	모시조개 35g, 다시용 멸치 3g, 다시마 · 마늘 · 파 · 소금 · 간장 약간
	코다리찜	코다리 50g, 마늘 · 파 · 간장 · 고추장 · 참기름 약간
	미나리무침	미나리 40g, 마늘 · 파 · 소금 · 식초 · 참기름 약간
	배추김치	배추김치 50g
점심	콩나물밥	백미 75g, 콩나물 35g, 돼지고기 20g, 양념장(마늘 · 파 · 간장 · 고춧가루 · 참기름 약간)
	냉이된장국	냉이 40g, 된장 10g, 다시용 멸치 3g, 마늘 · 고춧가루 약간
	고등어구이	고등어 75g, 식용유 약간
	시래기나물	시래기 40g, 마늘 · 파 · 간장 · 소금 · 참기름 약간
	깍두기	깍두기 40g
저녁	잡곡밥	백미, 60g, 조 10g, 수수 10g, 현미 10g
	두부김칫국	두부 40g, 배추김치 40g, 다시용 멸치 5g, 마늘 · 파 · 소금 약간
	쇠고기표고볶음	쇠고기 40g, 표고버섯 20g, 마늘 · 양파 · 파 · 간장 · 참기름 · 식용유 약간
	숙주나물	숙주 35g, 마늘 · 파 · 소금 · 식용유 약간
	총각김치	총각김치 35g
간식	우 유	우유 200g
	귤	귤 120g
	딸 기	딸기 150g

저혈당 대처법

저혈당은 혈당이 50~60mg/dL 이하로 떨어지는 것으로 공복감, 현기증, 불안정, 떨림 등의 증상이 나타난다. 그 증상이 심한 경우 치료를 즉시 하지 않으면 심각한 문제가 발생할 수도 있다. 의식이 있는 사람의 경우 사탕(3~4개), 설탕물 등의 단순당질 음식을 즉시 섭취하도록 하고, 의식이 없는 사람의 경우 병원에서 응급치료를 받도록 한다.

③ 혈당 조절을 위한 외식 시 고려사항

- 가능한 한 외식 횟수를 줄인다.
- 다양한 영양소가 골고루 포함된 메뉴를 선택한다.
- 천천히 먹는 습관을 가진다.
- 과식은 피하고 정해진 한 끼 식사량만큼 먹는다.
- 기름을 많이 사용한 음식을 자주 먹지 않는다.
- 가공식품이나 패스트푸드를 자주 먹지 않는다.
- 채소 반찬을 많이 먹는다.
- 너무 달거나 짠 음식, 자극적인 음식은 제한한다.
- 술은 하루 한 잔 이상 마시지 않는다.

5. 암과 영양

1) 암의 특성

종양(neoplasia)은 악성과 양성으로 구분되며, 암은 체조직에 악성의 새로운 조직이 형성되는 것으로서 악성 종양 또는 악성 신생물이라고 한다. 암은 혈액성 암과 비혈액성 암으로 구분된다. 암의 특징은 빠른 성장, 주변으로의 침윤, 무한증식, 이동성(전

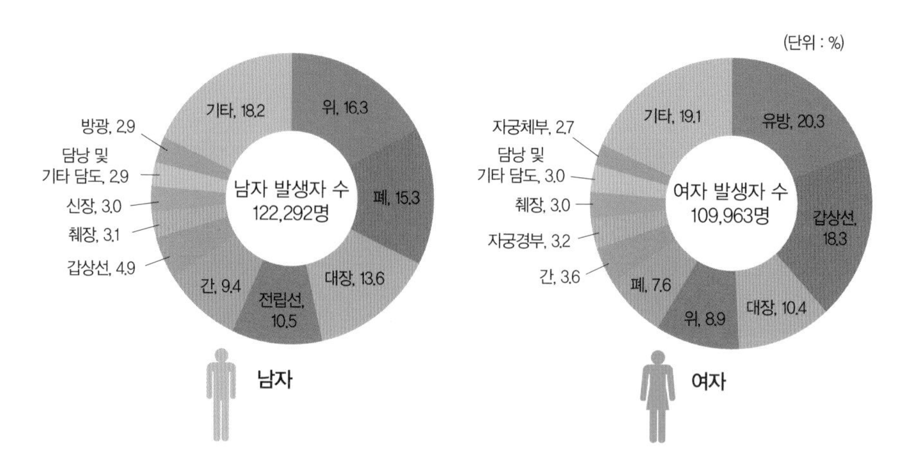

그림 3-8 우리나라의 주요 암 발생분율(2017년)

자료 : 보건복지부·국립암센터.

이) 등을 들 수 있다.

(1) 발병 원인

암을 발생시키는 외적 요인으로는 자외선, 방사선, 음식, 화학물질, 바이러스, 성호르몬, 흡연, 환경오염, 알코올 섭취 등을 들 수 있다. 내적 요인으로는 유전자, 인종, 민족, 지역, 정신적 스트레스 등이 있다. 이 중에서 암 유발과 관련되는 식사성 요인은 표 3-9와 같다.

표 3-9 암 유발과 관련된 식사요인

직접적 요인	간접적 요인
• 식품 내 발암성 물질 함유 • 식품 보관 시 암을 유발하는 곰팡이 번식 • 가공 시 사용하는 보존료, 착색료 등 식품첨가제 • 허용치 이상의 잔류농약 • 조리 시 생성되는 발암물질 : 숯불구이나 튀김 중에 발생하는 헤테로고리아민류와 훈연제품의 발암물질인 다환방향족탄화수소 등	• 체내 대사에 의해 생성된 발암물질 • 열량, 단순당, 지방, 단백질의 과잉섭취 • 비타민, 무기질, 식이섬유 등의 섭취 부족

(2) 암과 영양문제

암 환자에서는 체내 영양소 대사가 변화된다. 암에 걸리게 되면 암의 종류, 치료방법과 진행상태에 따라 차이가 있지만, 대부분 음식 섭취량이 감소하고 기초대사율과 에너지 소비가 증가되는 등 다양한 변화가 나타난다.

암 치료과정에서는 극심한 식욕부진과 암 악액질로 인해 영양불량이 자주 발생한다. 환자는 암 질환과 치료에 대처하기 위해 양질의 영양이 필요하므로 균형 잡힌 식사요법은 치료에 의한 부작용을 잘 극복할 수 있게 해준다. 암 치료과정에서 충분한 영양이 공급되지 않으면 면역력이 저하되어 감염의 위험이 높아진다. 암 환자에서 영양 불량상태가 야기되는 주된 요인은 표 3-10과 같다.

표 3-10 암 환자의 영양불량을 야기하는 요인

요인	예상원인
식욕부진	• 암세포에서 식욕억제물질 발생 • 맛과 냄새 감각의 변화 • 혈당, 유리지방산, 아미노산, 식욕호르몬의 변화로 인한 숙주 대사 변화와 식욕 감퇴 • 질병에 대한 정신적인 반응 • 사이토카인(cytokine) 생성
흡수 불량	• 소장의 융모 형성 부진 • 담즙, 췌장효소의 결핍과 불활성
칼로리 대사 변화	• 일부 암의 경우 기초대사량 증가 • 비정상적인 숙주 대사에 의한 비효율적인 영양소 이용
당질 대사 이상	• 인슐린에 대한 민감성 손상 • 코리회로(cori cycle) 활성 증가 • 젖산 산화에 의한 당 신생 증가
단백질 대사 이상	• 단백질 대사 회전율 증가 • 골격근으로부터 당 신생을 위한 아미노산 이용 • 굶은 상태에서 단백질 절약 적응기전의 부진
지질 대사 이상	• 지방조직으로부터 유리지방산 방출 증가 • 지방제거능력 저하

2) 암의 식사관리

(1) 식사관리 시 고려사항

- 암은 종류가 다양하므로 암의 종류와 특성에 따른 식사관리가 중요하다.
- 암 예방에 도움을 주는 성분인 항산화제, 식물생리활성물질, 식이섬유를 충분히 섭취한다.
- 항산화영양소인 비타민 C, 비타민 E, 카로티노이드, 셀레늄 등을 많이 섭취한다.
- 생리활성물질인 파이토케미컬은 채소와 과일, 콩류, 차류, 견과류 등에 함유되어 있으므로 채소와 과일을 충분히 섭취한다.
- 식이섬유는 발암물질의 장 통과시간을 단축시키고, 발암물질의 배설을 촉진시켜 암을 예방하므로 충분히 섭취한다.

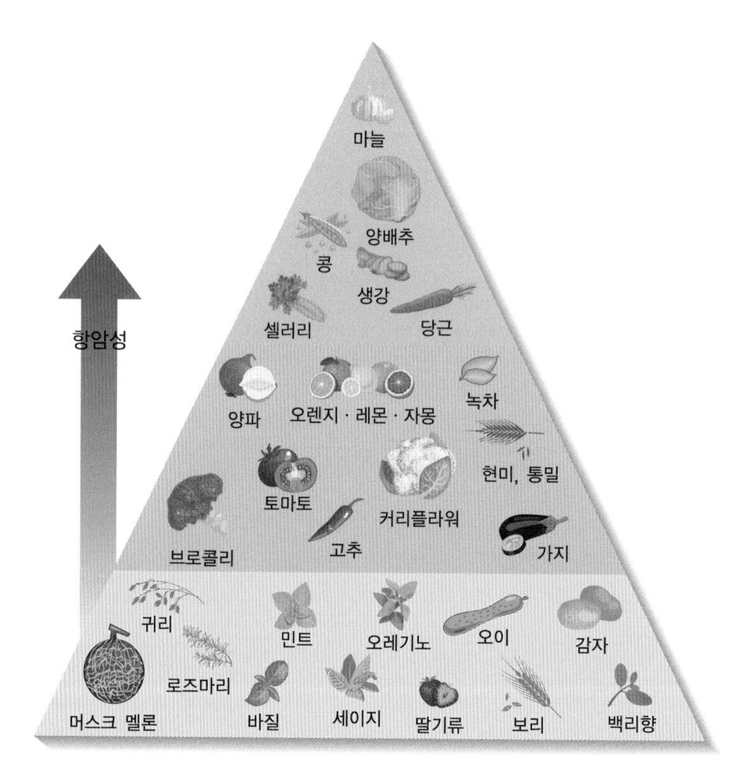

그림 3-9 암 예방 식품 피라미드

자료 : 미국 암연구소.

(2) 암 예방 식품

미국국립암연구소는 미국 국립보건원 산하의 연구소로서 암 연구에 관해서는 미국뿐만 아니라 전 세계적으로 매우 활발하게 다양한 연구를 수행하고 있다. 이 연구소에서는 암 예방에 기여하는 식품을 항암성의 크기에 따라 피라미드 형태로 제시하고 있는데(그림 3-9), 항암성의 측면에서 가장 중요한 식품은 마늘로 나타나 있다.

C H A P T E R

4

만성질환 예방과 식사요인

인간은 식품을 통해 영양소 및 생리활성성분을 섭취함으로써 인체의 성장발달과 질병 예방에 도움을 받아왔다. 오늘날 생활환경이 급속히 변화되면서 만성질환 발생이 크게 증가하여 건강 위험과 삶의 질 저하 요인으로 대두되자, 만성질환 예방에 기여하는 식사요인에 대한 관심이 증대되고 있다.

1. 적절한 영양 섭취

1) 영양소의 분류와 기능

(1) 영양소의 분류

영양이란 사람이 음식물을 통해 섭취한 영양소가 체내에서 소화·흡수되어 여러 가지 기능을 수행함으로써 생명 유지, 성장·발달 및 건강을 유지하게 하는 일련의 과정이다. 신체 성장 및 다양한 생리기능을 나타내어 건강을 유지하는 데 필수적인 성분이 영양소인데, 이 영양소의 급원은 식품이다.

필수영양소는 체내에서 충분한 양의 영양소를 합성할 수 없어 식품 섭취를 통해서 공급받아야 하는 영양물질로서, 각 영양소는 체내에서 고유한 역할을 하고 부족 시 성장 부진, 질병 유발 등 결핍증이 나타난다. 필수영양소에는 6대 영양소가 있으며 탄수화물, 단백질, 지질, 비타민, 무기질, 물이 해당된다. 주된 기능을 중심으로 필수영양소를 분류하면 열량영양소, 구성영양소, 조절영양소로 분류할 수 있다(표 4-1).

표 4-1 필수영양소의 분류

분류	영양소	기능
열량영양소	탄수화물, 단백질, 지질	인체의 기능 유지를 위해 필요한 에너지원
구성영양소	단백질, 지질, 무기질, 물	인체를 구성하는 성분으로 세포와 조직, 기관을 이룸
조절영양소	비타민, 무기질, 물	인체의 기능 유지에 필요한 대사과정을 조절하는 역할

(2) 영양소의 기능

영양소별 생리적 기능을 요약하면 표 4-2와 같다.

표 4-2 영양소의 기능

영양소	기능	
탄수화물	• 에너지의 주요 공급원 • 체내 간, 근육에 저장	• 단백질 절약작용 • 많이 섭취 시 체지방으로 축적
단백질	• 체조직 구성 • 면역기능 담당	• 효소, 호르몬, 항체의 형성 • 탄수화물, 지방 부족 시 에너지로 사용
지방	• 에너지원으로 사용, 체온 유지 • 신경조직의 구성성분 • 필수지방산 공급	• 외부충격으로부터 신체 보호 • 음식의 맛을 고소하게 함
비타민	• 조효소 역할 • 빈혈, 피부병, 구루병, 감기 등의 예방과 치료를 도움 • 피부를 건강하게 함	
무기질	• 체내 기능 조절	• 신체의 구성성분
물	• 신체의 구성성분 • 혈액의 주성분으로 영양소, 노폐물 운반	• 체온 유지 • 노폐물을 소변으로 배설

(3) 영양소의 급원식품

각 영양소를 공급하는 급원식품은 표 4-3과 같다.

표 4-3 영양소별 주요 급원식품

기초식품군	주요 영양소	급원식품
곡류	당질	쌀밥, 떡류, 국수, 식빵, 옥수수, 미숫가루
고기·생선·달걀·콩류	단백질, 비타민, 무기질	쇠고기, 닭고기, 돼지고기, 생선, 달걀, 콩류, 두부, 두유, 어묵, 햄, 베이컨
채소류	비타민, 무기질	김치, 시금치, 콩나물, 오이, 호박, 당근, 미역
과일류		사과, 배, 귤
우유·유제품류	칼슘, 단백질	우유, 치즈, 요구르트, 아이스크림, 잔멸치, 뱅어포
유지·당류	지질, 단순당	식물성 기름, 버터, 마가린, 마요네즈, 설탕, 탄산음료

2) 영양불량

영양불량이란 영양소 섭취량이나 공급량의 부족 또는 과잉으로 체성분이 변화되어 신체적·정신적 기능이 손상되고 질병의 임상적인 경과에 부정적 영향을 초래하게 되는 상태를 말한다. 영양불량은 영양부족과 영양과다를 모두 포함한다. 대표적인 영양결핍으로는 칼슘결핍증(골다공증), 철분결핍증(빈혈), 단백질결핍증(콰시오커), 에너지와 단백질결핍증(마라스무스) 등이 있다. 반면 대표적인 영양과다로는 에너지 과다(비만), 지질 과다(이상지질혈증) 등을 들 수 있다.

영양불량 상태가 되면 질병의 이환율과 사망률이 증가하고 신체활동 기능과 삶의 질이 저하되며, 병원 입원횟수와 기간을 증가시켜 건강 관련 지출 비용을 증가시킨다. 최근에는 식생활 양식이 서구화되면서 고열량 중심의 식품 섭취가 증가하여 비만 발생률이 높아지고 있어 사회적인 건강문제로 대두되었다. 또한 과도한 다이어트를 시행하는 과정에서 신경성 식욕부진증, 탐식증 등의 섭식장애를 유발하기도 하여 심리적인 치료를 필요로 하는 심각한 임상증세를 유발하기도 한다.

표 4-4 마라스무스와 콰시오커의 특징

특징	마라스무스	콰시오커
최고 발생시기	6~18개월 어린이	12~48개월 어린이
키	나이에 비해 적음	거의 정상
외모	피골이 상접하게 마름	약간 마름
부종	없음	많음
지방간	별로 없음	많음
체지방	모두 이용	정상으로 존재
근육	근육 쇠태	근육 위축
피부	건조, 주름	부스럼
머리카락	드물고 가늘음	건조, 탈색
혈청 알부민	정상	감소

자료 : 최혜미(2021). 21세기 영양학. 교문사.

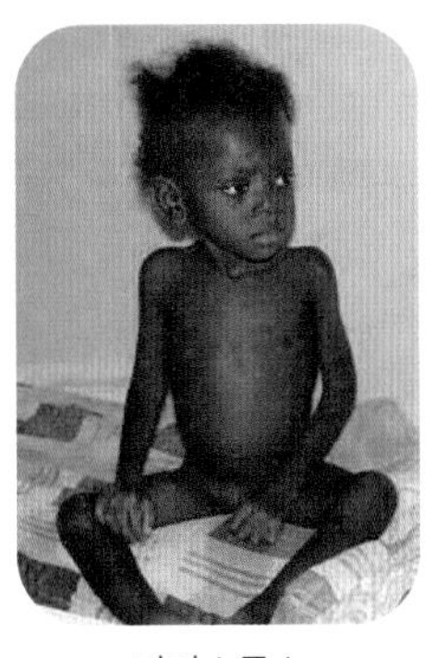

마라스무스

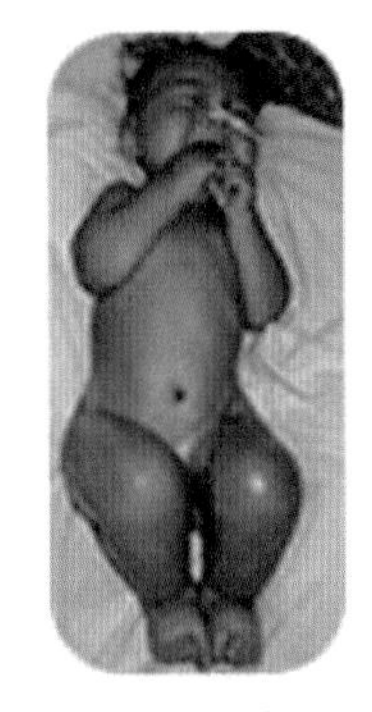

콰시오커

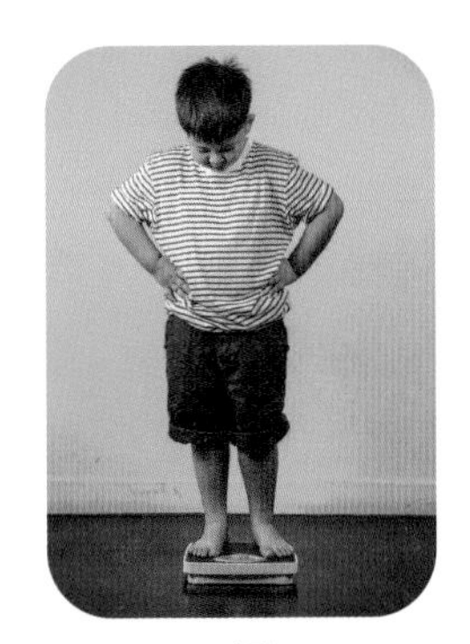

비만

그림 4-1 대표적인 영양불량

2. 식이섬유

1) 식이섬유의 분류

식이섬유는 크게 불용성과 수용성 식이섬유로 분류할 수 있다.

- **불용성 식이섬유 :** 물에 녹지 않는 성질을 가지며 셀룰로오스, 헤미셀룰로오스, 리그닌 등
- **수용성 식이섬유 :** 물에 녹거나 겔을 형성하는 성질을 가지며 펙틴, 알긴산, 검 등

2) 식이섬유의 특성과 생리적 기능

- **수분보유력과 물질 흡수 지연/방해 :** 펙틴, 검, 한천과 같은 수용성 식이섬유들은 셀룰로오스와 같은 불용성 식이섬유보다 수분보유력이 더 크고 점성이 매우 높은 용액을 형성할 수 있다. 식이섬유는 대장암의 발생을 저하시키는데, 식이섬유가

보유한 수분에 의해 발암물질이 희석되거나 직접 결합함으로써 흡수가 저해되기 때문이다. 또한 수분을 보유한 식이섬유는 장 내용물에 부피를 주어 장내 연동운동이 활발해져 통과속도가 빨라짐으로써 대장과 발암물질의 접촉을 줄이기 때문이다. 가용성 식이섬유는 소장의 당 흡수를 느리게 해 당뇨병에 도움을 주고, 소장에서의 콜레스테롤 흡수를 방해하여 혈청 콜레스테롤 농도를 감소시킨다.

- **결합력과 물질 흡수 저해 :** 간에서 콜레스테롤로부터 만들어지는 담즙산은 장으로 분비되는데, 장에서 식이섬유가 담즙산과 결합하면 담즙산의 재흡수를 저해하여 결국 혈청 콜레스테롤 농도가 감소한다. 고지방식에 의해 담즙산 분비가 많아지면 대장암의 원인이 된다. 식이섬유는 위장관 내에서 무기질과 결합하여 무기질 흡수를 저해한다.
- **발효 :** 식이섬유는 포유동물의 소화효소에 의해 분해되지는 않지만 대장의 미생

표 4-5 식이섬유의 생리적 기능

성질	종류	생리적 기능	급원식품
불용성	• 셀룰로오스, 헤미셀룰로오스, 리그닌	• 분변량 증가 • 장 통과시간 단축	• 밀, 현미, 호밀, 쌀, 채소, 식물의 줄기
수용성	• 펙틴, 검, 일부의 헤미셀룰로오스	• 만복감 부여 • 포도당 흡수 지연 • 혈중 콜레스테롤 저하	• 사과, 바나나, 감귤류, 보리, 귀리

채식주의자의 건강문제

- 동물성 식품에 주로 함유된 영양소의 섭취 부족으로 영양 불균형이 유발된다.
- 동물성 식품의 섭취 부족으로 무기질 흡수가 저하되어 골다공증, 빈혈이 발생하기 쉽다.
- 동물성 식품에 주로 함유된 비타민 B_{12} 등의 미량영양소 섭취가 부족하기 쉽다.
- 채식 위주의 식사는 고섬유식인 경우가 많아 장내 가스를 생성하므로 식이섬유를 많이 섭취하면서 액체를 적게 먹는 경우에는 섬유소 자체가 장을 차단하기도 한다.
- 저체중 성인에서는 다양한 영양소의 섭취 부족으로 생리기능이 저하된다.

물에 의해 쉽게 발효된다. 식이섬유의 종류에 관계없이 발효는 수소가스와 아세트산, 프로피온산, 부티르산과 같은 짧은 사슬 지방산을 생성하는데, 이는 흡수되어 간으로 들어가서 콜레스테롤 합성을 감소시킨다.

- **저열량밀도 :** 고섬유 식사는 부피가 커서 포만감을 주면서도 상대적으로 열량은 적어 비만 예방에 효과적이며 체중조절에 도움이 된다.

3) 급원식품 및 적정 섭취량

식이섬유는 곡류, 감자류, 채소류, 과일류 및 해조류에 많이 들어 있다. 식이섬유의 권장 섭취기준은 한국인 영양소 섭취기준(2020년)에 의하면 총 식이섬유 기준으로 20대 이후의 성인에서 남자는 30g, 여자는 20g을 섭취하도록 권장하고 있다.

3. 파이토케미컬

1) 파이토케미컬의 종류 및 급원식품

천연색소가 들어 있는 색깔식품(color food)이 건강에 좋다고 알려지면서 채소나 과일의 껍질에 주로 함유된 식물성 생리활성물질인 파이토케미컬(phytochemical)에 대한 관심이 증대되고 있다. 파이토케미컬이란 식물이 자외선과 같은 외부환경으로부터 자신을 보호하기 위해 분비하는 식물성 생리활성물질이다. 영양소는 아니지만 건강에 유익한 생리활성을 가지고 있으며 다양한 색깔을 띠고 있다.

표 4-6 식품 중 파이토케미컬의 종류와 기능

색	식품	파이토케미컬의 종류	기능
빨강	토마토	라이코펜	전립선암 예방, 심장질환 예방
	수박		
	사과	페놀화합물	노화 지연, 암 예방, 콜레스테롤 강하
	딸기	안토시아닌, 엘라직 산	노화 지연, 폐 기능 강화, 암 예방, 당뇨병성 합병증 예방
주황	살구	베타카로틴	항산화 작용, 암 예방, 심장질환 예방, 폐 보호기능
	당근		
	늙은 호박		
노랑 (주황)	고구마		
	감귤류(오렌지, 자몽, 귤 등)	탄제린, 헤스페리딘, 리모넨	
초록	브로콜리	베타카로틴, 술포라판, 인돌, 루테인, 퀘세틴	노화 지연, 암 예방, 폐 기능 향상, 백내장 예방, 알레르기 염증반응 저하, 당뇨병성 합병증 예방
	케일		
	시금치	베타카로틴, 루테인, 지아잔틴	노화 지연, 암 예방, 폐 기능 향상, 황반 퇴화 및 백내장 예방, 시력감퇴 둔화, 당뇨병성 합병증 예방
	양배추	술포라판, 인돌	암 예방
	잎상추	퀘세틴	알레르기 염증반응 저하, 뇌와 기관지 종양의 성장 저지, 오염물질과 흡연으로부터 폐 보호
	부추	알릴 화합물	암 예방, 콜레스테롤 및 혈압 강하
초록 (흰색)	쪽파		
	마늘	알릴 화합물, 퀘세틴	암 예방, 콜레스테롤 및 혈압 강하, 알레르기 염증반응 저하, 뇌와 기관지 종양의 성장 저지
	양파		암 예방, 콜레스테롤 및 혈압 강하, 알레르기 염증반응 저하, 뇌와 기관지 종양의 성장 저지, 오염물질과 흡연으로부터 폐 보호
	배	퀘세틴	알레르기 염증반응 저하, 뇌와 기관지 종양의 성장 저지, 오염물질과 흡연으로부터 폐 보호
보라	블루베리	안토시아닌, 엘라직산	노화 방지, 암 예방, 콜레스테롤 강하
	포도	레스베라트롤, 엘라직 산, 퀘세틴	심장병 예방, 암 예방, 알레르기 염증반응 저하, 뇌와 기관지 종양의 성장 저지, 오염물질과 흡연으로부터 폐 보호
검정	검은콩, 검은깨, 검은쌀, 석이버섯, 블랙올리브	안토시아닌	암 예방, 노화 억제, 콜레스테롤 강하, 시력개선 효과, 혈관 보호 기능, 항궤양 기능

2) 파이토케미컬의 생리적 기능

과일이나 채소를 충분히 섭취하게 되면 암이나 심장질환을 예방할 수 있다고 알려져 있다. 그 이유는 항산화비타민 이외에 파이토케미컬이 풍부하게 들어 있기 때문인데, 파이토케미컬은 암을 포함한 여러 만성질환을 예방하는 효능이 있으며, 이러한 효능은 색이 진할수록 크다. 파이토케미컬에는 다양한 종류가 있으며, 우리 몸에서 하는 기능 또한 다양하다(표 4-6). 예를 들면 녹황색 채소류에 많이 들어 있는 카로티노이드(carotenoids)는 비타민 A의 전구체로 작용할 뿐만 아니라 카로티노이드 고유의 생리활성 기능을 가지고 있다. 가장 잘 알려진 카로티노이드는 당근, 진한 녹색 채소류에 많이 들어 있는 베타카로틴으로, 화학적 구조 때문에 항산화제로 작용하여 자유기로부터 조직 손상을 방지하는 것으로 알려져 있다. 식사의 색이 화려하고 다양할수록 우리의 건강에는 더 바람직한 영향을 미친다.

4. 항산화 영양소

1) 활성산소와 산화스트레스

인체 내에는 산화 촉진물질과 방어물질이 일정하게 균형을 이루고 있는데, 산화 촉진물질이 많아져서 이러한 균형이 깨져 유해한 작용이 나타나는 상태를 산화스트레스(oxidative stress)라고 한다. 우리 몸은 계속해서 에너지를 필요로 하고, 에너지는 섭취한 음식물이 산소와 반응함으로써 생겨난다. 이 과정에서 일부가 불안정한 활성산소로 변하여 세포 속 지방산이나 단백질에 산화반응을 일으키고 그에 따른 변형과 손상을 유발하여 산화스트레스로 작용한다. 활성산소는 외부에서 침입한 세균이나 바이러스, 몸 안에 생긴 암세포를 손상시켜 우리 몸의 면역 기능을 유지하기도 하지만, 정상적인 피부·혈관·뇌 등의 세포 손상을 촉진시켜 각종 질환의 위험을 높이기도

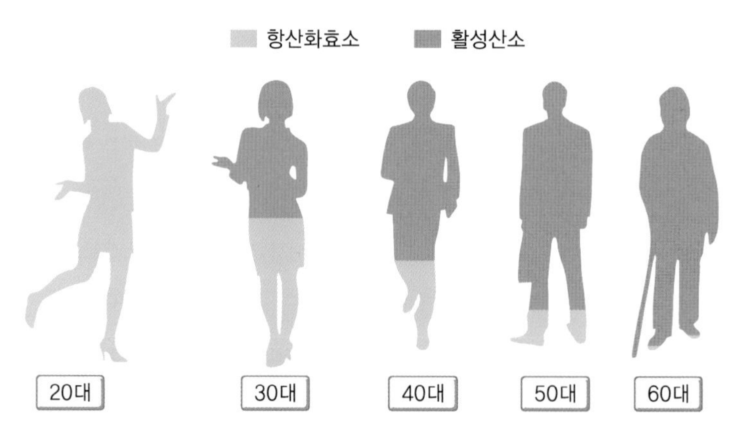

그림 4-2 연령 증가에 따른 활성산소량의 변화

한다. 특히 활성산소가 암, 동맥경화, 당뇨병 등의 질병과 노화를 일으키는 주요 원인이 된다고 알려지면서 항산화 영양소에 대한 관심이 높아지고 있다.

2) 항산화 영양소의 종류와 기능

(1) 항산화 영양소의 종류

항산화 물질은 신체 내에 생성된 활성산소를 제거하고 발암물질의 작용을 억제함으로써 세포 및 DNA의 손상을 예방하는 작용을 한다. 주요 항산화 영양소에는 비타민 C, 비타민 E, 카로티노이드, 셀레늄(Se), 구리(Cu), 아연(Zn) 등이 있다.

(2) 항산화 영양소의 기능

- **비타민 C :** 수용성 비타민으로 온 몸에서 가장 광범위하게 작용할 수 있으며, 활성산소를 빠르게 제거하고 활성산소에 의해 손상된 DNA를 복구해주는 기능을 가지고 있어 항암효과를 가진다. 또한 산화된 비타민 E가 재활용될 수 있게 도와주는 역할을 한다.
- **비타민 E :** 주로 세포막과 지단백질 표면에서 지방산의 산화를 일으키는 활성산소의 연쇄반응을 차단하여 세포막의 손상을 방지하는 역할을 하고 있다.

- **베타카로틴 :** 여러 불포화결합을 가지고 있어 활성산소를 제거하는 데에 효과적인 항산화제로 작용할 수 있다. 비타민 E와 상호 협력하여 비타민 E의 항산화 효과를 상승시켜 준다.
- **셀레늄 :** 체내에서 항산화 작용을 하는 효소인 글루타티온과산화효소(glutathione peroxidase)의 구성성분이 되어 과산화물질을 물과 산소로 분해시키는 항산화 작용에 관여한다. 비타민 E와 함께하면 항산화 효과가 상승한다.
- **구리와 아연 :** 세포질에서 Cu/Zn superoxide dismutase의 구성성분이 되어 자유산소라디칼을 제거하는 데 관여한다.
- **기타 :** 항산화 영양소는 아니지만 체내에서 중요한 항산화 기능을 하는 물질로서 글루타티온(glutathione)과 플라보노이드가 있다.

3) 항산화 영양소의 섭취방법

항산화 작용을 하는 영양소는 식품 중에 다양하게 분포되어 있다(표 4-7). 보충제로 섭취하는 것과 달리 식품은 여러 가지 영양소로 구성되어 있기 때문에 항산화 영양소가 많은 일부 식품 위주로 먹으려고 하면 다른 영양소의 섭취가 부족해진다. 또한 비타민 C가 비타민 E의 절약작용을 하는 것과 같이 다양한 식품을 통해 영양소를 골고루 섭취하면 건강에 더 도움이 될 수 있다.

표 4-7 항산화 영양소의 급원식품

영양소	식품
베타카로틴	녹황색 채소(당근, 호박, 시금치 등), 과일(토마토, 감귤류), 해조류 등
비타민 C	채소(풋고추, 고춧잎, 브로콜리, 케일, 양배추 등), 과일(딸기, 감귤류, 키위 등)
비타민 E	식물성 기름(옥수수유, 올리브유, 대두유), 견과류(땅콩, 호두, 잣 등)
아연	어패류(굴, 조개, 새우 등), 귀리, 우유 및 유제품, 견과류
셀레늄	곡류, 어패류(굴, 게, 생선 등)

5. 나트륨 섭취의 절제

1) 나트륨 섭취와 질병

한국인의 주요 사망원인인 암, 심장질환, 뇌혈관질환은 나트륨의 과잉 섭취와 밀접한 관련이 있다. 나트륨을 과잉 섭취할 경우 혈압이 올라가고 고혈압으로 인한 뇌졸중, 관상동맥질환 등 심뇌혈관계 질환의 위험이 증가하게 된다. 고혈압은 혈중 나트륨 농도가 높아지면 삼투압 현상에 의해 세포에서 수분이 혈관으로 빠져나와 혈액의 양이 많아져 발생하게 된다. 고혈압으로 혈관에 손상이 발생하면 심장이나 뇌의 혈관이 막히거나 터질 위험이 높아지게 되어 심장질환 및 뇌졸중이 발생하기 쉽다. 고혈압으로 신장의 모세혈관이 손상되어 신장 기능이 저하되면 만성콩팥병의 발생 위험이 높아진다. 또한 골다공증, 위암, 만성콩팥병 등의 질환 유병률도 증가하는데, 체내에서 나트륨이 빠져나갈 때 칼슘이 함께 빠져나가게 되어 골다공증 발생의 위험이 높아지고, 나트륨의 과도한 섭취는 위 점막을 자극해 위염을 일으킬 수 있고 위암으로 진행될 위험이 높아진다.

나트륨의 생리적 기능

- **삼투압 · 신체평형 유지 :** 세포 내외의 물질 농도 차에 따른 물의 이동을 삼투압이라고 하는데, 나트륨은 삼투압 조절을 통해 몸속의 수분량을 조절하고 신체평형을 일정하게 유지시켜주는 역할을 한다.
- **신경자극 전달 :** 세포 내외의 나트륨과 칼륨 이온은 신경자극의 전달에 매우 중요한 역할을 한다.
- **근육수축 :** 나트륨은 근육에 신경자극을 전달함으로써 정상적인 근육운동을 가능하게 한다.
- **영양소의 흡수와 운반 :** 포도당과 아미노산이 소장에서 흡수되기 위해서는 나트륨 펌프가 필요하다. 나트륨 펌프는 세포 안과 밖의 나트륨과 칼륨의 농도 차에 의해 그 작용이 유지되므로, 몸속에 나트륨 양이 부족하게 되면 나트륨 펌프의 작용이 활발하지 않아 포도당과 아미노산 등 영양소의 흡수가 저해될 수 있다.

표 4-8 음식 중 나트륨 함량

음식명	함량(mg)	음식명	함량(mg)
칼국수 1그릇	2,900	햄 3조각	800
우동, 라면 1그릇	2,100	김밥 1줄	650
물냉면 1그릇	1,800	멸치볶음(멸치 15g)	650
자반고등어찜 1토막	1,500	돼지불고기(등심 50g)	600
피자 1조각(200g)	1,300	동치미 1그릇	600
배추김치 100g	1,000	치즈 1조각(20g)	600
된장찌개 1그릇	950	동치미 1그릇	600
참치김치찌개 1그릇	900	롤케이크 2조각	500
더블버거 1개(200g)	900	감자칩 1봉지	500

자료 : 식품의약품안전처.

2) 저염 식생활

나트륨의 과잉 섭취 문제를 해소하기 위해서는 가공식품 제조, 음식 조리, 소비자 섭취 등 모든 단계에서 나트륨 섭취량을 줄일 수 있도록 체계적인 방안을 강구하는 것이 효과적이다. 우리나라 사람들의 나트륨 섭취는 특히 간장, 된장, 고추장 등의 장류에서 기인하는 부분이 크므로, 나트륨 섭취를 줄이기 위해서는 장류 섭취에 관한 실질적인 방안이 필요하다.

저염제품과 저염소스 이용으로 나트륨 섭취 줄이기

간장, 된장, 고추장은 우리나라의 대표적인 장류 식품으로 한식의 맛을 내는 주요 양념류로 이용되고 있으나 장류는 염분의 함량이 많아 나트륨 섭취를 높이는 주된 원인이다. 따라서 저염간장, 저염된장, 저나트륨 소금과 같이 저염제품을 선택하는 것도 나트륨 섭취를 줄이는 데 도움이 된다. 또한 건강에 유용한 기능성은 높이면서 나트륨 함량은 낮춘 간편한 저염소스를 개발하여 저염식 실천을 쉽게 하는 방안이 필요하다.

대한영양사협회가 제안하는

나트륨섭취 줄이기 3단계 5가지 실천지침

Up 건강

나트륨 Down

소금의 양을 조금씩 줄여 서서히 싱거운 맛에 익숙해지도록 합니다.

1단계 식품선택 할 때 감량 실천 5

하나. 가공식품보다는 가능한 자연식품을 선택한다.
- 간식으로 과자보다 과일을 선택함

둘. 가공품은 영양표시를 꼭 읽고 나트륨 함유량이 적은 것을 선택한다.

셋. 양념은 저염간장, 저염된장, 저나트륨소금 등 저염제품을 선택한다.
- 단, 저나트륨소금은 혈압을 낮추는 약물을 복용하거나, 신장기능이 저하된 환자는 의사의 지시에 따라 사용해야 함

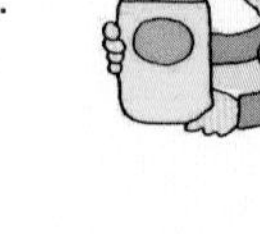

넷. 생선은 자반보다는 날 생선을 선택한다.

다섯. 장아찌, 젓갈, 염장미역 등 염장식품을 자주 선택하지 않는다.

2단계 조리할 때 감량 실천 5

하나. 식사를 내기 바로 전에 음식의 간을 한다.

둘. 소금을 적게 넣고 향미채소나 향신료 등을 사용하여 맛을 낸다.
- 향이 있는 채소, 양념(후춧가루, 고춧가루, 파, 마늘, 생강, 양파, 카레가루)이나 신맛과 단맛(식초, 레몬즙, 설탕)을 이용하여 맛을 냄
- 음식을 무칠 때 김, 깨, 호두, 땅콩, 잣을 갈아 넣어 맛을 냄

셋. 김치는 살짝 절여 싱겁게 담근다.

넷. 라면, 즉석국 등 가공식품은 스프의 양을 적게 넣고 햄과 소시지는 데쳐 조리한다.

다섯. 고기나 생선은 소금을 뿌리지 않고 굽는다.

3단계 식사할 때 감량 실천 5

하나. 국그릇은 작은 그릇으로 바꾸고 국물을 적게 먹는다.

둘. 하루 한 끼는 김치 대신 생채소와 쌈장을 먹는다.

셋. 튀김, 전, 구운 생선 및 회는 양념장에 살짝 찍어 먹는다.

넷. 소금 배출 식품을 함께 먹는 습관을 갖는다.
- 칼륨이 풍부하여 나트륨의 배출을 돕는 식품(감자, 오이, 부추, 버섯 등)을 함께 먹는다.

다섯. 외식 시 영양표시를 확인하고 음식 주문 시 소금(혹은 소스나 양념 등) 넣지 않도록 요청한다.
- 탕 종류를 먹을 때는 소금보다 후춧가루, 고춧가루, 파 등을 먼저 넣는다.
- 드레싱은 뿌리지 말고 살짝 찍어 먹는다.

그림 4-3 저염식 실천지침

자료 : 대한영양사협회.

나트륨 과잉 섭취에 따른 여러 건강 문제가 증가함에 따라 우리나라에서도 'Health Plan 2030'에서 1일 2,300mg 이하의 나트륨을 섭취하는 인구비율을 2018년 33.2%에서 2030년 42.0%로 증가시키는 것을 목표로 하고 있다(복지부; HP 2030, 2021). 이를 위해 식품의약품안전처에서는 나트륨 섭취 저감화 정책으로 가공식품 및 외식 음식 중 나트륨 함량 감소 사업을 활발하게 시행하고 있다.

소금은 나트륨(Na, 40%)과 염소(Cl, 60%)로 이루어진 염화나트륨이다. 소금 내의 나트륨 비율을 토대로, 식품 내 나트륨 함량을 알면 소금 함량을 계산할 수 있다.

6. 음주의 절제

1) 알코올 대사

알코올(에탄올)은 섭취한 후 위와 소장의 상부에서 확산작용에 의하여 쉽게 흡수되며, 흡수속도는 함유된 에탄올 함량, 섭취한 식품 등에 의하여 영향을 받는다. 섭취된 에탄올은 거의 완전히 흡수되어 각 조직으로 운반되어 체내에 저장되지 않고 완전히 대사되지만 일부는 대사되지 않은 채 폐, 소변 및 땀으로 배설된다.

에탄올의 대사는 주로 간조직에서 일어난다. 에탄올 대사의 첫 단계는 에탄올이 아세트알데히드(acetaldehyde)로 산화되는 단계로 알코올 디히드로게나아제

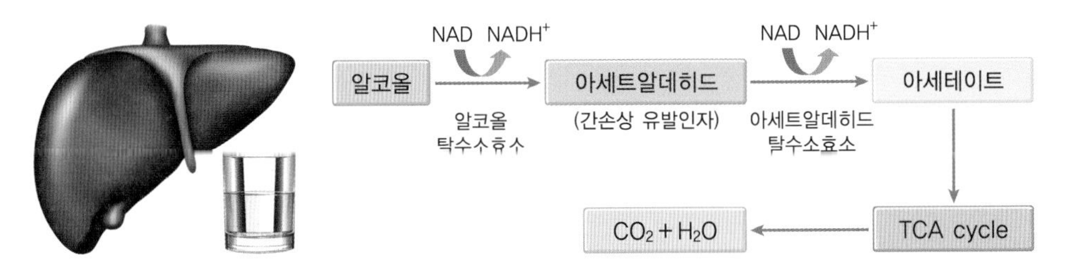

그림 4-4 알코올 대사과정

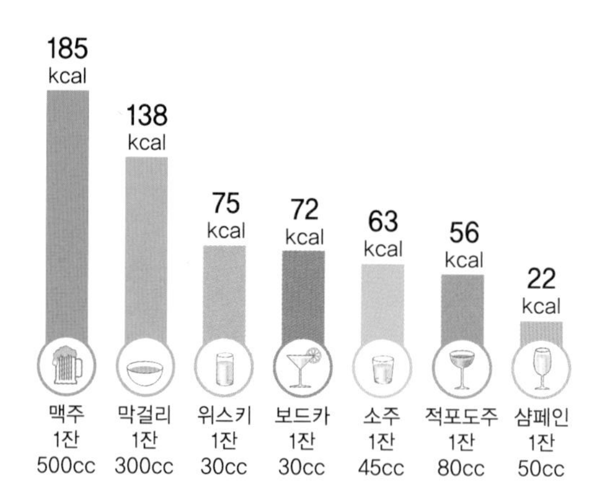

그림 4-5 술 종류별 열량

자료 : 농촌진흥청(2007).

(ADH, Alcohol Dehydrogenase), 마이크로솜 에탄올 산화체계(MEOS, Microsomal Ethanol-Oxidizing System) 및 카탈라아제(catalase) 등의 효소계에 의해 에탄올이 산화된다. 에탄올의 산화과정에서 생성되는 첫 번째 대사산물인 아세트알데히드는 에탄올에 의한 간 손상을 유발하는 주요 인자이며, 숙취의 원인물질로 알려져 있다.

숙취란 취할 때까지 술을 마신 사람들이 경험하게 되는 유쾌하지 못한 신체적·정신적 증상을 말한다. 대표적인 증상은 메스꺼움, 구토, 갈증, 두통, 근육통 등이나, 개인에 따라 다르며 마신 술의 종류와 양에 따라서도 달라진다. 일반적으로 숙취에 영향을 미치는 요인은 분해되지 않은 알코올, 아세트알데히드와 술에 포함된 메탄올 등 다른 성분을 들 수 있다. 숙취에 가장 크게 영향을 미치는 물질이 아세트알데히드인데, 혈관 확장으로 인한 두통, 안면홍조 현상, 맥박 증가, 구토 등을 초래한다. 미처 대사되지 못한 알코올은 소변 생성을 촉진하고 구토, 설사로 인한 탈수현상과 체내 전해질의 불균형을 일으킬 수 있다.

2) 알코올과 질병

(1) 과음의 영양문제

- 섭취한 음식의 열량에 알코올의 열량이 더해져 에너지 균형이 변화된다.
- 음주 시에 함께 섭취하게 되는 안주로 인한 에너지 섭취량이 증가한다.
- 과량의 알코올 섭취자의 경우 알코올로 열량을 충당하게 되면 음식 섭취가 줄어 미량영양소의 섭취가 부족하게 된다.
- 알코올은 체내에서 g당 7kcal의 열량을 내지만 이 열량은 비효율적으로 연소 된다.

(2) 알코올이 인체에 미치는 영향

적절한 음주는 인체에 좋은 영향을 미치기도 하지만, 과량의 음주는 인체에 나쁜 영향을 미치며 다양한 질병을 초래할 수 있다(그림 4-6, 표 4-9).

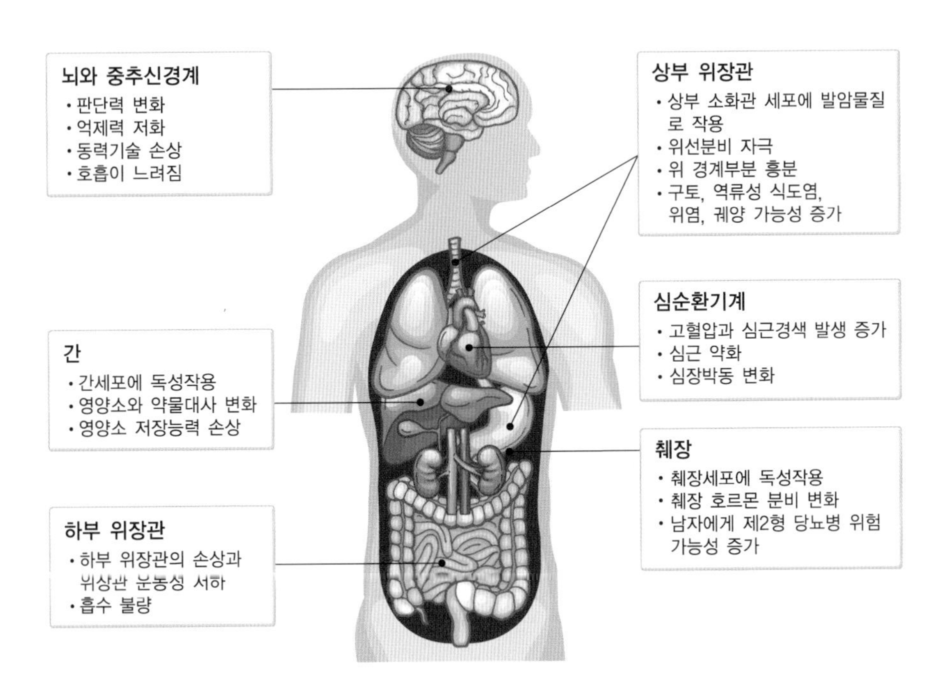

그림 4-6 알코올이 체내 기관에 미치는 영향

표 4-9 음주량과 질병의 관련성

질환	적절한 음주	과량의 음주
관상심장질환	HDL-콜레스테롤을 증가시켜 관상심장질환과 관련한 사망 위험 감소, 혈액응고 감소, 혈관 이완	심장박동 저해와 심근 손상, 혈중 중성지방과 호모시스테인 증가
고혈압과 뇌졸중	혈압 약간 저하	혈압 증가, 출혈성 뇌졸중 증가
혈당 조절과 제2형 당뇨병	인슐린 민감도 약간 증가, 심장질환으로 인한 사망 위험 감소	저혈당증과 인슐린 민감도 감소, 췌장 손상
뼈와 관절	에스트로겐 합성 증가로 여자에게서 뼈 무기질 함량 약간 증가	활성의 뼈 형성세포 손실로 인한 골다공증, 통풍 위험 증가
두뇌 기능	두뇌 기능 향상, 두뇌로의 혈액순환 증가로 치매 위험 감소	두뇌조직 손상, 기억력 감퇴
암	이점 없음	구강암, 식도암, 위암, 간암, 폐암, 대장암, 유방암 위험 증가
간 기능	이점 없음	지방 축적 상태에서 간경화로 발전
비만	이점 없음	복부지방 증가, 양의 열량 균형

3) 바람직한 음주법

- 술을 마실 때는 반드시 적당한 식사를 함께 한다.
- 안주는 열량이 높고 기름진 육류, 어패류, 견과류보다는 비타민, 무기질이 풍부한 채소, 과일을 선택한다.
- 섭취 빈도는 주 1~2회 이하로 줄이고, 1일 음주량은 적정 수준(남자 2잔 이내, 여자 1잔 이내)을 유지한다.
- 여러 종류의 술을 섞어 마시지 않는다.
- 기분이 좋지 않거나 술자리가 즐겁지 않을 때는 마시지 않는다.
- 음주 시에 흡연을 함께 하지 않는다.
- 진통제, 안정제, 수면제, 감기약, 당뇨병 치료제 등은 술과 함께 복용하지 않는다.

HEALTHY EATING
FOR THE AGE OF CENTENARIANS

HEALTHY EATING
FOR THE **AGE** OF **CENTENARIANS**

PART III

식품과 건강

C H A P T E R

5

자연식품

식품산업의 발달에 따른 다양한 가공식품의 등장과 수입식품의 범람으로 식품 원료, 식품 첨가물과 유전자변형식품(GMO, Genetically Modified Organism)의 안전성 논란, 농약, 항생제, 사료첨가물, 성장 촉진이나 배란 촉진을 유도하는 호르몬제 등의 사용과 환경오염으로 인한 유해 물질 등에 대한 불안감으로 식품 안전에 대한 관심이 높아지고 있다. 이에 따라 안전한 먹거리로서 자연식품이 주목받고 있다.

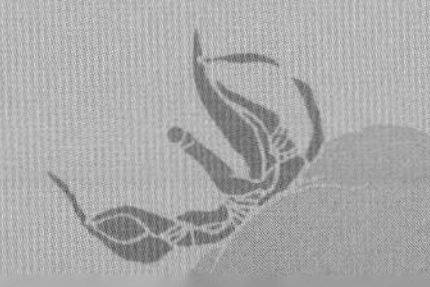

1. 자연식품의 특성

1) 자연식품이란?

자연식품은 식품의 재배, 유통, 가공의 각 단계에서, 화학적 수단을 배제한 가공하지 않은 자연 그대로의 식품을 말하며 과일·채소·곡물·두류·식용 씨앗 등이 해당한다. 자연식품에는 화학비료와 유기합성농약의 사용을 배제한 유기농산물, 유기사료로 사육한 유기축산물, 농약의 사용을 제한한 무농약식품, 무항생제 사료를 급여한 무항생제축산물, 식품첨가물의 사용을 배제한 무첨가물식품 등이 있다.

2) 자연식품과 안전

(1) 식물성 식품

① 농약

농산물의 생산 과정에서 사용되는 농약은 제초제, 살균제, 살충제, 식물생장조정제 등 다양한 목적으로 사용되며, 대부분 독성이 약하고 햇빛, 토양미생물에 의해 분해되어 1주~1달 반 정도 내에 반 정도로 감소한다. 하지만 농약을 과량 사용하거나 수확 직전 및 직후 사용하면, 자연분해가 어려워 잔류농약에 의한 건강 문제가 발생한다. 잔류농약에 의한 만성 중독 시 조기 치매, 파킨슨병, 암, 불임 등을 일으키는데, 치료나 농약의 체외 배출이 어려우므로 잔류농약에 의한 피해를 줄일 수 있는 좋은 방법은 가능한 한 농약을 깨끗이 씻어내어 섭취 가능성을 낮추는 것이다. 농산물의 잔류농약은 껍질 벗기기, 씻기, 삶기 등 조리 과정에서 대부분 제거 가능하다. 식품의약품안전처에서는 껍질만 벗겨도 바나나는 100%, 키위는 98%, 사과는 97%의 잔류농약 제거가 가능하다고 하였다. 껍질에 영양소가 많은 과일은 깨끗하게 씻어 껍질째 먹는 편이 좋다.

• **제초제 :** 농산물의 생육을 방해하는 잡초를 제거하는 데 사용된다. 제초제 글리포세이트(glyphosate)는 국제암연구소에서 발암 추정물질로 분류하였으며, 암 유발 논란 속에 유럽연합은 2017년 말 5년간 사용 연장을 승인하였다.
• **살균제 :** 유해한 병원 미생물로부터 농작물 보호를 목적으로 사용한다. 농산물 잔류농약 검사 시 문제가 되는 물질로서 전염병에 약한 바나나에 사용되는 이프로디온은 독성은 낮지만 발암 가능성 물질로 분류되어 있다.
• **식물생장조정제 :** 농산물의 생장을 촉진 또는 억제하는 데 영향을 주는 호르몬성 물질로 생장, 세포분열, 개화, 결실, 숙성기 촉진 등을 조절한다.

② 유전자변형식품

유전자변형식품(GMO)은 추위, 병충해, 제초제 등에 강한 유전자를 취해 생산량을 높이거나 유통, 가공의 편의를 위해 개발된 농산물로 잠재적 위험성이 우려되고 있다. 우리나라는 세계 제1의 식용 GMO 수입국으로 유통 중인 수입 옥수수, 대두는 대부분 GMO이며 식용유, 간장, 액상과당 제조에 사용된다. 우리나라도 GMO 종자 개발을 추진하여 GMO 쌀과 GMO 고추가 개발되어 있다.

식물성 자연독인 시안배당체가 함유되어 있는 청매실(미숙한 매실)

껍질이 연한 녹색이고 신맛이 강한 청매실에는 시안배당체인 아미그달린이 함유되어 있다. 아미그달린은 효소 작용으로 시안산(청산)으로 분해되어 구토, 복통, 설사를 일으키고 질식성 경련이 일어나 심하면 사망하게 된다. 매실이 익을수록 아미그달린이 줄어들기 때문에 잘 익은 황매실은 독성 문제가 없다. 청매실은 씨뿐 아니라 과육에도 시안배당체가 존재하므로 술을 담그거나 설탕에 절여 시안배당체를 분해시킨 후 섭취해야 한다.

청매실

황매실

③ 자연독

자연독은 동·식물에서 유래하는 유독성분으로 사람에게 발암, 돌연변이, 기형, 알레르기, 영양장해, 급성 또는 만성 중독을 일으킨다. 자연독에는 동물성 자연독(복어독, 마비성조개독 등), 식물성 자연독(독버섯, 시안배당체, 솔라닌 등), 곰팡이독(아플라톡신, 푸사륨 등) 등이 있다.

(2) 동물성 식품

① 사료첨가물과 축산의약품

성장 촉진, 배란 촉진 등을 위해 사료에 첨가되는 호르몬제, 항생제, 살충제 같은 축산의약품은 대부분 배설되지만, 도축 시까지의 기간이 짧거나 지속적으로 사용하면 축산물 내에 잔존할 수 있다.

- **항생제 :** 항생제는 가축의 질병 예방이나 치료를 위해 사용하지만 일반 가축에 처리하면 성장 촉진 효과를 내므로 남용되고 있다. 항생제는 다량 사용 시 내성 및 내성 전이를 통해 슈퍼박테리아를 만들 수 있으므로 유럽 등에서는 비치료 목적으로는 사용을 금하고 있다. 우리나라는 2011년부터 배합사료 내 항생제 첨가를 전면 금지하였으나 항생제 내성균 검출 고기 비율은 증가하고 있다. 동물과 사람에게 공통적으로 사용될 수 있는 페니실린과 같은 항생제의 다량 사용으로 인한 내성균 출현에 대한 주의가 필요하다.
- **호르몬제 :** 호르몬제는 가축의 비육과 생식능력 강화, 질병 예방을 위해 사용하며, 천연호르몬의 사용은 금지되어 있다. 합성호르몬의 사용을 허용하지 않는 국가도 많으며 우리나라는 쇠고기와 소간에 대해 합성호르몬인 제라놀(zeranol)의 잔류허용한계를 설정하고 있다.

② 살충제

살충제는 해충을 구제, 사멸시키기 위해 사용하며 이에 대한 식품잔류량을 규제하고 있다. 최근 문제가 된 살충제 달걀에서 검출된 살충제인 피프로닐(fipronil)과 비펜드린(bifenthrin)은 유럽에서 발암물질로 분류하고 있다. 피프로닐은 개, 고양이의 벼룩, 진드기의 구제에 사용되지만 닭에는 사용을 금하고 있으며, 과다 섭취 시 간, 신장에 손상을 일으킨다. 비펜드린은 닭의 이(와구모) 구제에 사용되며 과다 노출 시 두통, 구토, 복통이 발생하고 만성노출 시 호흡곤란, 알레르기 등이 발생한다.

③ 도살단계의 위생관리

도축과정에서 분변 등으로 체표면이 오염된 가축은 도축 시 교차오염 위험이 있다. 따라서 위생관리 강화를 위해 도축 전 체표면의 오염원 제거를 의무화하는 것을 포함한 안전관리인증기준(HACCP)을 2018년부터 적용하도록 하고 있다.

2. 식물성 식품

1) 곡류

곡류는 탄수화물을 75% 정도 함유하고 있는 주요 에너지원으로 당과 전분뿐 아니라 식이섬유도 함유되어 있으며, 성인병 예방 측면에서 현미밥이나 잡곡밥이 강조되고 있다. 곡류에는 쌀, 맥류(보리, 밀, 귀리, 호밀), 잡곡류(옥수수, 수수)가 있으며 최근 아마란스, 퀴노아와 같은 유사 곡류와 씨앗류에 대한 관심이 높아지고 있다.

(1) 쌀

쌀의 껍질인 왕겨층을 제거한 현미에서 쌀눈과 쌀겨를 제거하면 백미가 된다. 쌀 전분은 밀 전분에 비해 소화, 흡수가 느려 혈당의 급격한 상승을 억제하여 비만과 당뇨 예방에 효과적이다. 밀에 비해 필수아미노산 함량도 높을 뿐 아니라 가바(GABA), 저항전분, 항산화 물질인 오리자놀, PEP 저해물질 등 다양한 기능성 물질이 함유되어 있다. 특히 쌀에는 셀리악병을 일으키는 글루텐 단백질이 함유되어 있지 않아 글루텐에

그림 5-1 기능성 쌀

민감한 사람들에게 좋은 글루텐 프리(gluten-free) 식품 소재이다. 최근 식이섬유 함량이 3배 이상 높은 고아미, 키 크는 쌀로 알려져 있으며 필수아미노산 함량이 높은 하이아미, 칼슘과 철분 등이 강화된 미네랄쌀, 쌀겨층에 여러 색소를 함유한 유색미, 배아 크기가 증가된 큰눈쌀, 가바쌀, 향미 등 기능성이 강조된 쌀이 개발되어 있다(그림 5-1). 유색미는 현미색을 기준으로 흑미, 적미, 녹미 등이 있다.

(2) 밀

밀은 제분하여 가루로 만들어 사용하며 물을 넣고 반죽하면 점탄성 있는 글루텐 단백질이 형성된다. 밀가루는 글루텐 함량에 따라 제빵용인 강력분, 제면용인 중력분(다목적 밀가루), 케이크 및 제과용인 박력분으로 나누어진다. 마카로니, 스파게티면 제조에는 단백질 함량이 높은 듀럼밀로 만든 밀가루인 세몰리나를 사용한다. 밀기울을 첨가한 빵은 다이어트와 배변 개선에 좋으며, 밀기울에 존재하는 아라비노자일란은 항암, 항염, 면역력 증강 효과가 있다.

(3) 보리

보리는 겉보리와 쌀보리로 나누어지며 껍질이 잘 분리되지 않는 겉보리는 보리차나 맥아(엿기름)로 이용한다. 보리의 싹인 맥아는 아밀라제 활성이 높아 식혜나 조청을 만드는 데 사용된다. 쌀보리는 껍질을 벗겨 할맥이나 압맥으로 만들어 이용해 왔는

데, 찰보리가 생산되면서 오랫동안 물에 불려 밥을 지어도 꺼끌거리던 식감이 없어지고 부드러운 맛의 보리밥을 먹을 수 있게 되었다.

보리에는 혈중 콜레스테롤 저하, 심장질환 및 당뇨, 직장암 예방 효과가 있는 베타글루칸이 풍부하며, 안토시아닌과 식이섬유 함량이 높은 유색 보리(흑색보리, 황색보리, 자색보리)는 혈당 저하 및 콜레스테롤 감소 효과가 좋다. 보리에 싹을 틔운 새싹보리에 다량 함유된 사포나린은 알코올성 지방간 예방, 비만 개선, 숙취 해소, 혈당 강하 효과 등이 있다.

(4) 귀리

귀리는 단백질, 리보플라빈, 티아민, 칼슘, 마그네슘, 아연 등이 풍부하다. 단백질은 쌀의 2배 정도이며 리신 함량이 높다. 식이섬유 함량은 현미보다 많으며 베타글루칸이 다량 함유되어 있다. 특히 귀리 껍질은 골다공증 예방에 좋고 발아시키면 기억력 강화, 혈압 및 당뇨 개선효과가 있는 가바(GABA) 함량이 크게 증가한다. 귀리는 주로 오트밀을 만들어서 그대로 또는 죽, 과자, 빵, 국수 등을 만들어 먹었으며, 최근에는 귀리밥, 귀리차, 선식 등으로 다양하게 이용하고 있다. 귀리는 현미처럼 조리하면 되고 쫄깃하고 씹을수록 고소해서 부담없이 먹을 수 있다.

(5) 아마란스, 퀴노아, 테프

① 아마란스

아마란스(amaranth)는 '신이 내린 곡물'이라 불렸던 잉카인들의 주식이었다. 아마란스는 단백질이 풍부하고 필수아미노산을 고루 함유하고 있으며 무기질, 식이섬유가 풍부하다. 산화 방지효과가 있는 스쿠알렌, 폴리페놀, 토코트리에놀과 항암성분이 함유되어 있어 당뇨, 고혈압, 고지혈증 등에 좋으며 글루텐이 함유되어 있지 않다. 아마란스는 잡곡밥을 지어 먹거나 익혀서 샐러드에 넣거나 과자, 빵 등을 만들 때 사용된다(그림 5-2).

그림 5-2 슈퍼곡물과 슈퍼씨앗

② 퀴노아

퀴노아(quinoa)는 아마란스와 함께 잉카제국의 대표 작물이며 좁쌀 크기의 원형으로 흰색, 붉은색, 갈색, 검은색 등이 있다. 붉은색 퀴노아는 다른 품종에 비해 단백질, 칼슘 함량이 높다. 퀴노아는 고단백(16~20%) 식품으로 필수아미노산 조성이 우수하여 쌀에 부족한 아미노산을 보충할 수 있으며, 칼슘, 철, 마그네슘, 망간, 셀레늄 등 각종 무기질과 비타민, 식이섬유가 풍부하다. 퀴노아 열매의 껍질에는 사포닌이 다량 함유되어 있어 항암효과가 뛰어나며 당뇨와 고혈압 예방에도 좋다. 퀴노아는 잡곡밥을 지어 먹거나 샐러드, 과자, 음료 등을 만들어 먹는다(그림 5-2).

③ 테프

테프(teff)는 가장 작은 곡물로 칼슘 함량이 우유의 1.7배 정도로 높다. 식이섬유, 단백질, 칼슘, 칼륨, 철분과 같은 무기질 그리고 일반 곡물에 없는 비타민 C가 풍부하고 글루텐 프리 식품 소재로 주목받고 있다(그림 5-2).

(6) 슈퍼씨앗

씨앗은 예로부터 생명의 원천으로 여겨 왔으며 씨앗의 좋은 성분과 효능이 알려지면서 슈퍼씨앗은 새로운 먹거리로 주목받고 있다. 대부분의 슈퍼씨앗은 식이섬유, 단백질, 오메가-3 지방산이 풍부한 것이 특징이다(그림 5-2).

- **치아씨(chia seed) :** 마야인들이 영양 보충을 위해 섭취한 치아씨는 지방의 60%가 오메가-3 지방산으로 연어보다 풍부하다. 단백질, 식이섬유가 풍부하고 적은 양으로도 포만감을 느낄 수 있어 다이어트 식품으로 관심을 받고 있으며 항산화 효과도 좋다. 물에 불리면 부피가 1.2배까지 커지고 푸딩처럼 되며 샐러드, 시리얼, 잼, 요거트, 음료 등에 다양하게 이용할 수 있는데 칼로리(80kcal/1tsp)가 높다.
- **아마씨(flax seed) :** 식이섬유, 오메가-3 지방산 등이 많으며, 특히 리그난은 갱년기 증상 완화와 비만 예방에 도움을 준다. 볶은 아마씨는 그대로 먹기도 하고 밥에 넣거나 차로 끓여 먹으며 갈아서 음식 위에 뿌리거나 섞어 먹기도 한다. 생아마씨는 시안배당체라는 유독물질이 함유되어 있으므로 볶거나 물에 담가 독성을 제거해야 한다.
- **헴프씨(hemp seed) :** 환각성분이 있는 겉껍질을 제거한 대마의 씨앗으로 단백질과 불포화지방산이 풍부하다. 헴프씨에는 모든 필수아미노산이 함유되어 있고 특히 지방연소와 혈액순환에 도움을 주는 아르기닌이 풍부하며 오메가-3, 6, 9 지방산 비율이 이상적이다. 헴프씨 오일은 항산화 활성이 높아 피부 노화 방지에 좋다.
- **블랙커민씨(black cumin seed) :** 지중해 연안에서 자라는 흑종초(nigella sativa)의

슈퍼푸드란?

슈퍼푸드(super food)란 단어는 1900년대 초부터 식품회사들이 영양소가 풍부하고 건강에 도움을 줄 것으로 예상되는 식품의 마케팅용으로 사용하기 시작했다. 정부기관이나 학계에서 공식적으로 인정한 용어가 아님에도 『옥스퍼드 사전』에 슈퍼푸드를 건강에 특히 도움이 되는 영양이 풍부한 식품으로 소개할 정도로 전 세계적으로 슈퍼푸드 열풍은 대단하지만, 아직 슈퍼푸드에 대한 기준은 명확하지 않아 유럽연합에서는 상업적 광고에 슈퍼푸드란 단어를 사용하지 못하게 하고 있다. 영양학 분야의 권위자인 스티븐 G. 프랫(Steven G. pratt) 박사는 『난 슈퍼푸드를 먹는다』는 저서에서 세계적인 장수 지역인 그리스와 오키나와에서 주로 먹는 음식 중 최고의 식품들을 골라 슈퍼푸드라고 이름 붙였다. 프랫 박사가 제안한 슈퍼푸드는 고영양 저칼로리 식품으로 꾸준히 먹으면 심장병, 당뇨병, 치매 예방에 도움이 되며, 콩 · 블루베리 · 브로콜리 · 귀리 · 오렌지 · 호박 · 연어 · 시금치 · 차 · 토마토 · 칠면조 · 호두 · 요구르트 등이 있다.

작은 씨앗이다. 블랙커민씨에 존재하는 티모퀴논은 항염증 효과가 우수하고 당뇨, 암, 관절염 예방에 도움을 준다.

2) 콩류

(1) 대두

대두는 단백질의 우수한 공급원으로 두부, 된장, 간장, 청국장, 콩기름 등 여러 형태로 가공하여 이용하며 콩 가공식품에서 발견되는 콩 펩타이드는 항암 효과를 보인다. 콩에는 이소플라본, 기능성 올리고당, 사포닌, 피틴산, 피니톨 등과 같은 기능성 물질이 함유되어 있으며, 이들은 항암 효과, 항산화 작용, 심혈관질환과 골다공증 등의 발생 위험을 낮추고 당뇨병 예방 효과 등을 나타낸다(그림 5-3).

(2) 렌틸콩과 병아리콩

① 렌틸콩

렌틸콩은 지방 함량이 낮고 단백질(25% 정도), 식이섬유, 티아민, 엽산, 철분, 아연 등과 항산화 물질이 많이 함유되어 있으며 비만 예방에 좋다. 인도에서는 매일 하루에 두 번씩 빵이나 밥에 곁들여 먹고 유럽인은 스튜나 샐러드, 볶음 등에 이용한다. 볼록한 렌즈 모양을 하고 있어 렌즈콩이라고도 불린다(그림 5-3).

② 병아리콩

병아리콩은 콜레스테롤 저하 효과가 우수한 콩으로 칼슘 함량이 매우 높고 식이섬유가 많아 당뇨병 예방에 좋다. 병아리콩은 수프, 샐러드, 스튜에 넣어 먹거나 발아시켜 콩나물로도 이용하며, 이집트콩이라고도 불린다(그림 5-3).

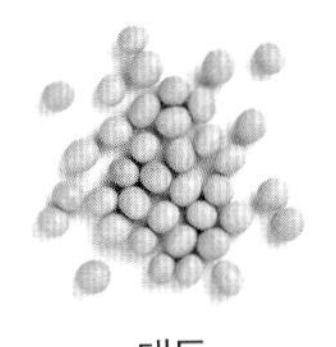

대두

렌틸콩

병아리콩

그림 5-3 대두, 렌틸콩, 병아리콩

3) 채소류와 과일류

채소류(90% 이상)와 과일류(80~90%)의 대부분은 수분이며 단백질, 지방 함량은 적고 비타민, 무기질이 풍부하다. 채소와 과일은 특유의 색을 내는 색소 등 건강에 좋은 파이토케미컬을 보유하고 있으며, 식이섬유도 풍부하여 배변 개선, 대장암 예방 등에 도움을 준다.

(1) 당근

당근은 체내에서 비타민 A로 전환되는 다량의 베타카로틴과 식이섬유가 풍부하다. 베타카로틴은 항산화 효과가 있어 노화 방지, 암 예방, 시력 개선 효과가 있으며 지용성이므로 기름과 함께 먹어야 잘 흡수된다. 생 당근에는 아스코르브산 산화효소가 존재하므로 오이 같은 채소와 함께 조리할 때는 익히거나 식초를 넣어 이 효소를 불활성화시켜야 한다.

(2) 브로콜리

브로콜리는 샐러드, 수프, 스튜 등 서양음식에 많이 사용되는 채소이다. 브로콜리에는 비타민 C, 베타카로틴 등 항산화 물질이 풍부하여 노화 방지, 성인병 예방에 좋다. 브로콜리에 함유된 다량의 비타민 C(98mg%)와 칼슘은 골다공증 예방에 도움을 주며, 설포라판은 간해독 효과가 뛰어나고 산화 방지, 암 예방, 혈당 저하, 치매 예방 작용을 한다. 브로콜리는 다른 십자화과 채소보다 설포라판 함량이 높으며, 특히 브로콜리 새싹에는 다 자란 브로콜리의 50~100배 정도 많은 설포라판이 함유되어 있다.

브로콜리에는 혈액응고에 관여하는 비타민 K 함량이 높아 혈액응고 방지제를 복용하는 사람은 섭취하지 않는 것이 좋다.

(3) 시금치

시금치는 곡류에 부족한 필수아미노산인 리신, 트립토판, 메티오닌 등이 풍부하며 칼슘, 철분이 많아 조혈작용을 한다. 시금치에 풍부한 엽산은 임산부와 심혈관계 질환 예방에 좋고, 클로로필은 위암, 대장암, 폐암 등을 억제하는 효과가 있으며, 사포닌과 식이섬유는 배변 개선, 루테인은 황반변성 예방 효과가 있다.

(4) 아보카도

아보카도는 지방 함량(30%)이 높아 과육이 버터 같이 부드럽고 고소하며 노란색을 띠므로 '버터 푸르트'라고도 한다. 대부분 지방은 단일불포화지방산으로 올레산의 함량이 높아 몸속 지방을 빠르게 연소시키고 중성지방을 효과적으로 제거하며 암, 심장병의 위험을 낮춰준다. 아보카도는 단백질, 식이섬유, 엽산, 토코페롤, 칼륨, 폴리페놀, 플라보노이드 등이 풍부하며 간 해독, 노화 방지, 배변 개선, 심혈관질환 예방에 도움을 준다. 아보카도는 후숙 과일로 미숙할 때 따서 잘 익혀 먹어야 하며 익지 않은 것을 먹으면 배탈이 나기도 한다. 덜 익은 것은 껍질이 연녹색을 띠고 단단하고 떫은맛이 나며 익을수록 갈색을 띠는데, 잘 익은 것은 껍질이 약간 검게 변한다(그림 5-4). 아보카도는 반으로 잘라 씨를 뺀 후 소금, 설탕, 꿀을 뿌려 퍼 먹어도 좋고 샐러드, 소스 등을 만들거나 빵에 발라 먹는다. 아보카도의 지방 함량을 낮춘 아보카도 라이트, 아보카도 오일이 판매되고 있다. 아보카도 오일은 콜레스테롤이 없고 단일불포화지방산, 토코페롤이 많으며, 콩기름(241℃)보다 발연점(271℃)이 높다.

그림 5-4 아보카도의 숙성에 따른 색 변화

후숙과일이란?

수확 후에도 숙성이 진행되는 과일을 후숙과일이라 한다. 아보카도를 비롯하여 키위, 바나나, 토마토, 멜론 등이 후숙과일에 속한다. 푸른색의 바나나가 노란색으로, 다시 '슈거 스팟(sugar spot)'인 갈색 반점이 생기는 과정이 후숙 과정이다. 슈거 스팟이 보이면 바나나는 가장 높은 당도를 나타낸다. 미숙한 키위는 신맛이 강하고 과즙이 거의 없지만 후숙이 진행되면서 과즙이 풍부해지고 단맛이 강해진다.

(5) 양배추

녹색과 자색 양배추에는 각각 클로로필, 안토시아닌이 풍부하여 항산화 활성이 좋고 위궤양에 좋은 비타민 U, 위암 예방 효과가 있는 인돌카비놀이 함유되어 있다. 한편 고이트린 성분은 갑상샘 호르몬 형성을 저해시켜 갑상샘 비대를 일으키므로, 갑상샘 치료제를 복용하는 사람은 양배추를 자주 섭취하지 않는 것이 좋다.

(6) 토마토

토마토는 칼로리가 낮고 항산화 영양소인 비타민 C, 리코펜, 루틴 등이 많이 함유되어 있다. 리코펜은 활성산소를 제거하여 노화 방지, 암 예방에 좋고 알코올 분해 시 생성되는 유독물질을 배설하는 역할을 하며, 루틴은 혈관을 튼튼히 하고 항고혈압 효과가 있다. 리코펜은 빨갛게 익은 토마토에 많으며 기름을 넣고 조리해야 흡수가 잘된다. 알루미늄 재질의 조리기구를 사용하면 토마토의 유기산에 의해 알루미늄이 녹아 나올 수 있으므로 스테인리스 스틸을 사용하거나 단시간에 조리하는 것이 좋다.

(7) 베리류

블루베리, 블랙베리, 아사이베리와 같은 보랏빛 베리류에는 안토시아닌이 풍부하여 항산화 활성이 높아 노화를 방지하고 콜레스테롤을 낮추어 심혈관 질환과 뇌졸중 예방, 눈 건강에 도움을 준다. 붉은빛을 띠는 라즈베리, 크랜베리는 비타민 A·C, 식이섬유가 풍부하여 피로회복, 배변 개선, 노화 방지에 좋다(그림 5-5).

① 블랙베리

블랙베리(blackberry)는 과육이 익으면 빨간색에서 검푸른색으로 변하며 안토시아닌 함량이 블루베리에 비해 2배 정도 많아 항산화 활성이 높다. 블랙베리는 칼로리가 낮으며 식이섬유가 풍부하고 체지방 분해를 도와주는 카테킨이 들어 있다.

② 블루베리

아메리카 인디언들이 애용해왔던 블루베리(blueberry)는 예로부터 괴혈병, 당뇨병, 비뇨기 질환의 치료에 이용되었다. 블루베리 중 휘틀베리에 함유된 안토시아닌은 눈의 피로회복, 시력 개선, 백내장 예방 등 안과질환 개선 효과 등 눈 건강에 좋은 영양소로서 관심을 받고 있다. 블루베리에는 안토시아닌 외에 프테로스틸벤과 레스베라트롤이 함유되어 있다. 프테로스틸벤은 혈중 콜레스테롤 저하 효과는 물론 항산화 활성, 당뇨병 예방, 혈압 강하, 체중 감소 효과가 있다.

③ 아사이베리

아사이베리(acai berry)는 브라질 아마존에서 자생하는 생명의 열매이며, 원주민의 질병 치료, 생명 유지를 위한 주요 식품이다. 아사이베리는 비타민 A·C·E·K와 무기질(칼륨, 칼슘, 철분), 아미노산, 폴리페놀, 안토시아닌(적포도주보다 높음), 피토스테롤, 토코페롤, 식이섬유 등이 많이 함유되어 있다. 아사이베리는 블루베리보다 항산화 활성이 매우 높고, 엘라그산(ellagic acid)이 있어 발암물질의 증식억제, 시력 향상, 심장질환과 뇌졸중 예방, 항염증 및 항당뇨 효과, 해독작용이 우수하다. 아사이베리는 칼로리(80~250kcal/100g)가 높고 과당이 많아 당뇨가 있는 사람은 과량 섭취를 피하고 복통, 소화장애를 일으킬 수 있으므로 주의가 필요하다.

블랙베리

블루베리

아사이베리

마키베리

크랜베리

라즈베리

그림 5-5 베리류

④ 마키베리

마키베리(maqui berry)는 칠레 남부의 온대 다우림 지역이 원산지로 이 지역 원주민의 건강을 지켜준 열매이다. 생것으로도 먹지만 쉽게 변질되므로 분말, 농축액 등을 만들어 이용한다. 노화 방지, 관절염, 고지혈증, 당뇨 및 심장질환, 눈 건강에 좋은 식품으로 알려져 오래전부터 약재로 사용해 왔다.

⑤ 크랜베리

붉은 빛깔의 크랜베리(cranberry)는 아메리카 인디언들의 주식으로 초기 정착자들의 소중한 식량이었으며 천연 보존제인 벤조산이 풍부하여 오래 보관할 수 있다. 크랜베리는 원주민들의 신장질환 치료제로 사용되었을 정도로 신장질환, 요로감염, 방광염 등의 예방 효과가 뛰어나다. 폴리페놀은 산화 방지, 혈압 강하, 심혈관질환 예방 효과가 있고, 플라보노이드는 치주질환 예방, 위장질환 억제에 도움을 준다. 크랜베리는 다른 과일에 비해 칼로리(100g당 46kcal)가 높으며 뇌경색, 심장질환을 앓고 있는 경우 과잉 섭취하면 출혈 등이 발생할 수 있다.

⑥ 라즈베리

라즈베리(raspberry)는 레드, 블랙, 퍼플 세 종류가 있으며, 식이섬유가 풍부하고 항산화 및 항염증 효과가 좋다. 지방분해, 식욕억제 기능이 있어 비만 예방에 좋으며 오메가-3 지방산이 풍부하다.

3. 동물성 식품

1) 육류

육류는 단백질이 20% 정도 존재하는 고단백식품으로 필수아미노산 조성이 우수하며

가공육과 적색육의 발암성

세계보건기구(WHO) 산하 국제암연구소(IARC)는 소시지, 햄, 베이컨, 햄버거 패티 등 하루 평균 50g의 가공육류를 계속해서 섭취할 경우 직장암과 결장암에 걸릴 확률이 약 18% 높아진다고 발표하고, 가공육을 1급 발암물질로 분류하였다. 가공육 제조 시 발색과 보존을 위해 사용하는 아질산나트륨이 고기 중의 아민과 반응하여 니트로사아민을 생성하기 때문이다. 우리나라 식품의약품안전처는 국민의 1일 평균 가공육 섭취량이 6.0g 수준으로 걱정할 정도는 아니라고 하였다. 또한 소와 돼지, 양 등 포유동물의 붉은색 고기를, 가공육 다음으로 암 유발 가능성이 높은 물질로 분류하였다.

소화흡수율이 높다. 육류 단백질은 주로 근육조직에 근섬유단백질로 존재한다. 결합조직 단백질은 필수아미노산 조성이 좋지 않고 소화, 흡수가 어렵지만 콜라겐은 물을 넣고 오래 가열하면 가용화되어 소화되기 쉬운 젤라틴으로 변화된다. 고기 근육 내의 지방 축적 정도는 육류의 맛과 부드러운 정도에 영향을 주며 마블링이 좋은 고기는 풍미가 좋고 부드럽다. 육류 지방의 90% 이상이 포화지방으로, 육류를 과다 섭취하면 체내 콜레스테롤 증가로 심혈관계 질환의 발생위험이 높아진다. 육류는 칼륨, 철, 인의 좋은 급원이며 특히 헤모글로빈, 미오글로빈에 들어 있는 헴철은 흡수율이 높아 체내 이용률이 좋다. 또한 티아민, 리보플라빈, 나이아신, 비타민 B_6 및 B_{12}의 좋은 급원이며, 돼지고기의 티아민 함량은 쇠고기, 양고기보다 높다.

2) 어패류

생선과 조개류는 불포화지방산을 다량 함유하고 있으며, 특히 등 푸른 생선의 지방 함량이 높다. 생선기름에는 오메가-3 다가불포화지방산인 EPA, DHA가 많으며 체내에서 생성되지 않으므로 반드시 음식으로 섭취해야 한다. DHA는 학습능력을 향상시키고 EPA는 혈중 콜레스테롤 수치를 낮추며 혈전 생성을 억제함으로써 원활한 혈액순환을 도와 기억력 개선에 도움을 준다. 오메가-3 지방산이 풍부한 연어, 정어리, 고등어 등은 알츠하이머, 치매 예방에 좋고 태아의 뇌 발달에 도움을 준다. 미국질병관리본부에서는 일주일에 2~3회 생선을 섭취하거나 또는 이와 같은 양의 오메가-3 지방산 섭취를 권고하고 있다. 오메가-3 지방산은 불포화도가 높아 쉽게 산화되는데, 생선기름은 저장기간이 짧고 조리, 가공 중에도 산화가 일어나므로 주의해야 한다.

오징어, 새우, 조개류에는 콜레스테롤이 많으나 1회 섭취량이 많지 않고, 콜레스테롤의 생성을 억제하고 분해하는 타우린을 함께 함유하고 있어 체내 콜레스테롤 축적을 막아준다. 새우, 게의 껍질에 존재하는 아스타잔틴은 눈의 피로 개선에 도움을 준다.

3) 우유 및 유제품

(1) 우유의 영양

우유의 주 탄수화물인 락토스(유당)는 장내 유산균의 증식을 촉진하고 정장작용을 하며 칼슘의 흡수를 도와준다. 우유와 유제품은 칼슘의 우수한 공급원으로 우유 1컵에는 200~250mg의 칼슘이 흡수되기 쉬운 상태로 존재한다. 칼슘이 부족하면 아동은 뼈가 정상적으로 성장하지 못하고 성인은 골다공증으로 골절되기 쉬우므로, 중년 이후에도 우유 및 유제품 섭취로 충분한 칼슘을 공급해야 한다.

(2) 우유 및 유제품의 종류

① 저지방우유

저지방우유는 원유에서 지방을 제거하여 지방 함량이 낮은 우유로, 보통 1~2%의 유지방을 함유한다. 지방이 제거되어 점성이 낮고 맛이 밍밍하므로 아라비아검, 코코넛유 등을 넣어 점성을 높이고 고소한 맛이 나도록 한다. 저지방우유에는 원유의 유지방분을 2% 이하로 조정한 일반저지방우유, 저지방우유와 비슷하게 환원해서 만든 환원저지방우유, 저지방우유에 비타민이나 무기질을 강화한 강화저지방우유, 탈지분유와 성분 규격이 같은 무지유고형분, 저지방우유와 비슷하게 환원한 뒤 비타민·무기질을 강화하여 만든 환원강화저지방우유, 저지방우유에 유산균을 첨가한 유산균첨가저지방우유 등이 있다.

유당불내증이란?

락토스 분해효소인 락타제가 부족하면 락토스가 분해되지 못하고 대장 세균에 의해 발효되어 가스가 차거나 설사, 복통 등이 나타나는 것을 유당불내증(lactose intolerance)이라 한다. 유당불내증은 유아나 어린이보다 성인에게 흔히 나타나는데, 이것은 이유기를 거치면서 락타제 활성이 서서히 감소하기 때문이다. 한국인의 75% 정도가 유당불내증이며, 락토스 분해 우유, 치즈, 요구르트 등을 섭취하면 도움이 된다.

② 향 첨가 가공우유

우유에 바나나, 딸기 등의 농축과즙, 착향료, 감미료 등을 넣어 만든 것으로 농축과즙의 함량은 1~3% 정도에 불과하며 산도조절제, 유화제, 안정제, 액상과당, 합성감미료, 검질 등 다양한 첨가물이 사용된다. 당 함량이 탄산음료와 비슷하거나 환원유를 사용하기도 하므로 당 함량, 칼로리, 원재료명을 반드시 확인하여 선택하고 건강을 위해서는 흰우유를 섭취하는 것이 좋다.

③ 발효유

발효유는 장에서 유해균의 증식을 억제하는 정장작용을 하고 소화, 흡수가 잘 되며 유산균은 락토스를 분해하므로 유당불내증인 사람도 부담 없이 섭취할 수 있다. 발효유는 1mL당 유산균 수가 1천만 마리 이상인 액상 발효유와 1억 마리 이상인 농후 발효유로 나누어진다. 농후 발효유에는 떠먹는 호상 요구르트와 마시는 드링크 요구르트가 있다. 유산균 음료는 유산균 발효액을 희석하여 과즙, 과육, 향료 등을 첨가한 것으로 1mL당 유산균 수가 백만 마리 이상이다.

④ 치즈

치즈는 산이나 레닌으로 카제인 단백질을 응고시킨 것으로 단백질, 지방, 칼슘(레닌 응고 치즈), 비타민 A·B가 풍부하다. 치즈가 응고될 때 대부분의 락토스가 빠져나가므로 유당불내증 환자도 먹을 수 있다. 자연치즈는 발효 숙성 시에 유산균이 살아있으며 치즈 특유의 풍미를 느낄 수 있다. 가공치즈는 보존성이 좋고 경제적이며 강한

환원유란?

환원유(reconstituted milk)는 전지분유, 탈지분유, 농축유 등을 물로 희석하여 원유의 고형분 함량대로 환원시켜 일반 우유처럼 만든 것으로 일반 우유에 비해 신선한 맛이 떨어진다. 무지방우유, 저지방우유, 향 첨가 가공우유 제조에 많이 사용되므로 구입할 때 원재료명을 반드시 확인하도록 한다.

천연치즈 맛을 싫어하는 사람들이 즐겨 찾는다.

4) 달걀

달걀은 완전식품이라 부를 정도로 필수아미노산 조성이 매우 우수하며 불포화지방산, 비타민 A·B·D·E·K, 무기질(칼슘, 철분, 셀레늄), 레시틴 등이 풍부하다. 달걀노른자의 인지질은 뇌세포와 신경세포의 구성 성분으로 기억력 향상, 치매 예방, 노화 방지에 도움을 주고, 레시틴은 혈중 콜레스테롤 저하에 도움을 준다. 고밀도 지단백(HDL) 콜레스테롤은 혈관 건강에 도움이 되므로 육류, 튀김과 같은 지방 함량이 높은 식품 섭취를 줄이면 노른자의 콜레스테롤 때문에 달걀 섭취를 지나치게 제한할 필요는 없다.

달걀 껍질은 살모넬라균에 오염되어 있는 경우가 많다. 살모넬라균은 열에 약해 저온살균(62~65℃, 30분 가열)으로 사멸되므로 충분히 익히면 감염을 피할 수 있지만, 가열이 충분하지 않으면 음식 조리과정에서 교차오염이 발생할 수 있다. 껍질에 금이 가거나 표면에 이물질이 많은 달걀은 섭취하지 말고, 달걀을 만진 후에는 손이나 그릇, 도마, 조리대를 깨끗이 세척해야 한다. 달걀의 껍질 색은 품종에 따른 차이이며 영양소 함량과는 관계가 없다. 유정란은 무정란에 비해 껍질이 단단하고 비린 맛이 적으며 비타민 함량이 조금 높지만 저장성은 낮다.

C H A P T E R

6

가공식품

식품산업이 발달하고 점점 식생활의 간편화와 편이성을 추구하면서 다양한 가공식품이 등장하고 있다. 또한 노인 및 독신가구가 증가함에 따라 편의식품 시장의 빠른 성장과 더불어 가공식품 소비가 지속적으로 증가하고 있다. 특히 농산물 등은 생산 시기가 제한되어 있고 부피가 큰 경우가 많기 때문에 가공 처리하면 운반하기 쉽고 수확기가 아닐 때도 이용할 수 있다. 식품 선택 시 기호성과 간편함을 추구하는 경향이 강해지면서 변화되는 소비자의 니즈를 반영한 다양한 여러 가공식품이 생산, 이용되고 있다.

1. 가공식품의 특성

1) 가공식품이란?

우리나라의 〈식품의 기준 및 규격〉에 의하면 가공식품은 '농·임·축·수산물 등 식품 원료에 첨가물을 가하거나 그 원형을 알아볼 수 없도록 분쇄, 절단 등의 방법으로 변형시킨 것 또는 이와 같이 변형시킨 것을 서로 혼합하거나 서로 혼합한 것에 식품이나 식품첨가물을 사용하여 제조, 가공, 포장한 식품'으로 규정하고 있다. 식품 원료(1차 산물인 농축임수산물)에 식품 혼합 또는 식품첨가물을 가한 경우, 그 원형을 알아볼 수 없을 정도로 변형(분쇄, 착즙, 볶음 등)되었거나 식품 또는 식품첨가물을 사용하고 가공처리하여 포장한 경우 가공식품에 해당된다.

2) 가공식품과 건강

(1) 영양불균형

우리가 섭취하는 식품의 90% 정도가 가공을 거친 식품으로, 우리는 지나치게 많은 가공식품을 섭취하고 있다. 간편하게 섭취할 수 있는 긍정적인 면이 있지만, 대부분의 가공식품은 정제된 설탕, 소금, 지방을 과량 함유하고 있으며 비타민, 무기질, 식이섬유가 부족하여 심각한 영양불균형을 초래할 수 있다.

(2) 식품첨가물

가공식품은 보존 기간을 늘리고 색과 맛, 향, 조직감을 향상시키며 영양소 강화 등을 위해 여러 식품첨가물을 사용한다. 식품첨가물은 안전성이 입증된 것만을 허용하고 허용 범위 내에서 사용하지만 착색제, 보존제, 산화방지제 등은 식품 중에 오래 잔류하고, 발색제는 식품 성분과 반응하며, 표백제는 식품 성분을 분해시키는 성질이 있다. 햄, 소시지 등 가공육에 사용하는 보존제인 소르빈산칼륨과 발색제인 아질산나트류은 독성이 강하므로 이들의 지속적 섭취는 건강에 문제를 일으킨다. 특히 노인, 어린이, 만성질환자나 특정 식품첨가물에 대해 민감한 경우에는 안전량을 섭취했다고 해도 부작용을 유발하거나 독성이 생길 수 있다. 식품첨가물을 적게 섭취하려면 가공식품의 섭취를 삼가고 특정 가공식품의 섭취를 자제하며, 가공식품 선택 시 포장지의 식품표시에 표기된 식품가물의 종류와 함량을 반드시 확인해야 한다. 허용된 식품첨가물과 사용기준은 식품의약품안전처 홈페이지의 식품첨가물 정보방에서 확인할 수 있다.

(3) 이물질 혼입과 유해물질 생성

가공식품 원료의 잔류농약, 중금속, 가공기계로부터 쇳가루 등 이물질 혼입과 니트로사민, 포름알데히드, MCPD와 같은 유해물질이 생성되어 건강을 위협하기도 한다.

① **니트로사민 :** 니트로사민은 아질산과 아민이 반응하여 생성되는 발암성 물질로, 가공육 제조 시 형성될 수 있다. 니트로사민은 대부분 동물실험에서 암을 유발하는 것으로 알려져 있고 독성이 매우 강하다. 니트로사민은 비타민 C, 토코페롤, 폴리페놀과 같은 항산화 물질에 의해 생성이 억제될 수 있다.

② **포름알데히드 :** 식품 내 미생물 성장 억제나 산화표백제로 사용되는 과산화수소는 글리신과 반응하여 포름알데히드를 생성한다. 포름알데히드는 두통, 구토, 현기증, 식도염, 위염 등을 유발한다.

③ **3-MCPD와 1,3-DCP :** 3-MCPD와 1,3-DCP는 식물성 단백질 가수분해물을 사용한 수프, 소스, 양념과 산분해간장에서 검출되면서 알려진 유독한 물질로 1,3-DCP의 독성이 더 강하다. 1,3-DCP는 3-MCPD가 고농도일 때 공존한다. 이 물질은 단백질을 아미노산으로 가수분해하는 과정에서 생성되는데 규제 강화와 저감화 노력을 통해 생성량을 최소화하고 있다.

2. 가공식품의 종류

1) 가공식품의 분류

가공식품은 원료에 따라 농산가공식품, 축산가공식품, 수산가공식품으로 나누어지며 가공 정도에 따라 1차 가공식품, 2차 가공식품 등으로 구분한다. 1차 가공식품은 재료를 선별하여 세척하고 잘라서 포장하여 상품으로서의 가치를 지닌 것으로 예를 들면 쌀, 밀가루, 전분 등이 있다. 이러한 1차 가공식품을 이용해서 만든 미숫가루·빵·포도당 등은 2차 가공식품에 속한다(표 6-1).

2) 즉석식품

즉석식품(instant food)은 데우거나 끓이는 등의 단순한 조작만으로 짧은 시간에 간단히 조리하여 섭취할 수 있고 저장, 보관, 유통, 운반, 휴대 등이 간편한 식품이다. 식품공전에서는 조리, 조작의 편의성을 기준으로 즉석섭취식품, 즉석조리식품, 신선편의식품으로 구분하고 있다. 즉석섭취식품은 '더 이상의 가열·조리 과정 없이 그대로 섭취할 수 있는 김밥·햄버거 등의 식품'이며, 즉석조리식품은 '단순 가열 등 간단한 조리 과정을 거쳐 섭취할 수 있는 국·수프 등의 식품'을 말한다. 전처리만으로 '그대로 섭취할 수 있는 샐러드·새싹채소 등의 식품'을 신선편의식품이라 한다. 현재 즉석섭취

표 6-1 가공 정도에 따른 가공식품의 분류

종류	특징
1차 가공식품	재료를 선별하여 세척하고 잘라서 포장하여 상품으로서의 가치를 지닌 것
2차 가공식품	1차 가공식품을 다시 갈거나 자르거나 양념하여 버무리거나 발효 등의 과정을 거친 것
3차 가공식품	2차 가공식품을 용기에 담아 통조림, 병조림으로 가공 과정을 거친 것
4차 가공식품	통조림 또는 병조림 식품을 육류와 같은 다른 식품과 혼합하여 레토르트 식품 등으로 만든 것

식품의 비중이 가장 높고 즉석조리식품, 신선편의식품 순이다. 간편식이 가정의 식탁에도 오르게 되면서 간단하게 먹는 한 끼 식사라도 건강하게 즐기고자 하는 소비 형태를 반영한 '패스트 프리미엄(fast premium)'이 트렌드로 자리잡고 있다.

(1) 간편가정식

가정에서 음식을 먹을 때는 '재료 구입 → 손질 → 조리 → 섭취 → 정리'의 과정을 거쳐야 하는데 이런 불편함을 해결하기 위해 등장한 것이 간편가정식(HMR, Home Meal Replacement)이다. 간편가정식은 어느 정도 조리가 된 상태에서 포장되기 때문에 쉽게 요리를 할 수 있고, 과거 즉석식품의 간편함에 집밥의 따스함이 더해지고 건강에도 도움이 되며 간편하게 즐길 수 있다. 간편가정식은 조리 방법에 따라서 RTE(Ready To Eat), RTH(Ready To Heat), RTC(Ready To Cook)로 나뉜다. RTE는 구매 후 바로 섭취할 수 있는 순대·족발·피자 등의 제품이고, RTH는 반조리 상태로 데워서 먹기만 하면 되는 음식, RTC는 음식을 요리할 수 있는 재료가 손질이 된 상태로 들어 있어 쉽게 요리해 먹을 수 있는 제품이다. 기존의 냉장·냉동식품 중심에서 드레싱이 포함된 샐러드와 과일, 덮밥, 컵 국밥, 삼계탕, 갈비탕, 육개장, 스파게티 등 종류가 다양하고, 즉석 조리 및 가정으로 배달되는 형태로 확대되고 있다. 싱글족과 개인을 중시하는 소비 트렌드에 따른 혼밥, 홈밥 열풍으로 간편가정식은 빠르게 성장하고 있다.

(2) 레토르트 식품

레토르트 식품은 완전히 조리·가공된 식품을 공기와 빛을 차단할 수 있는 주머니 같은 용기(레토르트 파우치)에 담아 밀봉 후 고압가열솥(레토르트)에서 가열살균하여 장기간 식품을 보존할 수 있도록 가공한 식품이다. 레토르트 식품은 통조림이나 병조림에 비해 부피가 작고 가벼우며 포장의 개봉이 쉽고 용기 처분이 간편하며 포장된 상태로 데워서 먹을 수 있다. 또한 상온 유통이 가능하고 미개봉 상태에서는 오랫동안 저장할 수 있다. 레토르트 식품은 카레 소스, 짜장 소스, 스파케티 소스, 스튜 등이 주를 이루었으나, 최근에는 즉석밥, 죽, 국 등으로 다양화·고급화되고 있다.

밀키트(meal kit)란?

즉석에서 먹는 간편가정식과 달리 필요한 식재료를 미리 손질해 간단하게 요리해 먹을 수 있도록 재료를 팩이나 키트에 넣어 만든 제품이다. 모든 준비가 완료되어 칼을 사용할 필요가 없는 밀키트 시장이 급성장하고 있다.

3. 가공식품의 정보

1) 식품표시

가공식품에는 해당 식품에 대한 정보가 표시되어 있는데 이를 식품표시라고 한다. 식품의 위생적 취급을 도모하고 소비자에게 정확한 정보를 제공하여 공정한 거래 확보를 위해 「식품위생법」에는 판매를 목적으로 하는 식품 및 식품첨가물의 표시기준이 규정되어 있다. 식품표시에는 제품명, 내용량, 원재료명, 영업소 명칭 및 소재지, 제조연월일, 유통기한 또는 품질유지기한, 소비자 안전을 위한 주의사항 등이 포함되어야 한다.

(1) 제조연월일, 유통기한 또는 품질유지기한

'제조연월일(date of manufacture)'은 포장을 제외한 더 이상의 제조나 가공이 필요하지 아니한 시점을 말한다. '유통기한(expiry date, sell by date)'은 제품의 제조일로부터 소비자에게 판매가 허용되는 기한을 말하며, 품질유지기한(best before date)으로 표시하는 식품은 유통기한 표시를 생략할 수 있다. '품질유지기한'은 식품의 특성에 맞는 적절한 보존방법이나 기준에 따라 보관할 경우 해당 식품 고유의 품질이 유지될 수 있는 기한을 말한다. 설탕, 빙과류, 식용얼음, 과자류 중 껌류(소포장 제품에 한함), 식염과 주류(맥주, 탁주 및 약주를 제외함) 및 품질유지기한으로 표시하는 식품은 유통기한 표시를 생략할 수 있다.

품질유지기한 대상식품

- **장기보관식품 :** 레토르트 식품, 통조림 식품
- **식품유형에 따른 대상식품**
  - 잼류
  - 당류(포도당, 과당, 엿류, 당시럽류, 덱스트린, 올리고당류에 한함)
  - 다류 및 커피류(액상제품은 멸균에 한함)
  - 음료류(멸균제품에 한함), 장류(메주 제외)
  - 조미식품(식초와 멸균한 카레제품에 한함)
  - 김치류, 젓갈류 및 절임식품
  - 조림식품(멸균식품에 한함), 주류(맥주에 한함)
  - 기타 식품류(전분, 벌꿀, 밀가루에 한함)

유통기한이나 품질유지기한을 표시할 때 사용 또는 보존에 특별한 조건이 필요한 경우 이를 함께 표시하여야 한다. 즉, 냉동 또는 냉장으로 보관·유통하여야 하는 제품은 '냉동보관' 또는 '냉장보관'으로 표시하여야 한다.

(2) 원재료명

원재료는 식품 또는 식품첨가물의 제조·가공 또는 조리에 사용되는 물질로서 최종 제품 내에 들어 있는 것을 말한다. 모든 원재료명을 많이 사용한 순서에 따라 표시해야 한다. 다만, 중량비율로서 2% 미만인 경우에는 함량 순서에 따르지 않고 표시할 수 있다. 식품을 제조·가공 시에 직접 사용·첨가하는 식품첨가물은 '사카린나트륨(합성감미료)'과 같이 그 명칭과 용도를 함께 표시하여야 한다.

(3) 소비자 안전을 위한 주의사항

① 식품 알레르기 유발물질 표시

식품 알레르기 유발물질은 함유된 양과 관계없이 원재료명을 표시해야 한다. 알레르기를 유발하는 것으로 알려진 식품은 난류(가금류에 한함), 우유, 메밀, 땅콩, 대두,

알레르기 유발식품의 식품표시

- 원재료명 표시란 근처에 바탕색과 구분되도록 별도의 알레르기 표시란을 마련하여 알레르기 표시대상 원재료명을 표시

  예 달걀, 우유, 새우, 이산화황, 조개류(굴) 함유

- 알레르기 유발물질이 들어 있지 않으나 알레르기 유발성분이 함유된 식품과 같은 시설을 이용하여 제조되는 식품에는 그러한 사실을 표시

  예 이 제품은 메밀을 사용한 제품과 같은 제조 시설에서 제조하고 있습니다.

밀, 고등어, 게, 새우, 돼지고기, 복숭아, 토마토, 아황산류(이를 첨가하여 최종제품에 SO_2로 10mg/kg 이상 함유한 경우에 한함), 호두, 닭고기, 쇠고기, 오징어, 조개류(굴, 전복, 홍합 포함)이다. 표시대상식품은 이들을 원재료로 사용하거나 이들 식품으로부터 추출 등의 방법으로 얻은 성분, 그리고 이들을 함유한 식품 또는 식품첨가물을 원재료로 사용한 경우이다. 2018년 4월에 '잣'이 식품 알레르기 유발물질 의무표시 대상에 추가되어 2020년 1월부터 시행된다.

② 혼입 가능성이 있는 알레르기 유발물질 표시(주의·환기 표시)

알레르기 유발물질을 사용하는 제품과 사용하지 않은 제품을 같은 제조 과정(작업자, 기구, 제조라인, 원재료보관 등 모든 제조과정)을 통해 생산하여 불가피하게 혼입 가능성이 있는 경우 주의사항 문구를 표시하여야 한다.

③ 무글루텐의 표시

밀, 호밀, 보리, 귀리 및 이들의 교배종을 원재료로 사용하지 않으면서 총 글루텐 함량이 20mg/kg 이하인 식품 또는 밀, 호밀, 보리, 귀리 및 이들의 교배종에서 글루텐을 제거한 원재료를 사용하여 총 글루텐 함량이 20mg/kg 이하인 식품은 무글루텐(gluten free)의 표시를 할 수 있다.

① **제품명**(기구 또는 용기 포장은 제외)
② **식품의 유형**
③ **업소명 및 소재지**
④ **제조연월일**
⑤ **유통기한 또는 품질유지기한**
⑥ **내용량**(기구 또는 용기 포장은 제외)
⑦ **원재료명**(기본이 되는 원료와 재료)(기구 또는 용기 포장은 재질로 표시) **및 함량**(원재료를 제품명 또는 제품명의 일부로 사용해야 하는 경우에 한함)
⑧ **성분명 및 함량**(성분표시를 하고자 하는 식품 및 성분명을 제품명 또는 제품명의 일부로 사용하는 경우에 한함)
⑨ **영양성분**(따로 정하는 식품)
⑩ **기타 식품 등의 세부 표시기준에서 정하는 사항**

그림 6-1 가공식품의 경우 반드시 표시해야 하는 사항들

2) 영양표시

'영양표시'란 식품에 들어 있는 영양소의 양 등 영양에 관한 정보를 표시하는 것을 말한다. 영양표시제도는 일정한 양식에 영양성분의 함량을 표시하는 '영양성분정보'와 특정 용어를 이용하여 제품의 영양적 특성을 강조표시하는 '영양강조표시'가 있으며 관련 정보는 식품의약품안전처 홈페이지의 영양표시정보에서 확인할 수 있다.

(1) 영양성분정보

영양성분 함량은 1포장당, 단위내용량당, 1회 섭취 참고량당 함유된 값으로 표시한다. 표시대상 영양성분은 열량, 탄수화물, 당류, 지방, 트랜스지방, 포화지방, 콜레스테롤, 단백질, 나트륨, 그 밖에 영양표시나 영양강조표시를 하고자 하는 영양성분이다. 영양표시대상식품은 영양성분의 명칭, 함량 그리고 1일 영양성분 기준치에 대한 비율(%)

을 표시해야 한다. 다만 열량, 당류, 트랜스지방에 대하여는 1일 영양성분 기준치에 대한 비율(%) 표시를 제외한다. 영양표시대상식품에는 장기보존식품(레토르트 식품만 해당), 과자류 중 과자, 캔디류 및 빙과류, 빵류 및 만두류, 초콜릿류, 잼류, 식용 유지류, 면류, 음료류, 특수용도식품, 어육가공품 중 어육소시지, 즉석섭취식품 중 김밥, 햄버거, 샌드위치, 커피(볶은 커피 및 인스턴트 커피는 제외), 장류(한식메주, 재래한식간장, 한식된장 및 청국장은 제외)가 있다.

(2) 영양강조표시

영양강조표시는 제품에 함유된 영양성분의 함유 사실 또는 함유 정도를 '무', '저', '고', '강화', '첨가', '감소' 등의 특정한 용어를 사용하여 표시하는 것을 말한다. 영양강조표시는 정부가 정한 용어와 해당 기준을 따라야 하며 영양성분 함량강조표시와 영양성분 비교강조표시가 있다(표 6-2).

① **영양성분 함량강조표시 :** 영양성분의 함유 사실 또는 함유 정도를 '무○○', '저○○', '고○○', '○○함유' 등과 같이 특정 영양성분의 함량을 강조하여 표시하는 것을 말한다.

② **영양성분 비교강조표시 :** 영양성분의 함유 사실 또는 함유 정도를 '덜', '더', '강화', '첨가' 등과 같은 표현으로 같은 유형의 제품과 비교하여 표시하는 것을 말한다.

표 6-2 영양성분 함량강조표시 세부기준

영양성분	강조표시	표시조건	영양성분	강조표시	표시조건
열량	저	식품 100g당 40kcal 미만 또는 식품 100mL당 20kcal 미만일 때	콜레스테롤	저	식품 100g당 20mg 미만 또는 식품 100mL당 10mg 미만이고, 포화지방이 식품 100g당 1.5g 미만 또는 식품 100mL당 0.75g 미만이며, 포화지방이 열량의 10% 미만일 때
	무	식품 100mL당 4kcal 미만일 때		무	식품 100g당 5mg 미만 또는 식품 100mL당 5mg 미만이고, 포화지방이 식품 100g당 1.5g 또는 식품 100mL당 0.75g 미만이며 포화지방이 열량의 10% 미만일 때

(계속)

영양성분	강조표시	표시조건
나트륨	저	식품 100g당 120mg 미만일 때
	무	식품 100g당 5mg 미만일 때
당류	무	식품 100g당 또는 식품 100mL당 0.5g 미만일 때
지방	저	식품 100g당 3g 미만 또는 식품 100mL당 1.5g 미만일 때
	무	식품 100g당 또는 식품 100mL당 0.5g 미만일 때
트랜스지방	저	식품 100g당 0.5g 미민일 때
포화지방	저	식품 100g당 1.5g 미만 또는 식품 100mL당 0.75g 미만이고, 열량의 10% 미만일 때
	무	식품 100g당 0.1g 미만 또는 식품 100mL당 0.1g 미만일 때

영양성분	강조표시	표시조건
식이섬유	함유 또는 급원	식품 100g당 3g 이상, 식품 100kcal당 1.5g 이상일 때 또는 1회 섭취참고량당 1일 영양성분 기준치의 10% 이상일 때
	고 또는 풍부	함유 또는 급원 기준의 2배
단백질	함유 또는 급원	식품 100g당 1일 영양성분 기준치의 10% 이상, 식품 100mL당 1일 영양성분 기준치의 5% 이상, 식품 100kcal당 1일 영양성분 기준치의 5% 이상일 때 또는 1회 섭취참고량당 1일 영양성분 기준치의 10% 이상일 때
	고 또는 풍부	함유 또는 급원 기준의 2배
트랜스지방 포화지방	함유 또는 급원	식품 100g당 1일 영양성분 기준치의 15% 이상, 식품 100mL당 1일 영양성분 기준치의 7.5% 이상, 식품 100kcal당 1일 영양성분 기준치의 5% 이상일 때 또는 1회 섭취참고량당 1일 영양성분 기준치의 15% 이상일 때
	고 또는 풍부	함유 또는 급원 기준의 2배

3) 어린이 기호식품의 영양성분 표시 및 고카페인 함유식품의 표시

「어린이식생활안전관리특별법」에 따라 주로 어린이 기호식품을 조리, 판매하는 업소 중 대통령령으로 정한 식품을 연간 90일 이상 조리, 판매하는 영업자는 영양성분을 표시해야 한다. 표시대상 영양성분은 열량, 당류, 단백질, 포화지방, 나트륨이며 영양성분의 명칭 및 함량(1회 제공량당 함유된 값)을 표시해야 한다. 표시대상 식품은 간식용과 식사대용으로 구분된다. 간식용 표시대상식품은 ■ 과자류 중 과자(한과류는 제외), 캔디류, 빙과류, ■ 빵류, ■ 초콜릿류, ■ 유가공품 중 가공유류, 발효유류(발효버터유 및 발효유분말은 제외), 아이스크림류, ■ 어육가공품 중 어육소시지, ■ 음료류 중 과·채주스, 과·채음료, 탄산음료, 유산균음료, 혼합 음료이다. 식사대용 표시대

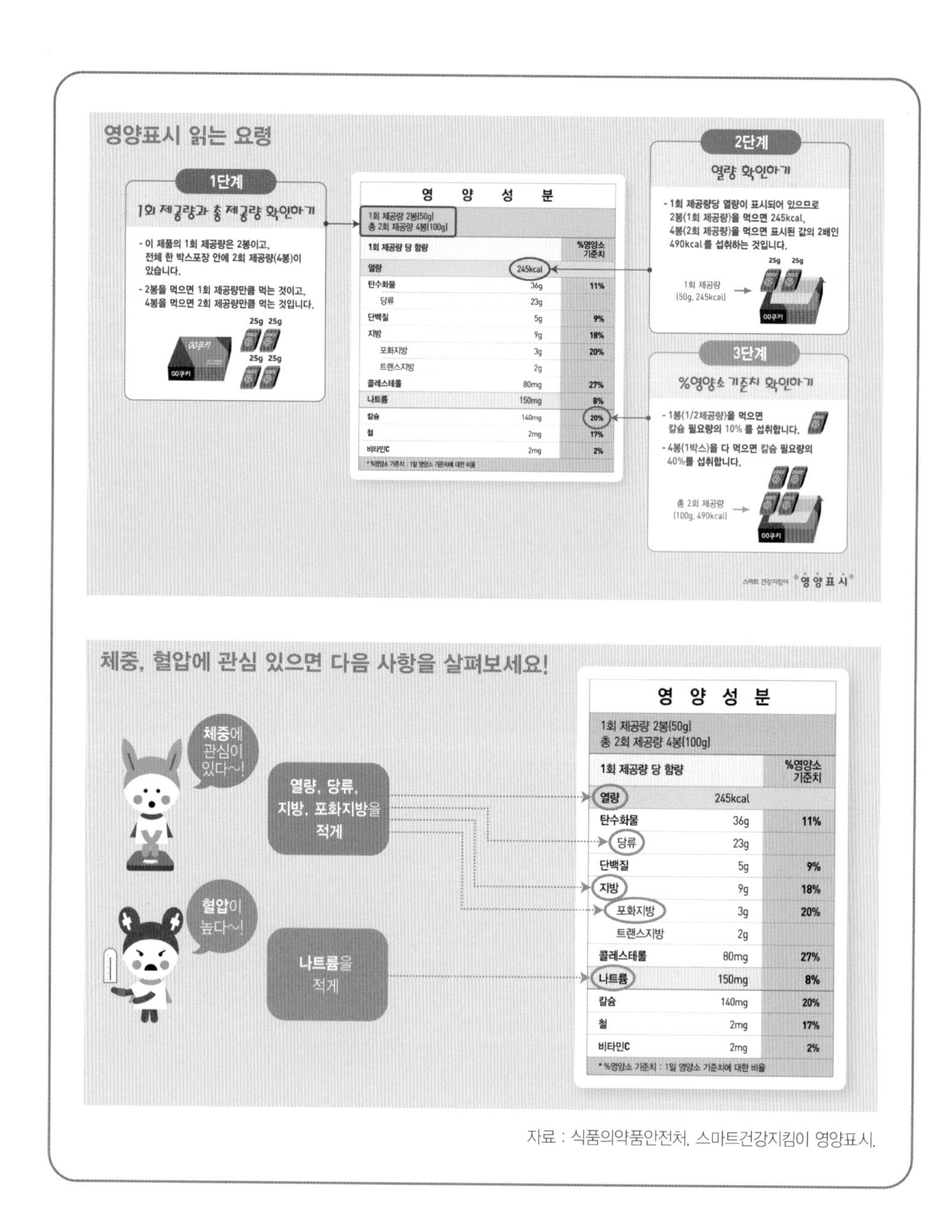

자료 : 식품의약품안전처, 스마트건강지킴이 영양표시.

상식품은 ■ 면류(용기면만 해당) 중 유탕면류 및 국수, ■ 즉석섭취식품 중 김밥, 햄버거, 샌드위치이다. 또한 고카페인 함유로 표시하는 식품 중 어린이 기호식품은 '고카페인함유 ○○○mg'을 소비자가 쉽게 알아볼 수 있도록 바탕색과 구분되는 적색의 모양으로 표시해야 한다. 고카페인 함유식품은 1mL당 0.15mg 이상의 카페인을 함유한 액

어린이 기호식품의 영양성분 표시방법

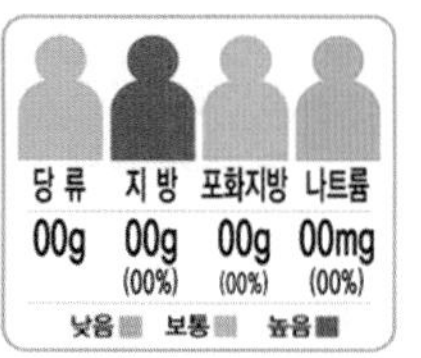

어린이 기호식품 중 고카페인 함유식품의 표시방법

고카페인함유 000mg

〈표시면의 바탕색이 적색이 아닐 경우〉

고카페인함유 000mg

〈표시면의 바탕색이 적색일 경우〉

자료 : 식품의약품안전처.

체식품을 말한다. 어린이의 카페인 최대 일일섭취권고량은 2.5mg/kg(체중) 이하이다.

4) 인증표시

(1) 유기식품, 무농약식품, 무항생제축산물

유기식품은 유기농산물, 유기축산물, 유기가공식품을 포함한다. 유기농산물은 화학비료와 유기합성농약을 사용하지 않고 유기농법으로 재배한 농산물이며, 유기축산물은 항생제, 합성항균제, 호르몬제가 포함되지 않은 유기사료를 급여하여 사육한 축산물을 말한다. 유기가공식품은 유기농산물과 유기축산물을 원료 또는 재료로 하여 제조·가공한 식품으로, 유기농 콩으로 제조한 두부, 유기농 우유로 제조한 치즈나 발효유와 같은 가공식품이 여기에 속한다. 유기농산물이 원재료라도 가공식품을 만들면 유기가공식품 인증을 받아야 한다. 무농약식품에는 무농약농산물과 무항생제축산물이 있다. 무농약농산물은 유기합성농약은 사용하지 않고 화학비료는 권장 시비량의

표 6-2 유기식품, 무농약식품, 무항생제축산물의 인증표시

농산물		축산물		가공식품
유기농산물	무농약농산물	유기축산물	무항생제축산물	유기가공식품
유기농산물 (ORGANIC) 농림축산식품부	무농약 (NON PESTICIDE) 농림축산식품부	유기축산물 (ORGANIC) 농림축산식품부	무항생제 (NON ANTIBIOTIC) 농림축산식품부	유기가공식품 (ORGANIC) 농림축산식품부

1/3 이하를 사용하여 재배한 농산물이며, 무항생제축산물은 항생제, 합성항균제, 호르몬제가 포함되지 않은 무항생제 사료를 급여하여 사육한 축산물을 말한다(표 6-2).

(2) 우수농산물

우수농산물(GAP, Good Agricultural Practices) 인증은 농산물의 안전성을 확보하기 위해 농산물의 생산, 수확, 포장단계까지 철저한 관리를 통해 소비자에게 안전한 농산물을 공급하기 위한 제도이다. 농산물우수관리기준에 의해 생산·관리되며, 농산물우수관리시설에서 처리되고 농산물의 이력추적관리 등록을 한 농산물에 부여한다(그림 6-2).

우수농산물

전통식품

어린이 기호식품

그림 6-2 우수농산물, 전통식품, 어린이 기호식품 품질인증표시

(3) 전통식품

전통식품 품질인증은 국내산 농수산물을 주원료로 제조·가공·조리되어 우리 고유의 맛과 향, 색을 내는 우수한 전통식품에 대하여 정부가 품질을 보증하는 제도이다(그림 6-2).

(4) 어린이 기호식품

어린이 기호식품은 과자류, 탄산음료, 햄버거, 피자

등 어린이들이 선호하거나 자주 먹는 음식물을 말한다. 「어린이 식생활안전관리 특별법」에 근거하여 안전하고 영양을 골고루 갖춘 어린이 기호식품의 제조, 가공, 유통, 판매를 권장하기 위해 식품의약품안전처장이 정한 품질인증기준(안전, 영양, 식품첨가물)에 적합한 어린이 기호식품에 대해 품질인증제도를 시행하고 있다(그림 6–2).

어린이 기호식품 품질인증기준

안전기준

- HACCP(식품안전관리인증기준)에 적합한 가공식품
- 모범업소에서 만든 조리식품

식품첨가물 사용기준

- 식용타르색소 사용 금지
- 합성보존료 및 기타 화학적 합성품 일부 사용 금지

영양기준

- 고열량·저열량이 아닌 식품이어야 함
- 간식용
  - 당류를 첨가하지 않은 과채주스
  - 1회 제공량당 : 열량(250kcal), 포화지방(4g 이하), 당류(17g 이하) 모두 기준 충족
  - 단백질, 식이섬유, 비타민(A, B_1, B_2, C), 무기질(칼슘, 철분) 중 2개 이상이 기준을 충족
- 식사대용 : 면류(유탕면류, 국수), 즉석섭취식품(김밥, 햄버거, 샌드위치)
  - 1회 제공량당 : 열량(500kcal), 포화지방(4g 이하), 당류(600mg 이하) 모두 기준 충족
  - 단백질, 식이섬유, 비타민(A, B_1, B_2, C), 무기질(칼슘, 철분) 중 2개 이상이 기준을 충족

C H A P T E R

7

올바른 식품 선택

우리는 살아가면서 여러 가지 식품을 섭취하게 된다. 모든 식품은 건강에 유익한 성분을 함유하고 있어서, 올바른 생활습관과 식습관에 따라 살아간다면 건강을 유지할 수 있다. 이 장에서는 우리가 일상적으로 섭취하고 있는 일반식품과 건강기능식품 및 새로운 식품기술이 적용된 조사처리식품과 유전자변형식품에 대해 알아봄으로써, 다양한 식품들 속에서 올바른 선택을 할 수 있는 정보를 제공하고자 한다.

1. 일반식품

우리가 일상의 식생활에서 섭취하는 식품에는 가공하지 않은 자연식품(제5장 참조)과 여러 목적에 따라 가공한 가공식품(제6장 참조)이 있고, 또한 이들의 원산지를 기준으로 국내식품과 수입식품으로 나눌 수 있다. 국내에서 생산된 식품은 수입식품에 비해 운송거리가 짧아서 식품의 신선도를 비교적 유지할 수 있다. 최근 지역에서 생산된 먹거리를 50km 이내에서(우리나라 기준) 소비하는 '지역 농산물(로컬푸드, p.37 참조) 먹기 운동'이 시행되고 있는데, 이는 운송거리가 짧기 때문에 운송수단에 의해 발생하는 온실가스의 발생을 줄이고, 식품의 영양과 신선도를 극대화할 수 있다는 장점이 있다.

한편, 수입식품은 농·축·수산물에서부터 과자류, 통조림, 피자에 이르기까지 각종 다양한 식품과 식문화를 쉽게 먹고 접할 수 있는 기회를 제공하는데 반해, 이들은 신선도가 떨어지는 것을 막아 유통기한을 늘리기 위해 화학처리나 농약을 사용하기 쉽다. 정부 통계에 따르면, 2010년 기준 식품 수입량은 1인당 468kg으로, 우리나라 국민 한 사람이 매일 1.28kg의 수입식품을 먹고 있는 셈이다. 우리나라의 1인당 식품수입량은 일본(370kg)이나 영국(411kg), 프랑스(403kg)보다 많은 양으로 우리나라의 수입식품 의존율이 매우 높은 편이라고 할 수 있다.

또한, 수입식품이 국산으로 둔갑하여 부정 유통되는 사례가 늘어나고 있어, 정부에서는 공정한 거래질서를 확립하고 국내 생산자와 소비자를 보호하기 위해 1991년 7월 1일부터 '원산지 표시제도'를 도입하였다. 하지만 이것도 악용되는 사례가 많으므로 소비자들은 국내 식품과 수입 식품의 특징을 잘 알아 두어 원산지 식별능력을 키우도록 한다. 한편, 정부에서는 식품의 안전성 확보와 식품 및 영양에 대한 정보를 알리고자 수입식품을 포함한 모든 가공식품에 대해 식품 성분과 제조연월일 또는 유통기한, 영양 성분 등을 표시하도록 의무화하고 있어, 소비자들은 자신의 건강에 적합한 제품을 선택할 수 있게 되었다(제6장 참조).

2. 건강기능식품

1) 건강기능식품이란?

우리가 먹을 수 있는 모든 식품은 기능을 가지고 있다.

첫째, 생명 및 건강 유지와 관련되는 영양 기능(1차 기능), 둘째, 맛, 냄새, 색 등의 감각적·기호적인 기능(2차 기능), 셋째, 건강 유지 및 증진에 도움에 되는 생체조절기능(3차 기능) 등이다.

이 중에서 특별히 세 번째 생체조절기능에 초점을 맞춘 식품이 '건강기능식품'이다. 오늘날 일반 영양성분뿐 아니라 각종 생체조절기능을 목적으로 하는 기능성 식품이 개발·유통되고 있는 것이 국제적인 추세이다. 우리나라도 기존의 「식품위생법」에 의해 관리하던 건강보조식품을 시대 변화에 따라 우리 실정에 맞게 관리하기 위하여 「건강기능식품에 관한 법률」을 2002년 8월 26일에 제정, 공포하였다. 이에 따르면 건강기능식품은 일상 식사에서 결핍되기 쉬운 영양소나 인체에 유용한 기능을 가진 원료, 성분(기능성 원료)을 사용하여 정제, 캡슐, 분말, 과립, 액상, 환 등의 형태로 제조·가공한 식품을 말하며, 2003년 8월부터 '건강기능식품'이라는 용어를 사용하고 있다.

건강기능식품은 일반식품과는 달리 기능성 원료의 '기능성 표시'가 있고, 먹는 방법이 정해져 있다. 한편, 많은 사람들은 건강기능식품을 질병을 치료하는 의약품처럼 오해하고 있는데, 건강기능식품의 기능성은 의약품과 같이 질병의 직접적인 치료나

홍삼제품에 '기타 가공품'이라고 표시되어 있는 경우, 건강기능식품과의 차이점은?

'건강기능식품'에도 홍삼을 원료로 한 제품이 많이 있으나, '기타 가공품'은 일반식품으로 분류되는 것으로 홍삼정과, 홍삼캔디, 홍삼음료 등의 '기타 가공품'은 홍삼을 원료로 제조·가공한 식품이기는 하지만 홍삼제품 중에서 기능을 나타내는 성분이 적게 들어 있는 식품이다. 따라서 소비자의 입장에서 면역력 증진을 위해 도움 주는 식품을 찾는다면 '건강기능식품'이라고 표시되어 있는 홍삼제품을 선택해야 한다.

예방을 하는 것이 아니라 인체의 정상적인 기능을 유지하거나 생리기능 활성화를 통하여 건강을 개선하는 것이다.

2) 건강기능식품의 기능성

(1) 기능성 원료

건강기능식품은 기능성 원료를 사용하여 제조·가공한 제품으로, 기능성 원료는 식품의약품안전처에서 '건강기능식품 공전'에 기준 및 규격을 고시하여 누구나 사용할 수 있는 고시형 원료(표 7-1)와 개별적으로 식품의약품안전처의 심사를 거쳐 인정받은 영업자만이 사용할 수 있는 개별 인정형 원료로 나눌 수 있다. 고시된 원료에는 2021년 10월 현재 영양소(비타민 및 무기질, 식이섬유 등) 등 약 97여 종의 원료가 등재되어 있으며, 개별 인정 원료로는 2021년 10월 현재 200여 종이 있다.

표 7-1 건강기능식품의 고시된 기능성 원료와 기능

기능성 원료		기능
영양소	필수지방산, 단백질, 식이섬유, 비타민, 무기질	각 영양소의 기능
터핀류	스피루리나/클로렐라 등 엽록소 함유식품	피부 건강, 항산화, 면역력 증진, 혈중 콜레스테롤 개선에 도움
	홍삼	피로 개선, 면역력 증진, 혈소판 응집 억제를 통한 혈액 흐름에 도움
	인삼	피로 개선, 면역 증진에 도움
페놀류	대두이소플라본	뼈 건강에 도움
	코엔자임 Q10	항산화, 혈압에 도움
	프로폴리스 추출물	항산화, 구강에서의 항균 작용에 도움
	알로에 전잎	배변활동 원활에 도움
	녹차추출물	항산화, 체지방 감소에 도움
지질	쏘팔메토 열매 추출물	전립선 건강 유지에 도움
	감마리놀렌산 함유 유지	혈중 콜레스테롤 개선에 도움

(계속)

기능성 원료		기능
지질	EPA 및 DHA 함유 유지	혈중 중성지질 개선, 혈행 개선, 기억력 개선, 건조한 눈(눈 건강) 개선에 도움
	루테인	눈 건강에 도움
	가르시니아 캄보지아 추출물	체지방 감소에 도움
	공액 리놀레산	체지방 감소에 도움
	토마토 추출물	항산화에 도움
	옥타코사놀 함유 유지	운동 시 지구력 증진(지방분해 촉진, 글리코겐 절약)에 도움
	알콕시글리세롤 함유 상어간유	면역력 증진에 도움
	식물스테롤/식물스테롤에스테르	혈중 콜레스테롤 개선에 도움
	스쿠알렌	항산화 작용에 도움
	레시틴	혈중 콜레스테롤 개선에 도움
탄수화물	프락토올리고당/라피노스	유산균 증식, 배변활동 원활, 칼슘 흡수에 도움
	키토산/키토올리고당	콜레스테롤 개선, 체지방 감소에 도움
	영지버섯 자실체 추출물	혈행 개선에 도움
	상황버섯 추출물	면역기능 개선에 도움
	알로에 겔	장 건강, 면역력 증진, 피부 건강에 도움
	식이섬유-호로파종자, 차전자피, 옥수수겨, 보리, 밀, 목이버섯, 대두, 귀리/곤약감자 추출물, 이눌린, 치커리 추출물, 폴리덱스트로스, 아라비아검, 난소화성 말토덱스트린, 글루코만난(곤약), 구아검, 아라비아검, 분말한천	배변활동 개선, 식후 혈당상승 억제, 콜레스테롤 개선에 도움
	뮤코다당단백, N-아세틸글루코사민, 글루코사민	관절 및 연골 건강에 도움
	매실 추출물	피로 개선에 도움
발효 미생물류	홍국	콜레스테롤 개선에 도움
	프로바이오틱스	유산균 증식, 유해균 억제, 배변활동 원활에 도움
아미노산 및 단백질류	대두단백	혈중 콜레스테롤 개선에 도움
	유단백 가수분해물	스트레스로 인한 긴장완화에 도움
	크레아틴	근력운동 시 운동수행능력 향상에 도움

(계속)

기능성 원료		기능
기타	마늘	혈중 콜레스테롤 개선에 도움
	구아바잎/바나나잎 추출물	식후 혈당 상승 억제에 도움
	은행잎 추출물	기억력 개선/혈행 개선에 도움
	달맞이꽃 종자 추출물	체지방 감소에 도움
	히알루론산	피부보습에 도움

자료 : 식품의약품안전처(2021).

(2) 기능성의 종류

건강기능식품의 기능성으로는 인체의 성장 증진 및 정상적인 기능에 대한 영양소의 생리학적 작용인 '영양소 기능', 인체의 정상기능이나 생물학적 활동에 특별한 효과가 있어 건강상의 기여나 기능 향상 또는 건강 유지·개선 기능을 가지는 '생리활성 기능' 및 식품의 섭취가 질병의 발생 또는 건강상태의 위험을 감소시키는 '질병발생 위험 감소 기능'이 있다. 자세한 기능성 종류와 내용은 표 7–2와 같다.

표 7–2 건강기능식품의 기능성 종류와 내용

기능성	내용			
영양소 기능 (28)	비타민 A	베타카로틴	비타민 D	비타민 E
	비타민 K	비타민 B_1	비타민 B_2	나이아신
	판토텐산	비타민 B_6	엽산	비타민 B_{12}
	비오틴	비타민 C	칼슘	마그네슘
	철	아연	구리	셀레늄
	요오드	망간	몰리브덴	칼륨
	크롬	식이섬유	단백질	필수 지방산
생리활성 기능 (31)	기억력 개선	혈행 개선	간 건강	체지방 감소
	갱년기 여성 건강	혈당 조절	눈 건강	면역기능
	관절/뼈 건강	전립선 건강	피로개선	피부 건강
	콜레스테롤 개선	혈압 조절	긴장완화	장 건강

(계속)

기능성	내용			
생리활성 기능 (31)	칼슘 흡수 도움	요로 건강	소화기능	항산화
	혈중 중성지방 개선	인지능력 개선	운동수행능력 향상/ 지구력 향상	치아 건강
	배뇨기능 개선	면역과민반응에 의한 피부상태 개선	갱년기 남성 건강	월경 전 변화에 의한 불편한 상태 개선
	정자운동성 개선	유산균 증식을 통한 여성의 질 건강 개선	어린이 키성장 개선	–
질병발생위험 감소 기능 (2)	• 골다공증발생위험 감소에 도움을 줌 – 칼슘(일일섭취량 : 210~800mg) – 비타민 D(일일섭취량 : 1.5~10μg) • 충치발생위험 감소에 도움을 줌 – 자일리톨(개별인정 원료)			

자료 : 식품의약품안전처(2021).

3) 건강기능식품의 안전성과 구매

(1) 건강기능식품의 안전성 평가 및 안전한 섭취

식품의약품안전처에서 인정한 건강기능식품은 기준·규격검사와 불법의약품 성분검사를 거쳐 소비자에게 제공된다. 기준·규격검사는 기능성분이 제품에 표시되어 있는 양만큼 들어 있는지, 그리고 납, 수은, 비소 및 카드뮴 같은 중금속, 잔류농약, 대장균 등의 위생규격이 적합한지를 검사한다. 수입제품의 경우 수입시점에서 불법 의약품 성분 검사를 실시한다. 또한 유통 중인 제품의 관리를 위해 수거검사도 실시한다.

건강기능식품을 안전하게 섭취하기 위해 주의해야 할 점은 다음과 같다.

- 건강기능식품은 일반식품과 달리 섭취량과 섭취방법이 정해져 있으므로 반드시 확인하고 이를 지켜야 한다.
- 여러 제품을 동시에 섭취할 경우 우리 몸에서 각각의 성분들이 서로의 흡수를 방해하거나 화학반응을 일으켜 예상하지 못하는 결과를 초래할 수 있으므로 섞어서 섭취하지 않도록 한다.
- 건강기능식품은 원료의 특성상 취약계층(어린이, 임산·수유부, 어르신)의 경우 부작용 수준은 아니지만 안전한 정보를 제공하기 위해 '섭취 시 주의사항'이 포장

지에 표시되어 있으므로 꼭 확인한다.

- 특정 질환자나 의약품 복용자의 경우는 의약품 효능이 저해되거나 영양소 결핍이 나타날 수 있으므로 섭취 전에 반드시 의사와 상담하여야 한다.

혹시라도 건강기능식품 섭취 도중 가려움, 구토, 두통, 부종, 발한 등의 불편함을 느꼈다면 당장 섭취를 중단하고 의사의 진단을 받아야 한다. 건강기능식품을 섭취한 후 이상사례를 나타내는 경우는 대부분 과다섭취가 원인이므로 먼저 과다복용 여부를 확인하고, 그 다음 전문가에 의해 이상사례에 의한 증상으로 진단되면 구입가 환급과 치료비 및 경비 지급을 요구할 수 있다.

(2) 건강기능식품의 안전한 구매

건강기능식품을 안전하게 선택하고 구매하기 위해서는 다음 사항을 반드시 살펴보도록 한다.

그림 7-1 표시·광고 사전 심의필 표시와 GMP 마크
자료 : 식품의약품안전처(2017).

- 나에게 꼭 필요한 기능성인지 확인하고, 허위, 과대광고에 속지 않도록 한다.
- 국가에서 인정한 건강기능식품이 맞는지 제품 앞면의 문구나 마크를 확인한다.
- 믿을 수 있는 표시, 광고인지 '표시·광고 사전 심의필' 도안을 확인한다(그림 7-1).
- 건강기능식품이 안전하고 질 좋은 제품인지를 보증하는 'GMP(우수건강기능식품 제조기준)' 마크를 확인한다(그림 7-1).
- 안전한 섭취방법과 섭취 시 주의사항을 확인한다.
- 유통기한이 적절한지 확인한다.
- 반품이 가능한지 반드시 판매자에게 확인한다.
- 확실한 구매의사가 없으면 제품 포장을 절대로 뜯지 않아야 한다.

3. 조사처리식품

1) 식품조사(food irradiation)란?

식품의 변질을 막고 저장성을 높이기 위해 사용되는 기술 중 하나가 '조사처리'이다. 조사처리는 1896년 방사능 물질이 발견된 이후, 1921년 미국에서 육류의 기생충 오염 문제를 해결하기 위해 특허를 얻으면서 최초로 이용되었다. 여러 번 반복해서 쬐지 않고 10kGy(법적 한계) 이하를 쬐는 한, 조사처리는 세계보건기구(WHO)나 국제식량농업기구(FAO), 국제식품규격위원회, 국제원자력기구(IAEA), 미국 식품의약국(FDA) 등이 권장하는 안전한 식품저장방법이다. 식품조사란 열이 없는 방사선(주로 감마선이나 전자선 가속기)에서 방출되는 에너지를 복사(radiation)의 방식으로 식품에 쬐어 식품에 미생물이나 벌레가 증식하는 것을 막고 싹이 나지 않도록 처리하는 공정을 말한다. 주로 감자, 양파, 한약재 등에 활용되는데, 우리나라에서는 '식품 등의 표시기준' 고시 개정안에 따라 2014년 1월부터 방사선을 쬔 식품이나 이를 원료로 만든 식품의 명칭이 '방사선 조사식품'에서 '조사처리식품'으로 바뀌게 되었다.

2) 식품조사의 목적

조사처리는 온도를 높이지 않고도 살균이 가능하여 '냉살균(cold sterilization)'으로 부르며, 일반적으로 가열, 냉장, 냉동 및 화학약제에 의한 처리와 동일한 이유로 식품에 사용된다. 식품조사의 목적은 다음과 같다.

- **발아 억제 :** 감자, 고구마, 양파, 마늘, 생강, 밤 등의 발아 억제로 저장 기간 연장
- **살충 :** 유충, 알을 포함하여 해충이나 기생충 제거
- **살균 :** 생선, 수산가공품, 육류, 육가공품, 딸기 등에 다양하게 오염되어 있는 부패성 미생물의 수를 감소시켜 보존기간 연장, 식중독 억제 및 환자 무균식이나 우

주식품 등의 완전살균

- **과일과 채소의 숙도 조절 :** 버섯, 바나나, 망고, 파파야, 토마토, 완두콩 등 숙도 조절로 보존성 연장

3) 조사처리식품의 영양적 안전성

동일한 목적으로 사용되는 다른 식품가공법이나 보존방법보다 오히려 영양적인 변화가 적다. 탄수화물, 단백질, 지방 등 거대 분자 영양소는 10kGy(Gray, 그레이)까지의 선량에서 비교적 안정하다. 분자량이 적은 비타민은 1kGy 이상 처리할 경우 높은 온도 및 산소 존재하에서 약간의 비타민 손실이 발생하며, 비타민의 종류에 따라 차이가 있다. 무기질은 조사처리에 의해 영향을 받지 않는다.

- **수용성 비타민의 손실순서**

티아민>비타민 C>피리독신>리보플라빈>엽산>코발라민>나이아신

- **지용성 비타민의 손실순서**

비타민 E>카로틴>비타민 A>비타민 K>비타민 D

조사처리식품과 방사능 오염식품의 차이점

조사처리식품은 대개 식중독균의 살균, 살충, 발아 억제, 숙성지연 등을 위해 식품의 영양이나 맛 등의 품질에 손상을 입히지 않고 인체에 해가 되지 않는 정해진 조건하에서, 필요한 만큼 의도적으로 방사선 에너지를 처리한 식품이다. 식품에 쪼인 방사선은 열로 변하거나 식품을 통과하여 빠져나가므로 방사능 오염식품과는 달리 식품에 잔류하지 않는다. 반면, 방사능 오염식품은 핵반응기 누출사고 또는 핵실험에서 발생된 방사능에 우발적으로 오염된 식품이라서 건강에 해롭다.

4) 조사처리 허가식품 및 실용화 현황

(1) 국외 현황

현재 50여 개국에서 250여 종의 식품에 방사선조사를 허가하고 있으며, 40여 개국에서 상업적으로 활용할 수 있는 방사선조사시설을 갖추고 조사식품을 직접 생산하고 있다. 미국은 총 50여 종, 프랑스에서는 약 40여 종의 식품에 대해 방사선 조사를 허용하고 있다. 또한, 미국에서는 2000년부터 햄버거용 다진 쇠고기에도 방사선 조사처리를 하고 있다. 허가식품류로는 발아·발근억제 대상 식품인 감자, 양파, 마늘 등이 가장 많고, 향신료를 포함한 건조식품의 허가 및 실용화가 활발하다.

(2) 국내 현황

국내에서는 1987년부터 현재까지 29개 식품군에 대하여 식품조사를 허가하고 있으며, '식품별 조사처리기준'이 『식품공전』 중 '식품일반의 기준 및 규격'에 정해져 있는데(표 7-3), '일단 조사된 식품은 다시 조사하여서는 아니 되며, 조사식품을 원료로 사용하여 제조, 가공한 식품도 다시 조사하여서는 아니 된다'고 규정하고 있다. 한편, 식품조사가 허가된 29개 식품 외에 김치, 라면, 밥, 된장, 불고기, 미역국, 전주비빔밥, 수정과 등의 '우주식품'에도 식품처리기술을 이용하고 있다.

조사식품은 용기에 넣거나 또는 포장한 후 판매하여야 하며, 조사처리된 식품은 그림 7-2와 같은 도안을 제품 용기 또는 포장에 직경 5cm 이상의 크기로 표시하여야 한다.

그림 7-2 국제 통용 조사처리 표시

4. 유전자변형식품

기후변화와 도시화에 따른 세계적 곡물 생산면적 감소 추세와 더불어 2050년까지 전 세계 인구는 90억 명 이상이 될 것으로 추정하고 있어, 앞으로 지구촌에서는 먹고 사

표 7-3 국내 식품조사처리 기준

품목	조사목적	선량(kGy*)
감자, 양파, 마늘	발아 억제	0.15 이하
밤	살충·발아 억제	0.25 이하
생버섯 및 건조버섯	살충·숙도 조절	1.0 이하
난분	살균	5 이하
곡류, 두류 및 그 분말	살균·살충	
전분	살균	
건조식육	살균	7 이하
어패류 분말		
된장 분말, 고추장 분말, 간장 분말		
건조 채소류(가공식품용)		
효모 및 효소식품		
조류식품		
알로에 분말		
인삼(홍삼 포함)제품류		
건조 향신료 및 이들 조제품	살균	10 이하
복합조미식품		
소스류		
침출차		
분말차		
환자식		

Gy(Gray, 그레이) : 흡수선량. 식품이 방사선을 쬐는 동안 에너지를 흡수하는 정도(1Gy=1J/kg)
국내에서는 조사처리식품의 조사량으로 10kGy까지 인정함

자료 : 식품의약품안전처(2021).

는 문제가 최대 쟁점이 될 것이다. 이런 문제를 해결하기 위해 오래전부터 농산물의 품질개량과 생산량 증대를 위해 새로운 농약과 비료의 개발, 동식물의 육종을 통해 짧은 기간에 단위면적당 수확량을 획기적으로 증대하는 성과를 이루어 냈다. 그러나

재래적 육종기술은 시간이 많이 소요되고 성공률도 높지 않으며, 투자한 돈과 노력에 비해 결실은 만족스럽지 못하다는 단점이 있다. 이런 문제 해결에 유전공학기술이 사용되어, 새로운 품질의 유전자변형 농산물이 개발되었다.

1) 유전자변형식품이란?

유전자변형식품(GMO, Genetically Modified Organism)이란 생물체의 유용한 유전자를 취하여 그 유전자를 가지고 있지 않은 생물체에 삽입하는 유전자재조합기술을 활용하고, 재배 또는 육성된 농산물·축산물·수산물·미생물 및 이를 원료로 하여 제조·가공한 식품이다. 제초제 저항성을 갖는 콩이나 카놀라, 병충해 내성을 갖는 옥수수와 면화 등이 개발되었다.

2) 유전자변형식품의 종류

유전자변형식품이 상업적으로 처음 판매가 허용된 것은 1994년 미국에서 개발한 토마토인데, 토마토가 일정 시간이 지나면 물러지는 폐단을 보완하기 위해 특정 유전자 하나를 변형시켜 만든 것이다. 이후 1996년 병충해 내성을 목적으로 개발된 미국의 대두와 스위스의 옥수수가 상업적으로 재배되기 시작하였다. 2015년 현재 28개국에서 전 세계 주요 농산물 재배면적의 약 50% 규모로 GMO가 재배되고 있으며, 주요 재배 국가는 미국, 브라질, 아르헨티나, 인도, 캐나다, 중국, 남아프리카공화국 등이다. GMO로는 대두, 옥수수, 면화, 카놀라 등의 생산량이 가장 많고, 식물 외에 특수기능과 물질을 생산하는 동식물, 미생물 등이 많이 개발되어 실험용·의약용으로도 사용되고 있다. 특히 2009년 미국에서 재배된 콩의 94%, 옥수수의 85%, 면화의 90%, 카놀라(개량 유채)의 92%가 GMO이다. 우리나라는 아직 GMO의 재배를 금지하고 있으나 수입은 허가되어, 2015년에 식용과 사료용으로 수입된 GMO가 785만 톤, 27억 달러에 달하였다. 주 수입품종은 옥수수와 대두이며 면실유와 카놀라유도 상당량 수입

표 7-4 유전자 변형식품 승인 현황('21.8.10)

구분	종류
한국	7종 : 대두, 옥수수, 면화, 카놀라, 사탕무, 알팔파, 감자
일본	8종 : 대두, 옥수수, 면화 ,카놀라, 사탕무, 알팔파, 감자, 파파야
호주	10종 : 알팔파, 카놀라, 면화, 대두, 사탕무, 밀, 옥수수, 감자, 쌀, 잇꽃
뉴질랜드	9종 : 알팔파, 카놀라, 면화, 대두, 사탕무, 밀, 옥수수, 감자, 쌀
미국	19종 : 대두, 옥수수, 면화, 카놀라, 사탕무, 알팔파, 감자, 파파야, 호박, 사과, 치커리, 아마, 자두, 쌀, 토마토, 멜론, 파인애플, 사탕수수, 밀
유럽	6종 : 대두, 옥수수, 면화, 카놀라, 사탕무, 감자

자료 : 식품의약품안전처(2021).

된다. 2014년 수입곡물 중에서 대두 수입량의 77%, 옥수수의 52%, 카놀라의 100%가 GMO로서 수입되고 있다. 2021년 현재 우리나라를 포함하여 일본, 호주, 뉴질랜드, 미국, 유럽 등 주요 국가에서 승인된 GMO는 표 7-4와 같다.

3) 유전자변형식품의 가공과 표시

수입 유전자변형식품은 주로 대두와 옥수수이며, 사료와 가공식품 제조에 사용되고 있다.

- **대두 :** 간장, 된장, 두부 및 콩나물의 원료, 식용유, 두유, 마가린, 마요네즈, 조제분유, 드레싱 등의 원료
- **옥수수 :** 식용유, 전분, 물엿, 과당류의 원료
- **면화 :** 식용유, 마가린 원료
- **카놀라 :** 식용유 원료
- **사탕무 :** 설탕 원료

유전자변형식품의 표시기준과 표시 방법은 다음과 같다.

- 유전자변형식품을 주요 원재료로 제조·가공한 식품 중에서 제조·가공 후에도 유전자변형 DNA(단백질)나 유전자변형 단백질이 남아 있는 식품(건강기능식품 포함)의 경우는 반드시 GMO 표시를 해야 한다.
- 단, 유지류나 당류 등 고도로 정제·가공되어 최종 식품에 유전자변형 DNA(단백질)가 남아 있지 않은 제품에는 표시하지 않는다.
- 표시방법은 유전자변형식품의 주 표시면 또는 원재료명 옆에 소비자가 잘 알아볼 수 있도록 12포인트 이상의 활자로 포장의 바탕색과 구별되는 색깔로 선명하게 '유전자변형식품' 또는 '유전자변형○○포함식품' 등으로 표시하고, 유전자 변형된 원료 사용 여부를 확인할 수 없는 경우에는 '유전자변형 ○○ 포함가능성 있음'으로 표시한다.

4) 유전자변형식품의 안전성

GMO가 기존의 농작물과 실질적으로 차이가 없는 식품으로 안전하다고 인정되어, 새로운 식물종들과 다양한 가공식품에 이용 범위가 확대되고 있는 가운데 그 부작용도 만만치 않다. 새로 생긴 변종 생물에 대한 우려나 변형된 먹거리에 대한 불안감 때문이다. 현재까지 알려진 GMO 섭취에 따른 부작용은 없으나, 발생할 수 있는 가능성이 있는 사항은 다음과 같다.

- 장기간 섭취에 대한 안전성 불확신
- 병해충에 독성을 나타내는 물질이 알레르기를 유발시킬 가능성
- 항생제 내성균 발생 가능성
- 병충해 저항성, 내한성, 번식력, 환경적응력 등이 뛰어난 GMO가 여타 동식물의 생육을 저해하고 고사시킬 가능성(슈퍼 잡초의 번성 가능성)
- 유전자 변형이 빈번하게 또 대량으로 이루어진다면, 기존 종의 보존이 어려워지고 새로운 생물이 생길 가능성
- 신품종 선호(選好)로 재래종이 멸종, 그 결과 작물품종의 획일화, 유전적 다양성 상실, 환경에 대한 위해성
- GMO를 개발한 선진국이나 기업의 개발특허권으로 인한 횡포 가능성 등

CHAPTER

8

식중독과 안전

식중독이란 식품의 섭취로 인하여 인체에 유해한 미생물 또는 유독물질에 의해 발생하였거나 발생한 것으로 판단되는 감염성 또는 독소형 질환을 말한다(「식품위생법」 제2조 제14항). 그로 인해 고열, 복통, 설사, 구토, 두통 등 급성 위장염 및 신경장애 등의 증상이 나타나고, 대부분이 세균에 의해 발생하고 있으며 이 세균들은 적절한 열처리로 쉽게 사멸되고, 세균이나 독소가 대량으로 식품이나 식수에 오염되었다 해도 자연 희석이나 분해로 인해 크게 문제가 되지 않는 것으로 생각되어 왔다. 게다가 근래까지는 많은 식품이 주로 자가 소비의 형태로 제조되어 왔으므로 식품의 안전 문제가 심각하지 않았다.

1. 식중독의 발생 현황과 원인

1) 연도별·월별 식중독 발생 현황

최근 사회·경제적인 변화와 소비자들의 의식 변화로 김치나 장류 등의 기초식품을 포함한 대부분의 식품이 공장에서 생산되고, 많은 사람이 동일한 음식을 먹는 집단급식이 증가하고 있다. 뿐만 아니라 지구 온난화와 실내온도 상승 등의 환경변화, 외식의 증가 및 수입식품의 급증 등 여러 요인에 의해 식중독 발생이 대형화하는 추세로, 식중독 환자 수와 발생 건수가 줄어들지 않고 있는 상태이다(표 8-1).

월별 식중독 발생 환자 수 자료를 보면(그림 8-1), 2020년 총 식중독 발생 환자의 22%가 7월에 발생하였으며 그 다음으로 6월과 11월에 환자가 많이 발생하였다. 최근

표 8-1 연도별 식중독 환자 발생 현황

연도	2011년	2012년	2013년	2014년	2015년	2016년	2017년	2018년	2019년	2020년
환자 수(명) (발생 건수)	7,105 (249)	6,058 (266)	4,958 (235)	7,466 (349)	5,981 (330)	7,162 (399)	5,649 (366)	11,504 (363)	4,075 (286)	2,747 (178)

자료 : 식품안전나라(2021).

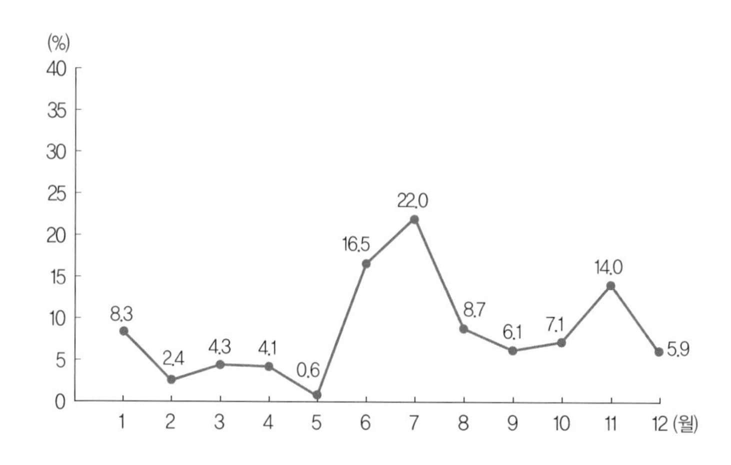

그림 8-1 2020년 월별 식중독 발생 환자 수(%)

자료 : 식품의약품안전처(2021).

에는 겨울철에도 난방이 잘 되어 상대적으로 적기는 하지만 계절 구분 없이 식중독이 발생하는 추세이므로 예방대책이 중요하다.

2) 원인시설별 식중독 발생 현황

2020년 식중독 환자의 50%가량이 학교와 그 외 집단급식소에서 발생하였고, 30%는 음식점에서 식중독이 발생한 것으로 나타났다(그림 8-2).

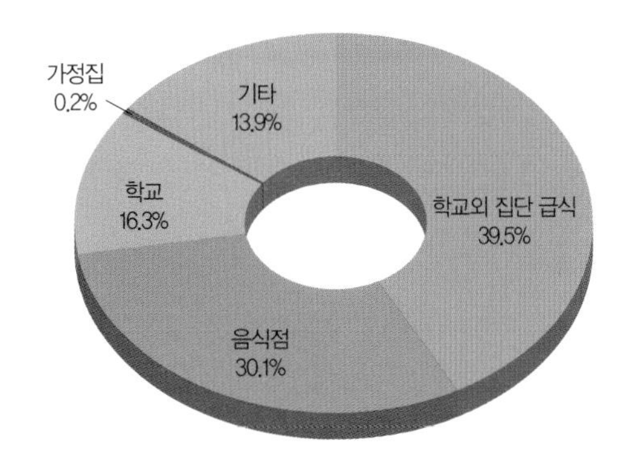

그림 8-2 2020년 원인시설별 식중독 발생 환자 수(%)

자료 : 식품의약품안전처(2021).

3) 원인균별 식중독 발생 현황

과거에는 살모넬라균, 황색포도상구균, 장염 비브리오균이 3대 식중독 원인균으로 알려졌으나, 2020년에는 병원성 대장균과 살모넬라, 캠필로박터 제주니, 클로스트리디움 퍼프린젠스, 장염 비브리오균 등의 세균이 전체 식중독 원인균의 50%를 차지하였다. 노로바이러스에 의한 식중독도 8.7% 발생하였다(그림 8-3).

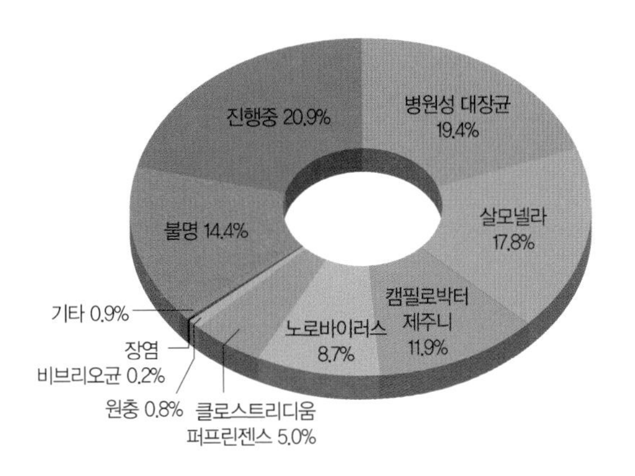

그림 8-3 2020년 원인균별 식중독 발생 환자 수(%)

자료 : 식품의약품안전처(2021).

노로바이러스는 급성 위장염을 일으키는 병원성 바이러스로서, 세균성 식중독균과는 달리 겨울철에 자주 발생하는 집단 식중독의 원인이 되고 있다.

2. 식중독의 종류

1) 미생물 식중독

건강한 식생활을 위협하는 식품의 건강위해요인으로서 식중독의 종류 및 각 식중독의 원인과 특징에 대해 구체적으로 알아보고자 한다. 식중독은 원인균이나 원인물질에 따라 미생물 식중독, 자연독 식중독 및 화학적 식중독으로 분류할 수 있다(표 8-2). 이 중에서 세균성 식중독을 일으키는 원인식품과 특징 및 예방법을 표 8-3에 제시하였다. 또한 최근 겨울철에 발생하는 집단 식중독의 주요 원인으로 노로바이러

표 8-2 식중독의 종류

분류		종류	원인균 및 물질
미생물 식중독	세균성	감염형	살모넬라, 장염 비브리오, 콜레라, 비브리오 불니파쿠스, 리스테리아, 병원성 대장균, 바실러스 세레우스, 캠필로박터 제주니 등
		독소형	황색포도상구균, 클로스트리디움 퍼프린젠스, 클로스트리디움 보튤리눔
	바이러스성	–	노로, 로타, 아스트로, A형 간염, E형 간염 등
	원충성	–	이질 아메바, 람불 편모충 등
자연독 식중독		동물성	복어독, 시가테라독
		식물성	감자독, 원추리, 독버섯
		곰팡이	황변미독, 맥각독, 아플라톡신 등
화학적 식중독		고의 또는 오용으로 첨가되는 유해물질	식품첨가물
		본의 아니게 잔류, 혼입되는 유해물질	잔류 농약, 유해성 금속화합물
		조리기구, 포장에 의한 중독	녹청(구리), 납, 비소 등
		제조·가공·저장 중에 생성되는 유해물질	지질의 산화 생성물, 니트로아민
		기타 물질에 의한 중독	메탄올 등

자료 : 식품안전나라(2021).

표 8-3 주요 세균성 식중독의 원인식품과 특징

원인균		원인식품	잠복기	증상	특징 및 예방법
감염형 식중독	살모넬라균	날고기, 특히 닭고기와 달걀	6~48시간	오심, 구토, 복통, 설사, 고열	• 식품을 저온 저장하여 균 증식 억제 • 60℃에서 20분 가열하면 사멸 • 쥐, 파리, 바퀴 등에 의해 식품이 오염되지 않도록 보관 • 애완동물의 장에도 기생하므로 주의
	장염 비브리오균	어패류, 특히 생식했을 때	12시간	구토, 복통, 설사, 고열, 혈변, 탈수	• 7~9월에는 어패류 생식 주의 • 60℃에서 15분 이상, 80℃에서 7~8분 이상 가열 • 조리기구에 의한 2차 오염을 막기 위해 사용한 조리기구는 뜨거운 물로 소독 • 상처로 감염되므로 외상이 있는 경우 여름철에 해수욕 제한
	병원성 대장균	덜 익힌 고기로 만든 햄·소시지, 치즈, 분유, 도시락, 두부	12~72시간	혈변, 복통, 설사, 발열, 점액변, 혈변	• 자연에 널리 분포하므로 청결 유지 • 쇠고기는 반드시 냉장 보관 • 75℃에서 3분간 가열 • 살균한 우유 마시기
	리스테리아균	육류 및 가공품, 우유 및 가공품, 냉동 피자, 냉동 만두, 김밥	1~3주	감기증상, 노약자나 임산부 등은 패혈증, 수막염 증상이 올 수 있음	• 감염된 환자의 치사율은 30%로 높음 • 식육은 냉장 보관하고, 충분히 가열 • 저장 시 육즙에 의한 교차 오염 주의
독소형 식중독	황색 포도상구균	김밥, 도시락, 떡, 우유, 버터, 치즈	1~6시간	오심, 구토, 복통, 설사(발열은 없음)	• 해당 균이 생산하는 장독소가 식중독을 일으킴 • 열에 파괴되지 않으므로 위생관리 철저히 • 화농성 질환이나 습진에 걸린 사람은 식품 취급 제한 • 기침, 재채기, 피부, 머리카락, 의복에 의해서도 오염되므로 철저한 개인위생이 필요
	보툴리누스균	살균이 부족한 통조림류	12~36시간	오심, 구토, 복통, 설사, 시력장애, 복시, 무력감, 마비, 호흡 곤란, 사망	• 균이 생산하는 신경독에 의한 마비 증상이 나타나며, 치사율이 높은 편 • 독소는 열에 의해 파괴되므로 충분히 가열 조리

표 8-4 노로바이러스에 의한 식중독의 원인식품과 특징

구분	내용
원인균	노로바이러스
원인식품	오염된 물, 채소, 조개류(특히, 굴)의 생식
잠복기	24~48시간
증상	구토, 설사, 미열
특징 및 예방법	• 초가을부터 3월에 크게 유행함 • 분변과 구토물에 의해 전염되며 2차 감염력이 강함 • 60℃ 미만에서 생존하므로 물은 끓이고, 조개류(특히 굴)와 채소는 깨끗이 씻어 충분히 익혀 먹음 • 손을 자주 씻음

스를 들 수 있는데(표 8-4), 노로바이러스는 주로 오염된 물을 통해 감염되며 분변과 구토물에 의해 전염되어 2차 감염력이 강하다. 따라서 이를 예방하기 위해서는 추운 날씨라고 하더라도 물을 반드시 끓여 먹고 손을 자주 씻는 습관이 필요하다.

이처럼 최근 식중독을 일으키는 주요 원인균은 세균과 바이러스이며, 이들 균의 특성, 증식방법 및 치료방법 등은 매우 다르지만 감염 증상은 매우 유사하다(표 8-5).

표 8-5 세균성 식중독과 바이러스성 식중독의 차이점

항목	세균성 식중독	바이러스성 식중독
특성	세균 또는 세균이 생산하는 독소에 의해 식중독 발병	바이러스에 의해 식중독 발병(크기가 작은 DNA 또는 RNA가 단백질 외피에 둘러싸여 있음)
증식 방법	온도, 습도, 영양성분 등이 적절하면 자체증식 가능	자체증식 불가능. 반드시 숙주가 존재해야 증식 가능
발병량	일정량(수백~수백만) 이상의 균이 있어야 발병 가능	미량(10~100)의 개체로도 발병 가능
증상	설사, 구토, 복통, 메스꺼움, 발열, 두통 등	설사, 구토, 복통, 메스꺼움, 발열, 두통 등
치료	항생제 등으로 치료. 일부 균은 백신이 개발되었음	일반적 치료법이나 백신이 없음
2차 감염	거의 없음	대부분 2차 감염

자료 : 식품의약품안전처(2021).

2) 자연독 식중독

동식물체 중에는 자연적으로 생산되는 독성분을 함유하는 경우가 있으며 이를 섭취하여 식중독이 발생한다. 유독성분의 생산량은 계절과 환경에 따라 영향을 받으므로 독이 생성되는 시기와 독성이 있는 식품을 구별함으로써 자연독 식중독을 예방해야 한다.

식물성 자연독은 주로 육상식물에서, 동물성 자연독은 해상동물(예 복어나 조개)에서 나타나고 있다. 또한 곰팡이에 의해 생성되는 곰팡이독도 사람과 동물에게 급성 또는 만성장애를 일으킨다. 한국인은 쌀 등 곡류를 많이 먹는데다 여름철 기후가 고온·다습해 곰팡이 독소에 오염된 식품을 섭취할 가능성이 높다고 볼 수 있다. 곰팡이 독소를 대표하는 아플라톡신 B_1은 강력한 발암(간암)물질이다. 아플라톡신은 일반적

표 8-6 자연독 식중독의 종류와 증상

종류	원인 식품		독성 물질	증상 및 예방법
식물성 자연독	독버섯	• 위장형 : 무당버섯, 화경버섯 • 신경형 : 파리버섯, 광대버섯 • 콜레라형 : 알광대버섯, 독우산버섯	• 무스카린 • 무스카리딘	• 위장형 : 구토나 복통 • 신경형 : 근육경직 • 콜레라형 : 경련, 혼수, 사망(사망률 60~100%)
	감자싹	• 싹 튼 부위, 햇빛에 의해 녹색이 된 부분	• 솔라닌	• 복통, 두통, 현기증, 마비 • 가열에 의해 파괴되지 않음 • 싹 튼 부위나, 녹색 부위를 두껍게 깎아 제거
	청매실	• 덜 익은 매실	• 아미그달린	• 구토, 발한, 복통, 설사, 호흡곤란, 마비, 사망
동물성 자연독	복어	• 복어 내장, 특히 간과 난소의 독이 위험 • 산란기 전인 5~6월에 독성이 강함	• 테트로도톡신	• 입술·혀끝·손끝 마비, 두통, 운동장애, 언어장애, 호흡곤란, 사망 • 반드시 복어요리 전문가가 만든 요리를 먹어야 함
	조개	• 유독 플랑크톤을 축적한 조개 • 2~5월의 남해안 가리비, 자색홍합, 우렁쉥이 • 1~4월의 모시조개, 바지락	• 삭시톡신(마비성 조개독) • 오카다산(설사성 조개독) • 베네루핀	• 마비형 : 입술, 혀, 얼굴마비, 언어장애, 호흡곤란, 마비 • 설사형 : 설사, 구토, 복통, 오심 • 베네루핀 : 오심, 구토, 복통, 피하 출혈, 황달, 의식장애, 호흡곤란
곰팡이독	곰팡이가 핀 땅콩, 옥수수, 쌀 등의 농산물		• 아플라톡신	• 곰팡이독은 열에 강함 (곡류나 두류는 건냉소에 보관) • 곰팡이가 생긴 음식은 절대 섭취하지 않아야 함

무당버섯 파리버섯 알광대버섯 독우산광대버섯

그림 8-4 독버섯

달걀버섯(식용) 노란길민그물버섯(독)

느타리버섯(식용) 화경버섯(독)

먹물버섯(식용) 두엄먹물버섯(독)

싸리버섯(식용) 노랑싸리버섯(독)

주) 산림청 국립산림과학원이 가을철 야생버섯 식용에 주의할 것을 당부하며 제공한 비슷한 모양의 식용버섯(왼편)과 '식용금지' 독버섯(오른 편)

그림 8-5 식용버섯과 독버섯

그림 8-6 싹 난 감자

그림 8-7 활복어

인 가열·조리로 파괴되지 않으므로 식품이 곰팡이에 오염되지 않도록 하는 것이 중요하다.

3) 화학적 식중독

사람이 유독한 화학물질에 오염된 식품을 섭취함으로써 일으키는 식중독을 말한다. 대개 화학물질에 의한 식중독은 독성물질의 체내 흡수가 빨라서 급성증상이 나타나며 치사량을 초과하면 사망한다. 또, 원인물질이 소량이지만 지속적으로 섭취하여 축적되면 만성중독을 일으킨다.

(1) 식품첨가물에 의한 중독

식품첨가물이란 식품의 색, 향, 맛, 질감 또는 저장성을 향상시키기 위해 식품의 가공 중에 의도적으로 첨가되는 물질을 말한다. 식품첨가물은 「식품위생법」에 따라 그 규격과 기준을 정하고 있으며, 허가된 식품첨가물이라도 유해성분을 함유하거나 대량 사용할 때는 중독이 일어나므로, 식품제조업자는 식품첨가물의 규격, 기준, 사용량에 유의해야 한다.

(2) 잔류 농약에 의한 중독

농약은 농작물의 수확량을 늘리고 노동력을 줄일 수 있으나 독성이 있어 오용하거나 과량 사용하면 직접적으로 농약을 사용하는 농민에게 독성을 일으킬 수 있고, 식품이나 토양에 잔류되어 간접적으로 그 식품을 섭취하는 사람에게 악영향을 미칠 수 있다. 특히, 수확 직전이나 직후의 농작물에 농약을 사용하면 자연분해에 의한 제거가 어려워 위험성이 더욱 커진다. 농약을 포함한 모든 유해물질은 그 유무로 유해성이 결정되는 것이 아니라 유의한 분량과 노출량에 따라서 독성이 결정되므로 식품에 대한 농약의 잔류 허용 기준이 설정되어 있다. '농약 잔류 허용 기준'이란 농산물을 씻거나 가공하지 않은 상태로 먹는다고 가정하여 농산물에 잔류 기준량만큼 농약이 잔

표 8-7 화학적 식중독의 종류와 특징

종류		원인 물질	증상 및 특징
식품첨가물	유해 착색료	• 적색 아우라민 : 과자, 단무지, 팥앙금, 카레가루 • 적색 로다민 B : 과자, 빙과류 • 녹색 말라카이트 그린 : 과자, 사탕	• 간, 신장, 신경계 장애 • 만성중독과 발암성
	유해 감미료	• 인공 감미료 중 둘신, 사이클라메이트, 사카린	• 발암성으로 사용이 금지 • 사카린은 허용기준 내에서 인체에 무해
	유해 보존료	• 붕산 : 햄, 베이컨, 과자 부패 방지용 • 포름알데히드 : 육제품 보존료로 불법 사용 • 승홍 : 주류 보존료로 불법 사용 • 살리실산 : 주류나 식초에 불법 사용	• 붕산 : 구토, 설사, 혼수, 사망 • 포름알데히드 : 두통, 현기증, 호흡곤란 • 승홍 : 구토, 복통, 요독증 • 살리실산 : 구토, 복통
	유해 표백제	• 롱갈라이트 : 물엿의 불법 표백 • NCl_3 : 밀가루 불법 표백 • 형광염료 : 국수, 어육연제품의 불법 표백	• 신장장애 • 신경장애
잔류농약	유기 염소계 농약	• DDT, DDE, 알드린, 엔드린	• 유기인제 농약에 비해 독성은 약하나 자연 분해가 잘 되지 않아 잔류성이 강함 • 신경장애
	유기인계 농약	• 파라치온, 말라치온, 디클로로보스	• 많이 사용하는 농약으로 살충제, 살균제, 제초제의 성분 • 자연에서 쉽게 분해되어 잔류성이 낮음
중금속	수은	• 오염 지역의 식품 섭취	• 미나마타병 : 팔다리 및 입술 마비, 보행곤란, 운동마비, 언어 장애, 난청, 뇌병변, 사망
	카드뮴	• 오염 지역의 식품 섭취	• 이따이이따이병 : 골연화증, 신장장애
	납	• 휘발유나 기름 연소 시 방출되어 호흡이나 식품을 통해 체내 축적 • 식품에 유기인제 농약의 잔류 • 조리 용기 • 유약 처리된 도자기	• 식욕부진, 두통, 변비, 빈혈, 근육이나 관절장애, 중추신경장애

류되어 있는 식품을 평생 먹어도 건강에 해를 주지 않는 농약의 기준량을 말한다.

(3) 중금속에 의한 식중독

식품의 중금속 오염은 식품의 재배, 수확, 가공, 포장, 유통 과정을 통해 일어날 수 있는데, 그중에서 오염된 물과 토양에서 재배된 농작물이나 오염된 담수, 해수에서 서식하는 수산물에 의한 오염이 심각하다.

최근 봄의 불청객인 황사 먼지는 그것에 포함된 미세 물질들이 대기 중에서 각종 산화물을 생성하여, 이를 코와 입으로 흡입하게 되어 호흡기 질환이나 알러지를 유발한다. 게다가 중국의 산업화에 의해 황사 속에는 수은, 납, 카드뮴, 알루미늄, 비소 등 몸에 나쁜 온갖 중금속이 포함되어 있어 치명적인데, 몸에 들어온 중금속을 몸 밖으로 배출하는 데는 올바른 섭생이 무엇보다 중요하다.

특히 체내에 들어온 중금속은 뼈나 간, 비장, 신장 등에 쌓여 혈액을 만드는 것을 방해하고 중추신경을 마비시키며, 기형아 출산을 유발하는 등 치명적인 영향을 미친다.

3. 식중독의 대처방안

1) 미생물 식중독 예방법

식중독을 예방하기 위해서는 식품의 생산에서 유통, 조리, 섭취 등에 이르는 각 단계에서 식중독균의 오염을 방지하기 위한 노력이 필요하다.

식품을 다루는 데에 있어서 식중독 예방을 위한 4가지 원칙은 다음과 같다.

- 청결
- 교차오염을 막기 위한 분리보관
- 철저한 가열조리
- 냉각

다음은 가정에서의 식중독 예방 요령이다.

① 식품 구입

- 식육, 어패류 등의 식품은 신선한 것을 구입한다.
- 유통기한을 확인하고 구입한다.
- 고기와 생선은 육즙이 새어나오지 않도록 비닐봉지 등으로 개별포장한다.
- 냉장 또는 냉동보관을 해야 하는 신선식품은 마지막에 구입하여 즉시 집으로 가져간다.

② 보관

- 냉장·냉동을 요하는 식품은 곧바로 냉장고나 냉동고에 넣는다.
- 식품을 보관할 때 냉장고나 냉동고의 70% 정도만 채운다.
- 냉장고는 5℃ 이하, 냉동고는 −15℃ 이하를 유지해야 한다. 그러나 세균이 사멸되는 것은 아니므로 식품을 가급적 빨리 조리에 사용하거나 섭취한다.
- 고기와 생선은 비닐봉지나 용기에 넣어 냉장고 내의 다른 식품에 육즙이 묻지 않도록 한다.

③ 조리준비

- 부엌을 살펴 쓰레기는 버려져 있지 않는지, 수건이나 행주는 깨끗한지, 비누는 있는지, 조리대 위는 잘 정돈되어 있는지 확인한다.
- 지하수를 이용하는 가정에서는 수질에 각별히 주의한다.
- 조리 전에는 반드시 손을 씻는다.
- 특히 고기, 생선 및 난류 취급 시에는, 취급 전·후에 반드시 손을 비누로 흐르는 물에 충분히 씻는다.
- 고기나 생선의 즙이 과일이나 샐러드 등 생으로 먹는 식품 또는 조리를 끝낸 식품에 묻지 않도록 한다.

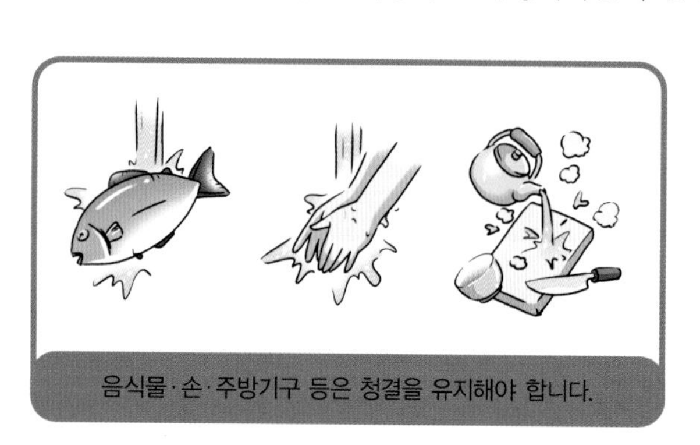
음식물·손·주방기구 등은 청결을 유지해야 합니다.

- 생육이나 생선을 자른 칼이나 도마를 사용하여 과일, 채소와 같이 생으로 먹는 식품에 사용하지 않도록 한다. 칼과 도마는 고기용·생선용·채소용을 각각 구분하여 사용하면 더욱 안전하다.
- 랩에 포장한 채소나 이미 자른 채소도 잘 씻는다.
- 냉동식품을 조리대에 방치하여 해동하지 않는다. 해동은 냉장고나 전자레인지에서 한다. 또한 물을 사용할 경우에는 밀폐 용기에 넣어 흐르는 물로 해동한다.
- 조리에 사용할 만큼의 양만 해동하고 해동이 끝나는 즉시 조리한다.
- 칼, 도마, 행주, 수세미, 스펀지는 사용 즉시 세제와 흐르는 물로 잘 씻는다.
- 행주, 칼, 식기, 도마는 잘 씻은 후 뜨거운 물로 소독한다.

④ 조리

- 조리를 시작하기 전에 부엌을 살펴 조리준비로 부엌이 더럽혀져 있지 않은지 확인하며, 수건과 행주는 잘 건조되고 깨끗한 것으로 사용한다. 손도 잘 씻는다.
- 가열조리하는 식품은 충분히 가열한다. 최소한 중심부 온도 75℃에서 1분 이상 가열하는 것이 중요하다.
- 전자레인지를 사용하는 경우는 전자레인지용 용기와 뚜껑을 사용하고 조리시간에 유의한다. 열전도가 잘 되지 않는 식품은 가끔씩 저어주는 것이 필요하다.

음식물은 가열 조리하여
바로 섭취하도록 해야 합니다.

⑤ 식사

- 식탁에 앉기 전에 반드시 손을 씻는다.
- 조리된 음식은 깨끗한 기구를 사용하여 깨끗한 식기에 담는다.
- 따뜻한 음식은 60℃ 이상, 찬 음식은 5℃ 이하로 유지한다.
- 모든 음식물은 실온에 장시간 방치하지 않는다. 병원성 대장균 O157은 실온에서도 15~20분 만에 2배로 증식된다.

⑥ 남은 음식

음식물은 냉장·냉동 또는
뜨겁게 보관해야 합니다.

- 음식이 따뜻하게 보관되면 세균이 증식하고 독소를 만들 수도 있다.
- 섭취하지 못하고 남은 음식은 조리한 지 1시간 이내에 냉장보관한다.
- 남은 식품을 취급하기 전에도 손을 씻고, 깨끗한 그릇에 보관한다.
- 남은 식품은 빨리 식도록 얕은 용기에 나눠서 보관한다.
- 너무 오래되었거나 의심이 되는 음식은 가급적 버린다.
- 남은 식품을 가열할 때도 75℃ 이상에서 충분히 가열한다. 냉장고를 너무 믿지 말아야 한다. 냉장고 내(5℃ 이하)에서도 세균은 서서히 증식하며, −15℃ 이하에서는 증식이 정지되나 세균이 죽지는 않는다.

냉장고를 너무 과신하지 말고 식품의 특성과 냉장고의 온도, 보관량, 보관기간에 주의한다. 일반적으로 식품의 최적 저장온도는 다음과 같다.

- 7~10℃ : 과실류
- 4~7℃ : 채소류, 알, 조리식품
- 3~4℃ : 우유, 유제품
- 1~3℃ : 식육
- 0~3℃ : 어패류, 닭고기
- −18℃ : 냉동식품(냉동식육 포함)

한편, 최근 식중독 발생의 주요 원인으로 지목되는 노로바이러스에 의한 식중독을 예방하기 위해서 다음을 주의한다.

- 물은 반드시 끓여 마신다.
- 채소는 깨끗이 씻어서 먹는다.
- 조개류, 특히 굴은 충분히 익혀 먹는다.
- 손을 자주, 철저히 씻는다.
- 다른 사람에게 옮기지 않도록 주의한다
- 조리할 때는 반드시 수돗물을 이용한다.
- 주부가 감염되어 식중독 증상이 나타나면, 최소 7일은 조리에서 제외시킨다.

2) 자연독 식중독 예방법

자연독 식중독의 발생원인은 크게 세 가지이다. 첫째, 유독한 식품을 식용 가능한 것으로 오인해 섭취하는 경우다. 독버섯이나 산나물 중독이 좋은 예다. 둘째, 특정 부위에 존재하는 독성분을 제거하지 않고 섭취하는 경우다. 복어 중독과 감자의 솔라닌 중독이 여기 해당한다. 셋째, 특이한 환경조건이나 특정한 시기에 유독화된 것을 모르고 섭취한 경우다. 마비성 패류 중독이 대표적인 예다. 따라서 자연독 식중독을 예방하기 위해서는 다음과 같은 예방과 대처법을 따른다.

① 산나물을 통한 식중독 예방법

- 일반인이 산나물을 직접 채취해 섭취하는 행위 금지
- 경험 있는 사람의 도움을 받아 필요한 양만 채취해 섭취
- 산나물은 반드시 끓는 물에 충분히 익혀서 독성분 제거 후 섭취
- 되도록 어린순 섭취

식중독지수

단계	지수	주의사항
위험	86~100	식중독 발생 위험 높음. 조리 후 바로 섭취
경고	51~85	식중독 증가 우려. 음식물 쉽게 부패, 변질
주의	35~50	식중독 발생 주의. 음식물 섭취 주의(4시간 이내 섭취)
관심	10~34	식중독 발생 조심. 음식물 취급 철저

식중독지수는 기온·습도의 변화와 과거 식중독 발생 통계를 근거로 식중독 발생 가능성을 관심·주의·경고·위험 등 네 단계로 분류하여 누구나 알기 쉽게 한 지표이다. 매년 4~10월 식품의약품안전처와 기상청 홈페이지에서 확인할 수 있다.

식중독지수가 51~85이면 '경고' 단계로 음식이 금방 상할 수 있으며 그만큼 식중독 발생 위험이 높다는 뜻이다. '위험'이나 '경고'보다 식중독 위험이 낮은 '주의' 단계라 하더라도 조리한 음식은 4시간 이내에 먹는 것이 안전하다.

② 복어를 통한 식중독 예방법

- 복어요리 전문가가 요리한 복요리 섭취
- 낚시로 잡은 복어를 직접 조리해 섭취하는 것은 금물
- 알·난소·간·내장·껍질 등 독성이 많아 폐기된 부위는 절대 섭취 금지

③ 마비성 패독을 통한 식중독 예방법

- 3월 초~5월 말까지 마비성 패독 발생지역에서 패류 채취 금지
- 마비성 패독 발생지역에서 채취된 패류는 운반·판매 금지
- 이 시기에 패류를 살 때는 패류 원산지 확인증 확인
- 마비성 패류 발생지역의 패류를 이용해 식품의 제조·가공·조리하는 행위 금지

④ 곰팡이독소를 통한 식중독 예방법

- 곡류나 견과류 등은 습도 60% 이하, 온도 10~15℃ 이하, 최대한 온도변화가 적은 곳에 보관
- 땅콩이나 옥수수를 사거나 먹을 때도 곰팡이가 피어 있는지 반드시 확인
- 비가 많이 내린 뒤엔 주방 건조 위해 보일러 가동
- 음식물 쓰레기통·개수대 소독제 등을 이용해 주기적으로 소독
- 쌀·아몬드 등의 곡류·견과류의 손상된 알갱이 제거
- 곡류·견과류에 벌레가 생기지 않도록 주의
- 개봉 후 남은 땅콩·아몬드 등은 공기와 접촉하지 않도록 잘 밀봉해 보관
- 옥수수·땅콩은 껍질이 붙은 채로 보관
- 식품 고유의 색깔·냄새 등이 변한 식품은 섭취 금지
- 씻을 때 파란색이나 검은색 물이 나오는 쌀은 폐기

3) 식중독 발생 시 대처 방안

식중독 발생 시 대처 요령은 다음과 같다.

- 2회 이상 설사를 하면서 구토, 복통, 발열, 메스꺼움 등의 증상이 있으면 인근 병·의원을 방문한다.
- 식중독 환자나 의심 환자가 2명 이상이면 보건소에 신고한다.
- 함부로 지사제를 복용하지 않는다.
- 노약자나 영유아는 구토물에 의해 기도가 막히지 않도록 옆으로 눕게 한다.
- 탈수 예방을 위해 물을 충분히 섭취한다.

과일이나 채소에 잔류하는 농약 줄이기

가능한 한 많은 물에 담가 비벼 씻은 후 흐르는 물에 몇 차례 씻는다.

껍질이 있는 경우는 물로 씻은 후껍질을 벗겨 먹는다.

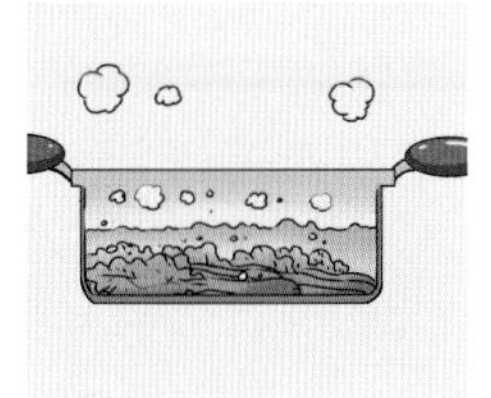

데쳐 먹는 채소는 끓는 물에 2분간 데친다.

양배추나 배추 같은 엽채류는 바깥 잎을 떼어 버리고 물로 몇 차례 씻는다.

쇠고기나 돼지고기, 닭고기 등의 농약 줄이기

지방이나 껍질 부분에 농약이 많이 축적되므로 이 부분을 제거하고 먹는다.

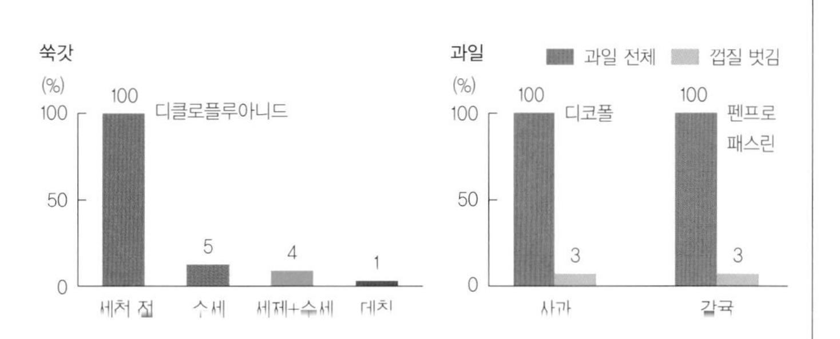

그림 8-8 농산물의 가공과정별 잔류농약의 제거 효과

자료 : 오병렬(2015). 생활과 농약(8월호). 농약공업협회. pp.14~17.

4. 감염병과 식중독

감염병이란 질병 중 전염이 가능한 질병을 말한다. 특정 병원체나 병원체의 독성물질로 인하여 발생하는 질병으로, 감염된 사람으로부터 감수성이 있는 숙주(사람)에게 감염된다. 감염병 병원체의 종류로는 세균, 바이러스, 기생충, 곰팡이, 원생동물 등이 있으며 임상 특성으로는 호흡기계 질환, 위 장관 질환, 간 질환, 급성 열성 질환 등이 있다. 전파 방법은 사람 간 접촉, 식품이나 식수, 곤충매개, 동물에서 사람으로 전파, 성적 접촉 등에 의한다.

이에 반해, 식중독이란 '식품의 섭취로 인해 인체에 유해한 미생물 또는 유독물질에 의해 발생하였거나 발생한 것으로 판단되는 감염성 질환 또는 독소형 질환'을 의미하며, 사람 간 감염성이 없는 경우가 일반적이나 노로바이러스와 같이 사람 간 감염성이 있는 경우도 있다.

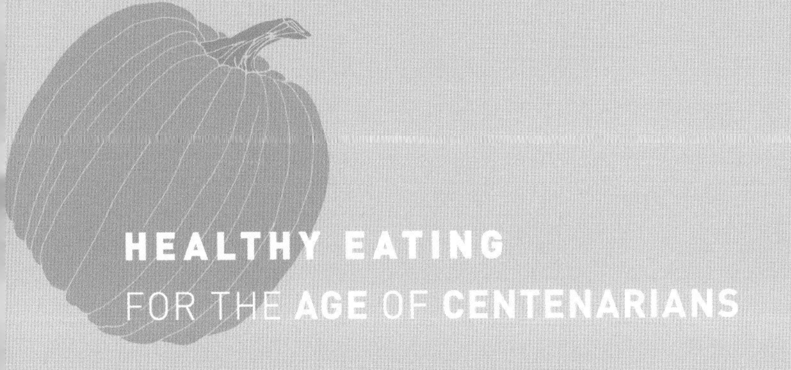
HEALTHY EATING
FOR THE AGE OF CENTENARIANS

HEALTHY EATING

FOR THE **AGE** OF **CENTENARIANS**

PART IV

건강한 조리법과 상차림

CHAPTER

9

건강한 조리법

우리는 건강하게 살기 위해 식품을 섭취하지만, 식재료 자체에 대한 안전성, 조리 및 가공 과정 중에 일어나는 안전문제와 조리기구, 용기, 포장재 등이 건강에 위해를 줄 수 있는지에 대한 정보를 정확히 알고 이에 대처해야 한다. 특히 건강에 영향을 줄 수 있는 조리용구, 식기류, 포장재 등과 조리방법에 대해 알아보고 건강한 조리를 할 수 있는 방안을 제시하고자 한다.

1. 조리용 기구와 건강

1) 조리기구와 위해물질

조리를 하기 위해서는 다양한 재질의 조리용품이나 용기를 사용하며 일회용 제품도 이용하는데, 이런 조리과정에 사용되는 기기나 기구, 용기 등에서 건강에 위해를 주는 물질이 발생한다면 음식으로 전이되어 건강을 해치게 된다. 식품용 기구란 식품 또는 식품첨가물에 직접 닿는 모든 기계와 기구를 의미한다. 식품용 기구 구분 표시제도는 「식품위생법」에서 정한 기준에 따라 제조된 식품용 기구를 소비자가 선택할 수 있도록 식품용 도안 및 단어를 표시하여 소비자가 이를 보고 선택할 수 있도록 만든 제도이며, 2013년에 도입되었다. 식품의약품안전처는 2015년부터 칼, 가위 등 금속제 기구에 대해 우선적으로 의무화를 시행하고 있으며, 2018년까지 대상을 지속적으로 확대할 계획이다(그림 9–1).

(1) 식품용 기구

식품용 기구로 표시된 것에는 그림 9–1과 같이 2015년부터 단계별로 금속제, 고무제, 합성수지제를 표시하도록 하였으며, 2018년에는 도자기제나 2가지 이상으로 된 제품

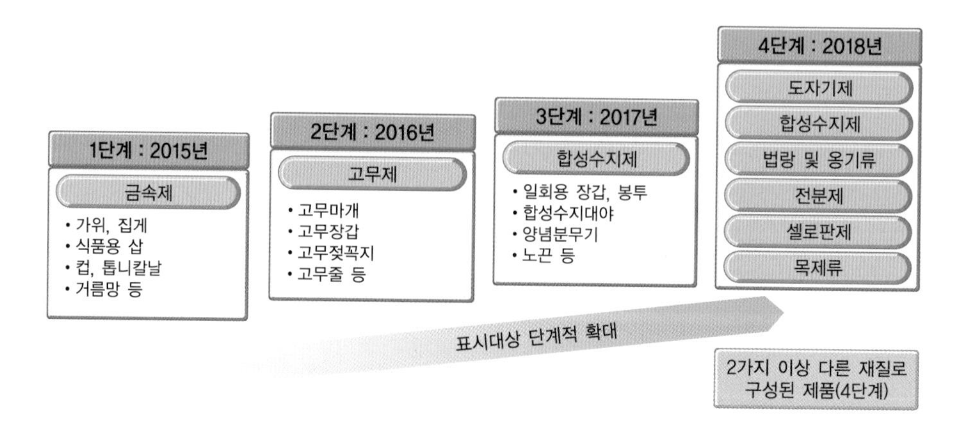

그림 9–1 식품용 기구 구분 표시제도

에 대해 식품용 기구를 표시하도록 하고 있다. 즉 가열, 냉동, 해동 등 조리용도에 맞는 식품용 기구를 사용하는 것이 중요하다. 식품용 기구에 대한 정확한 이해와 관심이 더욱 요구되는 상황이다. 유리, 도자기, 법랑 제품은 크기별로 납 및 카드뮴 규격에 맞춰 주기적으로 검사하고, 수입 시에는 식약처에 신고해야 하며 정밀검사를 통하여 통과한 제품만 유통하도록 되어 있다.

〈'가'형〉

〈'다'형〉

〈'마'형〉

〈'나'형〉

〈'라'형〉

〈'바'형〉

그림 9–2 식품용 기구 표시 도안

식품 등의 표시기준(식약처 고시)에 식품용 기구 도안이 그림 9–2와 같이 제시되어 있으며, 영업자는 가~바형 중 원하는 도안을 선택하여 표시할 수 있다.

또한 식품용 기구에 대한 안전사용 가이드에는 다음과 같이 조언하고 있다.

- 육류·생선류 조리에 사용한 목제 도마는 사용 즉시 세척하고 뜨거운 물로 살균 소독한 뒤 건조할 것
- 금속제 조리 기구는 전자레인지에 넣어 사용하지 말 것
- 포장용 랩은 섭씨 100℃를 넘는 음식이나 지방 성분이 많은 음식에 사용하지 말 것
- 재활용 고무대야는 중금속 용출 우려가 있으므로 식품 조리에 사용하지 말 것

(2) 나무

나무는 친환경재료로 수저, 도마나 간단한 조리기구뿐만 아니라 식기 등으로도 제조되고 있으며, 사용된 나무 종류 또는 옻칠 유무에 따라 그 종류가 다양하다. 그러나 수입된 목재 주방용품이나 국내산 제품에서도 위해물질이 검출되어 주의를 요하고 있다. 조리용 볼, 조리스푼, 국자, 김발과 국내산 도마에서 납과 6가 크롬이 검출되었으며, 물증발잔류물과 과망간산칼륨 소비량이 규격보다 높게 나타났다(현행법상 기준치는 없으나 물증발잔류물은 30mg/L, 과망간간칼륨 소비량은 10mg/L 이하로 제한하기로 건의하였음).

그림 9–3 나무로 만든 조리기구

(3) 알루미늄

그림 9-4 알루미늄 재질의 조리기구

알루미늄은 프라이팬, 양은 냄비, 알루미늄 포일 등에 함유된 성분이다. 알루미늄이 함유된 조리 기구나 쿠킹 포일은 인체에 쉽게 노출될 수 있으며, 특히 알루미늄 포일을 가열판에 직접 올려놓을 경우 식품과 직접 닿거나 가열에 의해 산화알루미늄이 생성될 수 있다. 알루미늄은 신장 투석 환자, 영·유아나 노약자 등에게 골연화증, 골다공증, 피부 알레르기, 기억력 감퇴 등을 유발한다고 보고되었고, 뇌에 축적되면 노인성 치매 중 알츠하이머병의 발생률을 높인다.

알루미늄이 함유되어 있는 프라이팬을 사용할 때는 예열 후 중간불이나 약한 불로 낮추어 조리하면 식품이 타지 않아 유해물질이 적게 배출된다. 또한 조리가 끝난 음식은 그대로 담아 두면 프라이팬 코팅을 부식시키는 원인이 되므로, 그릇에 옮겨 담아야 한다. 가열조리 후 조리기구는 충분히 식혀 세척하는 것이 유해물질의 용출을 줄일 수 있다.

(4) 테프론 코팅 조리기구

그림 9-5 테프론 코팅된 조리기구

테프론은 불소수지로 코팅되어 있어 고온에서 분해되어 발생하는 물질인 퍼플루오로옥타노익산(PFOA, Perfluorooctanoic acid)이 음식으로 이행되면 인체에 악영향을 미친다고 알려져 있다. 테프론 피막이 벗겨지면 안에 칠했던 도료가 벗겨져 나올 수 있는데, PFOA는 혈액에 축적되어 발암원인 독성물질을 발생시키며 임산부의 경우 태아 기형에 영향을 준다. 한국인의 혈중 테프론 잔류 농도가 다른 나라에 비해 3~30배(80ppb) 높다고 보고되었다.

(5) 실리콘

인체에 무해한 소재로 뚜껑, 주걱, 볶음용 젓가락 등 소도구들도 다양한 크기로 판매되고 있다. 실리콘은 280℃까지 견딜 수 있어 전자레인지용으로는 물론 냄비, 프라이팬 위에도 덮어서 사용할 수 있다.

그림 9-6 실리콘으로 만든 조리기구

(6) 트라이탄 수지

2007년 말 미국 이스트맨(Eastman) 화학에서 개발된 트라이탄 코폴리에스테르(tritan copolyester) 수지는 재사용이 가능한 스포츠 물병, 유아용품, 소형 가전제품, 주방용품 등 다양한 제품으로 개발되었다. 트라이탄 수지는 디자인의 유연성, 가공의 용이성 및 유리처럼 투명하고 질기며 식기세척기에 사용이 적합한 내열성·내구성 등 소비자가 선호하는 장점을 갖추고 있다. 코폴리에스테르 수지는 다채로운 물성 외에도 높은 내열성 및 내충격성이 보강된 혁신적인 중합체로, 폴리카보네이트(PC), 폴리설폰, 나일론(PA) 및 PC 알로이 제품 등 다른 엔지니어링 플라스틱과 비교하여 기능성과 가격 면에서 장점을 갖고 있다. 또한 비스페놀 A와 가소제가 없어 환경규제에 승인을 받았고 FDA, UL, NSF, EFSA에서 승인을 취득하였으며 미국, 캐나다, 일본, 오스트리아, 중국, 한국에서 승인을 받은 소재이다.

그림 9-7 트라이탄 수지로 제조된 기구와 용기

(7) 열가소성 폴리우레탄

항균은 물론 살균까지 가능한 열가소성 폴리우레탄(TPU, Thermoplastic Poly Urethane) 소재는 끓는 물에 삶을 수 있는 장점을 갖는 위생적인 제품으로 개발하고 있다. 1960년대에 이르러 본격적으로 생산된 탄성고분자물질로 고무와 유사한 탄성을 지녔고 유연성, 기계적 물성, 내구성, 내마모성이 우수한 성형용 폴리우레탄이다. TPU로 제조한 도마는 150℃까지 견디는 강력한 내열성으로 끓는 물에 삶을 수 있으며 칼자국에 강하고 냄새와 색도 덜 스며드는 장점이 있다. 도마의 양쪽 끝을 오므려 냄비나 프라이팬에 식재료를 쉽게 옮길 수 있다.

UL(Underwriters Laboratories Inc.)

미국 일리노이주 노스 브룩에 본거지를 두고 있는 미국 최초의 안전 규격 개발 기관이자 인증 회사이다. UL은 글로벌 안전과학회사로서, 제품 안전 시험 및 인증 발행, 환경 시험, 제품 성능 시험, 헬스 케어 및 의료기기 인증 발행, 교육 및 세미나 등의 서비스를 제공하고 있다.

NSF

국가위생국(National Santiation Foundation)의 약자로 제품검사와 위생규격 인증서비스를 담당한다. 독립된 비영리기관으로 물, 음식, 공기, 및 환경 분야의 규격개발 및 인증을 수행한다. 보건안전과 환경보호를 위하여 규격개발, 교육제공 및 안정성 검토에 입각한 고품질 규격을 제정하여 해당 제품의 적합성을 평가한다.

EFSA(European Food Safety Authority)

유럽연합의 독립된 단체로, 과학적 조언을 제공하고 식품사슬로 연계되어 드러난 위험을 전하는 정부기관이다. EFSA의 업무는 동물 건강과 복지, 식물체 방어, 식물건강과 영양을 포함하는 식품과 사료의 안전성에 직접, 간접적인 영향과 관련된 모든 문제를 총괄한다.

(8) 에어포트

그림 9-8 에어포트 합금 소재로 만든 조리기구

비행기 날개 부분을 제조할 때 사용되는 항공기용 합금 소재로, 초경량이며 열에 강한 것이 특징이다. 냄비 자체의 무게 때문에 요리와 설거지할 때 부담을 느꼈던 사람들에게 유용하다. 기존 무쇠 냄비나 스테인리스 냄비보다 끓는 속도가 2배 이상 빨라 에너지 절약에도 도움이 된다. 또한 찌개 요리가 많은 한국식 조리환경을 고려해 끓어 넘치는 것을 방지하는 디자인도 갖추었다.

(9) 마그네슘 팬

마그네슘은 2010년 지식경제부가 선정한 10대 핵심 소재의 하나로, 강도와 열전도성이 뛰어나고 100% 재활용이 가능해 우수한 소재로 평가받고 있다. 스테인리스 스틸

무게의 1/5이며 일반 알루미늄 팬보다 가볍고 열전도성이 우수하다. 중금속오염 등 유해성 논란이 끊이지 않는 철제 쿡 웨어에 비해, 마그네슘은 우리 몸에 필요한 7대 미네랄 성분 중 하나로서 인체에 무해한 것이 강점이다.

(10) 경질유리

보통유리보다 경도가 높은 유리로, 규산이나 붕산을 많이 함유한 유리일수록 경도가 높다. 미국 코닝 사의 파이렉스(pyrex)가 대표적인 경질유리이다.

2) 식기와 안전

식기는 음식이 직접 닿는 용기지만 일부 재질은 화학성분이 식품으로 침투될 수 있어 안전성에 영향을 주므로 주의해야 한다. 비스페놀 A, 프탈레이트, PVC(Poly Vinyl Chloride)가 없는 것이 좋은 소재이다.

(1) 도자기, 유리, 강화유리

1,000℃ 이상의 높은 온도에서 구워 만들므로 해로운 물질의 용출이 거의 없어 안전성이 높고 내구성도 우수하지만, 깨지기 쉽고 무거운 단점이 있다. 유리 제품에는 그냥 규산염을 정제하여 녹여서 만든 일반유리와 여기에 여러 가지를 첨가한 강화유리, 합성유리 제품이 있다.

① 합성유리(도기)

합성유리나 합성도기는 규산염 혹은 도기 재료인 세라믹을 고운 분말로 만들어 합성수지와 섞어서 성형한 것으로, 가볍고 잘 깨지지 않으면서도 유리나 도기와 비슷한 외관을 가지고 있다.

② 강화유리

유리가 충격이나 고열에 약해 잘 깨지는 흠을 보완한 것으로, 납과 니켈 같이 파열성

그림 9-9 비트렐 유리 식기

이 적은 중금속과 혼합하거나 유리를 고열·고압 처리하여 유리조직을 강화시킨 것이다. 단단하고, 조각하기 좋아 크리스탈 유리나 전자레인지용 그릇으로 많이 만들어지지만, 전자레인지에 여러 번 돌린다거나 하는 데는 적합하지 않다. 코렐은 세계 유일 3중 압축 비트렐 유리(vitrelle TM)를 개발하여 건강한 그릇의 새로운 패러다임을 제시했다. 유약 처리 과정을 거치는 도자기제와는 달리 화학적 가공 과정 없이 오직 열과 압력만으로 3중 압축해 제작하는 친환경 생산 공정을 자랑한다. 투명유리가 위아래로 감싸는 형태로 압축하여 세척이 쉽고 오래 사용해도 음식냄새나 얼룩 배임이 없어, 음식물 찌꺼기는 물론 오염물질 침투를 막아 세균 번식으로부터 안전할 수 있다.

③ 도자기류

도기를 만드는 소재인 흙, 소뼈 자체는 큰 문제가 없지만 방수성과 내구성을 위해 바르는 유약은 문제가 된다. 유약은 전통적으로 볏짚이나 나뭇가지를 태운 재를 물에 진하게 풀어서 만든 잿물을 사용했지만 현대에는 대량생산이 가능하도록 화학 합성 유약을 사용하고 있다.

④ 무공해 옹기

옹기는 황토로 그릇을 빚어 잿물에 담갔다가 말려 가마에 구워 만든다. 보통 가마보다 높은 온도에서 구워내기 때문에 갑자기 고열로 구워지면서 흙 반죽 속에 수많은 미세한 기포가 생겨, 공기가 드나들 수 있어 숨 쉬는 옹기라고도 한다. 이런 그릇은 공기가 통하기 때문에 다양한 발효식품, 즉 김치, 장류, 식초, 술 등을 담아두면 오래될수록 맛이 깊어지고 변질도 막을 수 있다. 또한 곡식 등 건조식품을 보관하기에도 좋다.

(2) 플라스틱 계열

가공 단계에서 첨가제로 가소제, 안정제, 계면 활성제, 난연제 등과 착색제, 충전제와 발포제 등이 사용되며, 저온에서 생산되므로 열에 약하고 재료가 녹아 용출될 수 있다.

- 폴리프로필렌 식기는 표면에 상처가 나기 쉽고 열에 노출되면 유해물질이 용출될 수 있다.
- 멜라민 수지는 열에 약하고 독성이 강하며 전자레인지를 사용하거나 뜨거운 국을 계속 담으면 발암성인 포름알데히드가 미량 검출될 수 있다.
- 폴리카보네이트는 투명도가 높고, 내열 소재이나 비스페놀 A의 용출 가능성이 있다.

(3) 목기

나무로 만든 그릇은 천연 소재이므로 인체에 해가 없지만, 가격이 저렴한 경우 화학 소재의 유약을 바르기 때문에 인체에 해로운 성분이 용출될 수 있다.

3) 일회용 용기와 도구

(1) 페트

폴리에틸렌(PE)과 폴리에틸렌 테레프탈레이트(PET)는 우유병이나 먹는 샘물병 등에 사용되고 있으며, 무게가 가볍고 강도가 우수하여 깨지지 않아 안전하다. 투명하여 내용물 확인도 용이하고 탄산가스나 산소 차단성이 높아 내용물 보존에도 유리하다. 과즙음료 페트병은 90℃의 온도에서 살균된 채 내용물이 충전되고, 충전한 후 냉각할 때 병이 수축될 수 있는 점을 고려해 일반 페트병보다 두껍게 제작된다. 페트 재질로부터 식품에 이행될 수 있는 납, 안티몬 등 유해물질이나 불순물이 들어가지 않도록 「식품위생법」에서 정한 기준 및 규격을 준수하여 만든다. 뚜껑과 뚜껑 안쪽 면인 라이너까지 기준 및 규격에 따라 관리되고 있으므로 안전하다. 페트병은 1회 사용을 목적으로 만들어져 재사용은 하지 않는 것이 좋다. 입구가 좁아 깨끗한 세척 및 건조가 어려워 미생물 오염의 가능성이 있기 때문이다.

(2) 랩

가정용 랩은 보통 폴리에틸렌으로 만들고 있으나, 업소용 랩은 PVC(Poly Vinyl Chloride,

폴리염화비닐)를 사용하고 있다. PVC 랩의 원료인 VCM(염화비닐단량체)이 발암물질이며, PVC 랩을 부드럽고 잘 늘어나 붙게 하는 데 사용되는 가소제 중 일부가 인체에 유해한 물질이다.

국내 PVC 랩 생산업체가 사용하고 있는 가소제 아디핀산계 DOA(Dioctyl Adipate)는 프탈산계 DOP(Dioctyl Phthalate)와는 달리 아직까지 인체에 유해하다는 공식보고가 없고, FDA에서도 1970년대에 식품포장재 랩의 가소제로 사용 가능하다고 공식 인정한 바 있으나, DOA의 유해 가능성이 최근에 제기되고 있다. DOA와 DOP 등 가소제는 지용성 물질이라 기름이 섞인 음식, 분말식품류, 치즈와 같은 유제품, 왁스나 파라핀을 칠한 제품 등에 사용하면 고온이 아니어도 녹아 나오기 때문에, 사용하는 것을 엄격히 제한하고 있다. PVC 랩은 고온에서 불안정해져 잔류 VCM이나 가소제를 용출시키므로 전자레인지 사용을 금하고 냉장·냉동식품에만 사용토록 하고 있다.

PVC 랩의 단점을 보완한 PVDC 랩은 열에 강하며, 공기가 통과하지 않는 식품을 포장할 때 사용한다. 국내에 판매되고 있는 PE 랩은 LLDPE로 LDPE(저밀도 PE)의 단점을 보완하였다.

(3) 비닐과 장갑

일회용 비닐에 음식물을 얼려두었다가 전자레인지를 이용해 해동해 먹는 경우가 있다. 이것은 옳지 않은 방법으로, 따뜻한 물로 겉을 녹여 비닐을 분리한 후 내용물만 전자레인지에 데워야 내분비장애물질을 피할 수 있다.

주방용 장갑은 사람이 먹는 음식을 조리하는 주방에서 음식과 식기의 위생 상태를 유지하고 조리 과정에서 발생하는 열이나 날카로운 식기로부터 손을 보호하는 역할을 수행한다. 지금까지 비닐(PVC) 재질로 만들어진 일회용 비닐장갑이나 김장 때 쓰는 빨간 고무장갑이 주방에서 애용되어 왔다. 신축성이 필요하므로 천연고무인 라텍스가 사용되고 있는데, 인체에는 무해하지만 알레르기 반응을 일으킬 수 있어 무라텍스 제품도 개발되었다. 최근 판매되고 있는 니트릴 장갑은 니트릴 라텍스(NBL)라는 특수 소재로 만들어졌고, 기존 라텍스 장갑과 달리 얇고 견고하여 실용적이며, 내구성이 있고 내침투성이 우수하다.

그 밖에 양파망을 이용해 국물을 우려내는 것, 플라스틱 바가지를 국 냄비에 넣어 떠내는 것도 내분비장애물질의 용출 위험이 높다. 김치나 깍두기를 고무 대야에 넣고 버무리는 것도 금물이다. 흔히 쓰는 플라스틱 빨간 대야는 식품용이 아니라 공업용이며 납, 카드뮴 등의 중금속이 발생하므로 식품 조리엔 사용을 금한다.

2. 조리과정 중의 위해요인

식품재료를 이용하여 음식을 만들기 위해서는 조리과정을 거친다. 조리과정에서 나타날 수 있는 위해요인을 검토해 보자.

1) 전처리와 위해요인

식품재료는 수확 후 저장이나 보관방법에 따라 위해물질이 생성될 수도 있기 때문에 전처리 과정에서 위해물질을 제거해야 한다.

감자가 싹이 날 때나 껍질이 녹색으로 변했을 때는 천연독소인 솔라닌(solanine)과 차코닌(chaconine)이 있다. 이 독성은 요리를 해도 없어지지 않으며, 섭취 시 적혈구 파괴 및 신경계 손상을 일으키고 구토, 설사, 복통을 유발하므로 제거해야 한다. 오래된 호박은 당이 발효되면서 쿠쿠르비타신(cucurbitacin)이라는 독소가 다량 생성되는데 이는 오이, 호박 등이 해충으로부터 보호하기 위해 만드는 살충 성분으로 독성이 매우 강하다. 소라의 테트라민(tetramine)은 식중독을 동반한 급성 신경마비를 일으키는 독소로 타액선을 제거하면 안전하다.

대부분의 농약은 농산물의 겉면이나 껍질에 묻어 있는 경우가 많으므로 흐르는 물에 세심하게 잘 씻는 것이 우선 필요하다. 과일, 채소 등을 가열하지 않을 경우 세척제를 사용하면 헹구는 과정이 철저해야 한다. 잔류농약은 수세로 38%, 세척제로 세척하면 47% 제거된다는 보고가 있다. 곱창이나 닭발 등의 동물성 식재료의 세척에는 세척제를 사용하지 않고 소금이나 밀가루 등의 식품을 이용하는 것이 좋다.

식품 가공 · 조리에서 생성되는 유해물질

식품의약품안전평가원은 식품을 가공 · 조리하면서 생성되는 벤조피렌, 에틸카바메이트 등 유해물질 50종에 대한 분석법을 담은 총식이조사를 위한 『유해물질 분석법 편람』(가공 및 조리과정 중 생성되는 유해물질)을 발간한다고 밝혔다(2017.7.26). 이 중에는 헤테로사이클릭아민(heterocyclic amines), 아크릴아마이드(acrylamide), 다환방향족탄화수소류(polycyclic aromatic hydrocarbons), 트랜스지방(trans fat), 퓨란(puran), 알데하이드(aldehydes), 에틸카바메이트(ethyl carbamate), 바이오제닉 아민류(biogenic amines), 니트로사민류(nitrosamines), 트리할로메탄류(trihalomethanes), 에틸렌 옥사이드(ethylene oxide), 벤젠(benzene), 3-MCPD, 1,3-DCP 등이 포함된다.

2) 가열과 위해요인

(1) 벤조피렌(benzopyrene)

육류를 구울 경우에는 고기가 불에 직접 닿을 수 있는 석쇠보다 불판을 사용하고 자주 교체하며, 구이 과정 중 탄 부위는 제거해야 벤조피렌에 대한 노출을 줄일 수 있다. 벤조피렌은 식품을 가열하는 과정에서 생성되는 물질로서, 고열 처리(300~600℃)하는 과정에서 유기물질이 불완전연소되어 생성된다. 특히 지방 함유 식품과 불꽃이 직접 접촉할 때 검게 탄 부위에 벤조피렌이 가장 많다. 벤조피렌을 줄이기 위해서는 불꽃이 직접 고기에 닿지 않도록 하며 검게 탄 부분은 제거하여 섭취한다. 숯불구이, 튀김, 볶음보다는 찌기, 삶기 등의 조리 방법을 이용하는 것이 좋다.

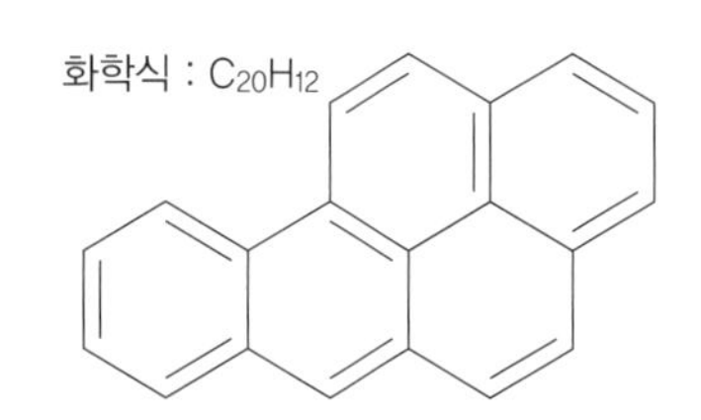

그림 9-10 벤조피렌의 구조와 조리 중의 생성 예

벤조피렌에 단기간에 걸쳐 다량으로 노출되었을 경우에는 적혈구가 파괴되어 빈혈을 일으키고 면역계가 저하되는 것으로 알려져 있다. 벤조피렌은 내분비계 장애추정물질이면서 발암물질이다. 환경오염으로 농산물, 어패류 등 조리·가공하지 않은 식품에도 벤조피렌이 존재하고, 식품의 조리·가공 시 식품의 주성분인 탄수화물, 단백질, 지방 등이 분해되어 생성되기도 한다. 특히 식용유의 원료로 사용되는 식품을 건조시키기 위해 열처리하는 과정이나 식품 중 기름 성분을 착유하기 위해 열처리하는 과정에서 벤조피렌이 발생한다.

(2) 아크릴아마이드(acrylamide)

감자는 고온에서 가열하면 아스파라긴과 당의 화학적인 반응으로 아크릴아마이드라는 발암 물질이 생성된다. 커피를 로스팅할 때나 베이커리 제품을 오븐에 구울 때도 생성될 수 있어, 가급적이면 조리 시 120℃ 이하 온도에서 삶거나 끓이고 튀김온도는 175℃를 넘지 않게 하며, 오븐에서도 190℃를 넘지 않게 조리해야 한다. 특히 육류를 볶기 전이나 구울 때 후추를 넣으면 아크릴아마이드 함량이 증가하므로 조리 완료 후에 넣는 것이 좋다.

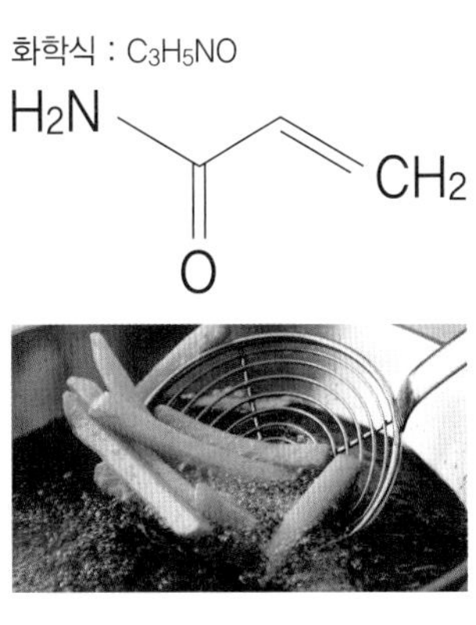

그림 9-11 아크릴아마이드의 구조와 조리 중의 생성 예

(3) 퓨란(furan)

퓨란은 무색의 휘발성 액체로, 식품 제조나 조리과정에서 식품이 갈색으로 변화될 때 중간 반응물로 생성되는 것으로도 알려져 있으며, 발암 가능성이 있는 물질이다.

퓨란은 밀봉된 채로 가열되는 수프, 소스, 유아용 이유식, 콩 등의 캔 및 병 포장 식품들을 대상으로 함유 여부를 분석한다. 휘발성이 강해 가열 시 대부분 공기 중으로 사라지지만 캔이나 병 포장 식품의 경우는 밀폐용기 내에 남아 있기도 하다. 포장 식품의 뚜껑을 열어 두거나 가열하면 줄일 수 있지만 캔, 병 포장 식품의 섭취를 줄이고 곡류, 과일, 채소 등 신선한 식품을 섭취하기를 권한다.

커피, 토마토주스, 호박죽 등을 120℃에서 10분 동안 가열할 경우 퓨란 생성률이 최소 2배에서 최대 20배까지 증가한다. 호박죽에 아황산소다, 커피에 클로로겐산, 토마토주스에 에피갈로카테킨 갈레이트(EGCG)를 첨가하면 각각 90%, 74%, 15% 수준까지 퓨란 생성률을 감소시킬 수 있다고 2014년 보고되었다.

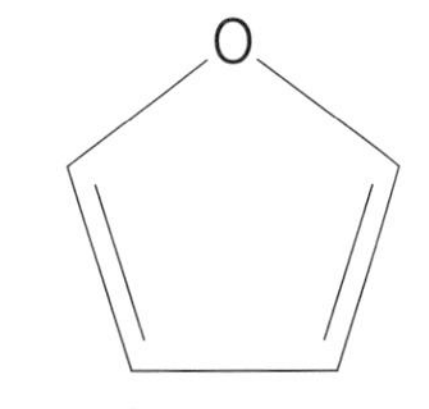

그림 9-12 퓨란의 구조 및 조리 중의 생성 예

3) 교차오염과 위해요인

교차오염이란 오염되지 않은 식재료나 음식이 이미 오염된 식재료, 기구, 조리자와 접촉 또는 작업 과정으로 인해 미생물의 전이가 일어나 오염되는 현상을 말한다. 교차오염이 일어난 식품을 섭취했을 때는 배탈, 구토, 설사 등 식중독 증세가 나타날 수 있다. 또한 알레르기 유발 성분이 있는 제품과 그렇지 않은 제품을 같은 곳에서 조리, 가공하면서 발생하는 오염도 교차오염의 일종이다.

(1) 교차오염의 발생

교차오염은 조리하는 사람이 손을 제대로 씻지 않고 조리하거나 조리도구를 식재료에 상관없이 같이 사용하는 경우, 식재료에서 식재료로 옮겨가는 경우 발생할 수 있다. 또한 식재료를 보관, 조리하는 과정에서 날 것과 익힌 것을 같이 두게 되면 날 것에 있는 세균들이 익힌 음식으로 옮겨가 왕성하게 세균 번식을 하게 되어 식중독을 유발할 수 있다. 교차오염 위험도가 높은 육류나 어패류를 냉장 보관할 때는 아래 칸에 넣어 육즙이 다른 식품으로 떨어지지 않도록 하고, 씻지 않은 채소는 씻은 채소 아래에 두는 것이 좋으며, 날 것과 익힌 음식은 반드시 구분해서 보관해야 한다.

조리하는 사람이 손을
제대로 씻지 않았을 경우

예 손에 있는 세균들이
교차오염 발생

조리도구를 식재료의 종류나 상태와
상관없이 같이 사용할 경우

예 생고기를 썰던 칼로 채소를 자르면
세균과 기생충이 채소로 옮겨져
교차오염 발생

식재료에서 식재료로
옮겨가는 경우

예 날 것과 익힌 것을 같이
보관하면 날 것에 있던
세균이 교차오염 발생

그림 9-13 교차오염 발생 상황들

(2) 교차오염의 예방

세척, 다듬기, 절단 등의 전처리 순서를 식재료에 따라 채소류, 육류, 어패류, 가금류 순으로 하는 것이 교차오염 예방에 좋다. 냉장고에 보관할 때도 채소 및 조리식품이나 가공식품은 상단에, 생선과 육류는 하단에 보관한다. 조리과정에서 오염이 일어나는 것을 예방하기 위해 고무장갑과 앞치마의 색을 달리하고, 칼과 도마는 채소류, 육류, 생선류, 가금류별로 색으로 구별하여 준비한다. 기구 등 표면 위에 있는 식품 및 먼지 등이 막을 형성하고 있는 경우 소독제의 효과가 떨어지므로, 물과 세척제로 막을 제거한 뒤 소독제(200ppm)로 소독 후 자연 건조하며, 식기와 행주는 끓는 물에 30초 이상, 칼·도마·식기는 용도에 맞는 소독제를 사용하여 예방한다.

3. 건강을 위한 조리법

1) 생 조리법

채소나 과일류 등은 영양소 파괴를 줄이기 위해 생 조리를 하는데, 중요한 것은 깨끗이 세척하여야 하며 세척제는 완전히 제거될 때까지 헹구어야 한다. 표면에 잔존하는 미생물이나 위해물질은 흐르는 물에 씻은 후, 숯이나 식초, 친환경 생분해 세제로 씻고 껍질을 제거하여 사용한다. 또한 신선한 식재료로 식중독 발생 위험이 없도록 철저히 위생 관리하며, 교차오염이 발생하지 않도록 칼과 도마를 구분하여 사용한다.

2) 습열 조리법

습열 조리는 물을 사용하여 가열하기 때문에 100℃ 이상의 온도로 가열되지 않아 비교적 건강에 이로운 조리법이다. 끓이는 경우 조리수량, 재료에 함유된 영양소, 재료를 첨가하는 단계 등에 따라 영양소의 손실이 달라지므로 적절한 조리법을 택해야 하며, 국물을 섭취할 것인지 건더기만 사용할 것인지에 따라 가열 정도를 조절해야 한다.

양은냄비는 짠 음식이나 강산, 강알칼리 식품 등과 접촉했을 경우, 또는 토마토나 양배추 같은 산성 식품을 조리하거나 높은 온도로 가열했을 경우에 유해한 중금속이 유출될 수 있다. 조리과정 중에 생성되는 유해물질은 습열 조리 시 적게 생성되지만 영양소의 손실은 더 많을 수 있다. 지방을 함유한 육류나 가금류는 지방이 조리수로 녹아나와 고기의 지방 함량이 줄게 되므로 건강한 조리법이다. 식물성 식품을 데쳐서 말렸다가 나물로 먹는 것도 유해성분을 줄여 안전하게 먹을 수 있는 조리법이다.

3) 건열 조리법

건열 조리법에는 불에 직접 닿는 직화구이, 팬을 이용한 간접구이 및 튀김이나 볶음 등이 있는데, 강한 열이 식품재료에 직접 닿게 되어 심한 성분 변화가 일어난다. 육류는 바비큐나 숯불에 직접 굽는 것을 선호하는데, 구이 중 육즙이 흐르면 벤조피렌이나 방향족 탄화수소 등의 위해물질이 생성되므로 유의해야 한다. 간접구이도 고열의 팬을 사용할 경우 발암성 물질이 생성되기 때문에 가능하면 낮은 온도로 조리하는 것이 좋다. 볶거나 튀김을 할 때는 발연점이 높은 기름을 사용해야 하며, 튀김이나 튀긴 기름의 산화로 생성된 산화물은 암이나 돌연변이를 일으킬 수 있다.

안전한 조리를 하려면 직화구이는 피하고 타지 않도록 하며, 구이보다는 삶기, 찌기 등 습열 조리를 하는 것이 좋다. 구이는 조리시간이 길수록 위해물질이 다량 발생하므로 오래 굽지 않으며, 항산화 활성이 있는 채소 등과 함께 섭취하는 것이 좋다. 튀김은 산소에 노출된 상태에서 고온으로 조리되므로 식용유와 튀긴 재료가 산패되어 유해 물질이 생성된다.

4) 저염 조리법

우리 국민의 하루 평균 나트륨 섭취량은 2010년 4,785mg에서 2015년 3,871mg으로 5년 사이 20% 가량 감소하였지만, WHO의 성인 기준 하루 권고 섭취량인 2,000mg 이하의 2배 정도를 섭취하고 있어, 골다공증, 고혈압, 위암, 만성신부전 등의 위험에 노출되어 있다. 나트륨의 과다 섭취는 소금, 배추김치, 간장, 된장, 고추장, 라면 등이 주요 원인식품으로 알려졌다.

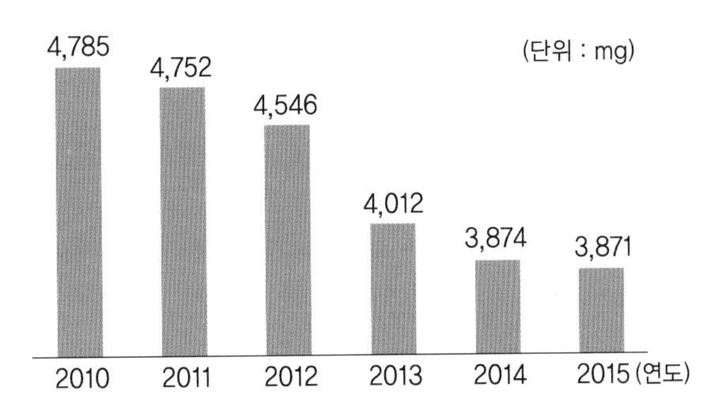

그림 9-14 우리나라 1인당 하루 나트륨 섭취량의 연도별 추이

자료 : 한국건강증진개발원.

식품 구매 시 신선식품은 통조림이나 가공식품에 비해 소금이 적게 함유되어 있지만 가공식품의 경우 영양표시를 통해 확인할 수 있다. 생선 음식의 소금 함량은 조림이나 볶음의 경우는 많고 튀김의 경우는 적다. 채소 음식은 절임이 가장 높고 볶음이 가장 낮아 조리법을 달리하여 소금 함량을 낮출 수 있다.

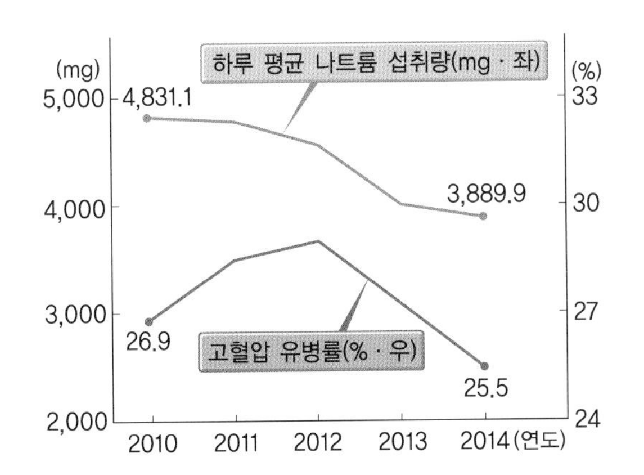

나트륨이 많이 함유된 식품

김치류
된장 · 고추장 · 쌈장
깻잎 · 콩잎 장아찌
무장아찌 · 단무지
라면
조미김
어묵
햄버거
토마토케첩
카레소스

그림 9-15 우리나라의 1인당 나트륨 섭취량과 고혈압 유병률 및 나트륨 함량이 높은 식품의 예

자료 : 식품의약품안전처, 국민건강영양조사.

저염 조리 시 주의사항

- 소금이 거의 없는 향신료인 후추, 고춧가루, 마늘, 식초, 깨, 설탕, 레몬즙, 카레가루를 이용하여 조리한다.
- 육류나 생선은 조림보다 구이를 하며 먹기 전에 간을 하거나 양념을 찍어 먹도록 조리한다.
- 라면이나 즉석국과 같은 가공식품은 스프를 줄여서 조리한다.
- 조리할 때 국물이 적은 조리법을 사용한다.
- 염장, 절임, 발효식품 등 저장식품의 섭취량을 줄인다.
- 조리할 때 간장이나 소금을 적게 사용하는 습관을 기르며, 계량을 정확히 하고 입자가 큰 소금이나 스푼의 크기를 줄여 사용량을 점차 줄인다.
- 신선한 자연식품, 특히 칼륨이 많이 함유된 과일이나 채소의 사용을 늘린다.

5) 저열량 조리법

식재료의 종류 및 부위, 조리방법, 설탕이나 물엿 등 조미료로 사용하는 당의 종류 및 사용량 등으로 조리 시 열량을 조절할 수 있다. 마블링이 잘 된 육류는 구우면 맛은 좋으나 지방이 함께 섭취되어 열량을 증가시키게 된다. 이런 경우 식재료를 전처리하면서 지방을 제거하거나, 습열 조리 중에 용출된 지방은 냉장온도로 보관하여 지방을 굳게 한 다음 제거하면 열량을 줄일 수 있다.

기름을 사용하여 조리하는 볶음이나 튀김보다는 탕, 찜, 조림이나 구이 등의 조리를 하면 기름에 의한 열량를 줄일 수 있다. 하지만 튀김은 소비자들이 선호하는 조리법이므로 튀긴 후 기름을 완전히 빼거나 튀길 때 식품재료에 스며드는 것을 줄인다. 볶음 조리를 할 경우 기름 대신 물을 이용하기도 하며, 오븐이나 전자레인지, 두껍거나 코팅된 팬을 이용하여 기름 사용을 줄인다.

가공식품 중에 지방량을 줄인 저지방, 무지방 우유나 유제품, 드레싱, 소스 등을 이용하며 기능성 올리고당이나 저열량 당을 이용하기도 한다. 전분을 함유한 탄수화물 식품은 전분의 일부를 저항전분으로 변형하면 일부 칼로리를 낮출 수 있다.

외식할 때는 지방을 많이 사용하는 양식, 중식보다 칼로리가 낮은 한식이나 일식을 선택하며, 튀김요리보다는 기름 사용량이 적은 조리방법으로 조리한 음식을 선택하는 것도 필요하다.

다음은 열량을 낮추기 위한 조리법과 식품 선택 요령을 간단히 정리한 것이다.

① 고열량 식품을 저열량 식품으로 대체하기

- **볶음밥** : 밥 양을 줄이고, 채소량은 늘린다.
- **육류** : 비교적 지방 함량이 적은 살코기 부위를 선택한다.
- **달걀** : 노른자보다 흰자를 많이 사용한다.
- 가공식품보다는 직접 조리한 식품을 선택한다.

② 지방 사용을 줄이는 조리법 이용하기

- 튀김, 볶음 등의 조리법보다는 굽거나 삶는 조리법을 이용한다.
- 육류나 생선을 구울 때는 프라이팬보다 석쇠나 그릴을 이용한다.
- 튀김요리를 할 때는 튀김옷을 얇게 입힌다.

③ 열량이 적은 식품 이용하기

- 채소류는 열량이 비교적 적으므로 자유롭게 이용하되 되도록 생것을 이용한다.
- 열량이 적은 샐러드 드레싱을 이용한다.

④ 식품 자체의 지방 줄이기

- 고기류를 먹을 때는 기름이 많은 부위를 제거하여 먹는다.
- 기름이 많은 재료는 데쳐서 기름을 제거한 후 이용한다.

⑤ 자극적인 조리법 피하기

- 진한 양념은 피하고 간은 되도록 싱겁게 한다.
- 조미료의 사용을 줄이고 대체 조미료를 활용한다.

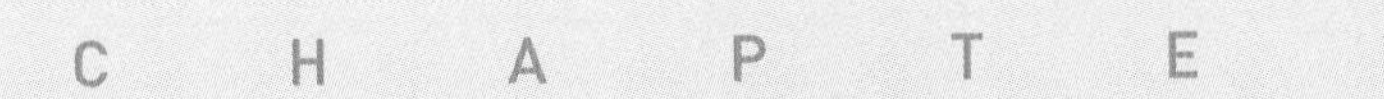

CHAPTER

10

건강한 상차림

인간의 전 생애에 걸친 최고의 화두는 '건강과 장수'이며, 건강하게 장수하기 위해서는 식생활이 가장 중요하다. 우리가 늘 접하는 다양한 색의 음식들은 영양소만이 아니라 다양한 생리활성기능물질들을 함유하고 있으며, 우리나라 전통 상차림이 바로 균형 잡힌 장수 식단이다. 또한 진정한 의미에서의 건강한 식생활이란 아름답고 쾌적하고 즐거워야 하므로, 아름답고 쾌적한 식탁을 차리는 것 또한 중요하다 하겠다.

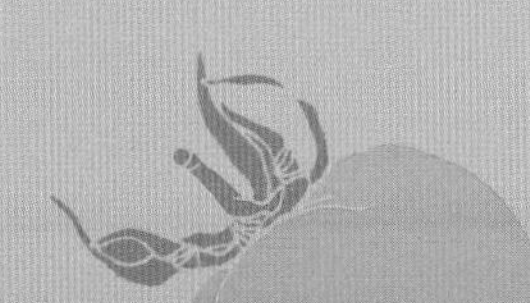

1. 우리의 상차림

1) 일반적 특징

- 밥이 주식이고 부식으로 반찬을 곁들이며, 주식에 따라 반찬을 구성하여 균형 잡힌 한 끼 식사가 된다.
- 국물이 있는 음식을 즐긴다.
- 반찬의 조리법으로는 찜·전골·구이·전·조림·볶음·편육·숙채·생채·젓갈·장아찌 등이 있다.
- 김치·장아찌·장·젓갈 등 발효식품을 많이 섭취한다.
- 식품 자체의 맛보다 조미료와 향신료를 사용하여 복합적인 맛을 즐긴다. 간장·파·마늘·깨소금·참기름·후춧가루·고춧가루·생강 등을 용도에 따라 음식에 사용한다.
- 음식 재료를 잘게 썰거나 다져서 한입에 먹기 좋은 형태로 한다.
- 음양오행사상에 입각하여 오색재료나 오색고명을 사용한다(그림 10-11, 그림 10-12 참조).
- 준비된 음식을 한상에 모두 차려놓고 먹는다(공간전개형 상차림).

2) 우리의 전통 상차림

(1) 반상

밥, 국(탕), 김치를 기본으로 차리는 밥상이다. 나이 어린 사람에게는 밥상, 어른에게는 진짓상이라고 하며, 임금님 밥상은 수라상이라고 한다. 우리나라 전통 반상 차림은 종류에 따라 상에 놓이는 음식의 종류와 수가 다르다(표 10-1). 밥, 국(탕), 김치, 장, 조치(찌개), 찜, 전골 등을 제외한 반찬 그릇의 수(첩 수)에 따라 상차림을 구분하는데, 첩이란 뚜껑이 있는 반찬 그릇(쟁첩)을 말한다. 3첩은 서민층, 5첩은 여유가 있

표 10-1 반상차림에 따른 반찬의 구성

반상 종류	첩수에 들어가지 않는 음식							첩수에 들어가는 음식										
	밥	국	김치	장류	조치	찜(선)	전골	나물		구이(적)	조림	전	장과	마른찬	젓갈	회	편육	별찬(수란)
								숙채	생채									
3첩	1	1	1	1				택 1		택 1			택 1					
5첩	1	1	2	2	1			택 1		1	1	1	택 1					
7첩	1	1	2	2~3	1	택 1		1	1	1	1	1	택 1			택 1		
9첩	1	1	3	2~3	2	1	1	1	1	1	1	1	1	1	1	택 1		
12첩	2	2	3	3	2	1	1	1	1	1	1	1	1	1	1	1	1	1

※ 9첩과 12첩에는 나물을 첩수에 들어가지 않는 음식으로 포함시키는 경우도 있었다.
※ 조치는 찌개를 의미하는 궁중 용어이다.

자료 : 구난숙 외 3인(2017). 세계 속의 음식문화(제4판). 교문사.

는 서민층, 7첩과 9첩은 반가의 반상차림이었으며, 12첩은 임금님만 드실 수 있는 상차림으로 수라상이라 하였다.

(2) 죽상

죽을 주식으로 한 상차림이며, 보양식으로 이용하거나 궁에서는 탕약을 드시지 않는 날에 초조반으로 내어가기도 했다. 재료에 따라 흰죽, 두태죽, 장국죽, 어패류죽, 비단죽 등이 있으며, 반찬으로는 동치미, 나박김치, 북어보푸라기, 미역자반 등을 곁들여 낸다.

(3) 면상·만두상·떡국상

밥을 대신하여 점심 또는 간단한 식사 때 차리는 상이다. 전·잡채·배추김치·나박김치 등을 반찬으로 상에 올린다.

(4) 주안상

술을 대접하기 위해 차리는 상으로, 술과 함께 우선 포나 마른 안주를 낸 다음 전골이나 찌개·전·회·편육·김치를 술안주로 상에 올린다. 술을 거의 들고나면 면이나 떡국 등 주식을 내가고, 후식으로 조과, 생과, 화채 등을 한 가지 정도씩 내간다.

(5) 교자상

경사가 있을 때 여러 사람이 함께 둘러앉아 음식을 먹도록 장방형의 큰상 또는 대원반에 차리는 상이다. 주식으로 냉면·온면·떡국·만두 중에서 계절에 맞는 것을 선택하고, 탕·찜·전·편육·적·회·겨자채·잡채·구절판·신선로 등을 반찬으로 차린다. 배추김치·오이소박이·나박김치·장김치 중에서 두 가지쯤 올린다. 음식을 다 들고나면 다과를 내간다.

(6) 다과상

다과가 중심인 상차림으로, 증편이나 단자 등의 떡 종류와 약식, 정과, 약과, 강정류, 다식, 생과일, 화채, 더운 차 등을 차려 식간이나 후식으로 즐긴다.

3) 전통 상차림의 우수성

밥에 국, 김치 등으로 구성된 우리 고유의 기본 음식에 다양한 부식을 곁들인 우리나라 전통적인 상차림은 균형 잡힌 식생활을 할 수 있는 최고의 밥상이며(그림 10-1), 다음과 같은 좋은 점이 있다.

- 열량이 과다한 식사는 비만, 당뇨병, 고혈압, 심장병, 암 등의 원인이 되지만, 전통 밥상은 열량이 적고 3대 영양소인 탄수화물, 단백질, 지방의 비율도 65 : 15 : 20으로 비교적 이상적이다.

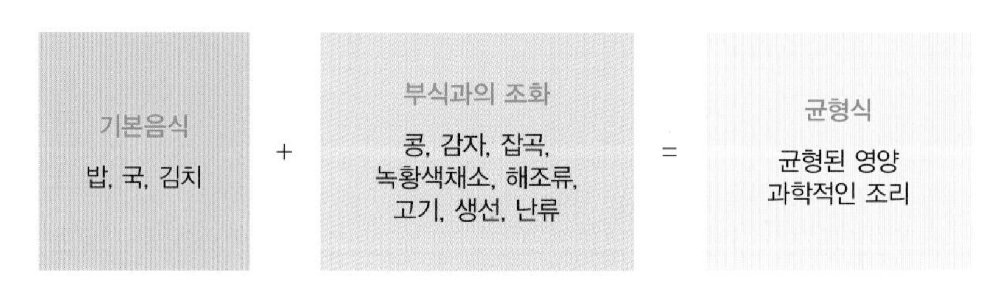

그림 10-1 우리나라 전통 상차림의 우수성

그림 10-2 우리나라 전통 상차림의 색 조화(설날 상차림)

자료 : 권순자 외 6인(2012), 웰빙식생활(제3판), 교문사.

- 공간전개형 상차림이므로 과식하지 않고 영양균형을 맞추기 쉽다.
- 동물성 식품에서 섭취하는 열량은 전체 섭취 열량의 15% 정도이다.
- 건강에 도움이 되는 채소, 콩류 및 마늘과 양파의 섭취에서도 우위에 있다.
- 포화지방 함량이 미국식과 지중해식 식사에 비해 적어 건강에 좋다.
- 미국식과 지중해식 식사에 비해 각종 성인병 예방에 효과적이다.
- 다양한 음식으로 상차림이 아름다워 식욕을 돋운다(그림 10-2).

우리나라 전통 상차림에서 사용하는 700여 종의 상용식품을 대상으로 항산화·항돌연변이·항암·면역기능 증진 등의 효능을 비교한 결과, 우리가 일상에서 흔히 섭취하는 음식들이 가장 우수했다는 사실이 밝혀졌다. 이것은 우리의 전통 식단이 바로 장수 식단이라는 것을 과학적으로 증명한 것이다. 우리나라 장수인들의 장수 비결은 특정한 기호식품에 있는 것이 아니라 극히 일상적인 전통식품을 골고루 섭취하면서 건강한 100세를 맞이한 것이다(p.199~200 참조).

2. 음식의 색과 건강

1) 음식의 색과 식욕

일상생활에서 늘 접하는 음식들은 다양한 색채들로 이루어져 있는데, 이러한 색채들은 인간의 식욕에 여러 가지 영향을 주고 있다(표 10-2). 일반적으로 밝고 따뜻한 색은 달콤한 것을 연상시켜 음식이 더 맛있어 보이게 하고, 탁하고 차가운 색은 쓰고 떫

표 10-2 음식의 색이 식욕에 미치는 영향

색상	영향
빨강	식욕을 느끼게 하며 맛있고 달콤함을 연상시켜, 모든 음식의 맛을 돋우는 작용을 한다.
주황	달콤한 맛과 부드러운 맛을 동시에 강하게 느끼게 하며 식욕을 촉진시키고 포만감을 느끼지 못하게 하여 과식할 수도 있다.
노랑	음식의 색으로는 신맛과 달콤한 맛을 동시에 느끼게 하여 식욕을 촉진시키고, 시각적으로 음식의 맛을 향상시키는 역할을 한다.
녹색	밝은 녹색은 상큼한 맛을 느끼게 하지만 짙은 녹색은 쓴맛을 느끼게 한다. 따라서 짙은 녹색은 식욕억제를 통하여 편안하고 즐거운 다이어트에 이용할 수 있다.
파랑	상큼함뿐만 아니라 쓴맛의 느낌을 동시에 주므로 식욕을 감퇴시키지만, 다른 음식을 더 맛있게 보이게 하므로 음식의 배경색으로는 좋은 색이다.
보라	음식의 색으로는 포도의 달콤함을 연상시키는 것이 아니라 오히려 쓴맛과 동시에 음식이 상한 느낌을 준다. 따라서 잘못 사용하면 그 음식이 서서히 싫어지게 된다.
분홍	달콤한 맛을 강하게 느끼게 하므로, 차를 마실 때 테이블을 분홍 계열로 장식하면 차 맛이 더 달게 느껴질 정도로 식욕을 자극하는 색이다.
갈색	색상으로는 주황 계열이므로 식욕을 주는 편이다. 노릇노릇한 갈색으로 구워진 빵이 먹음직스럽게 보이는 것도 이 때문이다.
흰색	음식의 색에서는 소금을 연상시키므로 짠맛을 느끼게 한다. 그러나 흰색 그릇 또는 흰색을 바탕색으로 하여 음식을 담으면, 음식 자체의 색을 깨끗한 원색으로 반사시키므로 식욕을 돋우는 역할을 한다.
검정	음식의 색으로는 쓴맛과 부패한 느낌을 주어 식욕을 떨어뜨려 음식의 맛을 제대로 느낄 수 없게 만든다. 석이버섯 등을 고명으로 소량 사용하는 것은 액센트로 작용하므로 음식을 돋보이게 하는 데에는 도움이 된다.

밝고 따뜻한 색 : 맛있어 보임

대체적으로 밝고 따뜻한 계열인 빨강, 주황, 노랑 등은 부드럽고 달콤한 것을 연상시켜 음식이 보다 맛있어 보이는 느낌을 준다.

탁하고 차가운 색 : 맛없어 보임

대체로 탁하고 차가운 계열인 파랑, 보라, 검정 등은 쓰고 떫은맛을 연상시켜 음식의 맛을 감소시키는 역할을 한다.

그림 10-3 음식 맛에 영향을 주는 색

맛있어 보이는 음식

맛없어 보이는 음식

그림 10-4 색에 따라 맛있어 보이는 음식과 맛없어 보이는 음식의 예

자료 : 권순자 외 6인(2012), 웰빙식생활(제3판), 교문사.

은맛을 연상시켜 음식의 맛을 감소시키는 역할을 한다. 따라서 우리 옛 속담에 '보기 좋은 떡이 먹기에도 좋다'라는 말은 사실에 근거를 둔 말이라 하겠다(그림 10-3, 10-4).

2) 식단의 색 다양성과 건강

식단을 구성할 때에 식품의 색이 다양할수록 영양적으로도 균형이 잡힌다. 국립암연구소는 1991년부터 '하루에 5가지 채소와 과일을 섭취하자'는 캠페인을 하고 있으며, 주로 '빨강, 주황, 노랑, 초록, 보라색'이 포함된 식사를 권장하고 있다. 또한 2001년도 미국 워싱턴포스트지의 식생활 관련 기사에도 '무지개 색으로 구성된 식사를 하면 건강 유지에 도움이 된다'라는 내용이 실려 있다.

이처럼 식사를 구성하는 색이 다양해질수록 건강에는 더 많은 도움이 된다고 하는데, 그 이유는 이들이 가지고 있는 풍부한 비타민과 무기질 때문만이 아니라, 이들에 함유되어 있는 다양한 식물성 생리활성물질(phytochemical) 때문이다. 이 물질들은 일반적으로 항산화 작용, 해독작용, 면역기능 강화, 호르몬 역할의 조절, 유해세균에 대한 살균 등 다양한 기능이 있어, 노화를 지연시키고 고혈압과 심장병 등의 순환기계 질환·암·백내장·골다공증 등을 예방하는 데 많은 도움이 된다. 식품이 가지고 있는 각각의 생리활성물질의 종류와 기능, 함유식품 등에 대해서는 제4장-3. 파이토케미컬에 자세히 소개해 두었다(표 4-6). 앞서 언급한대로 6가지 기초 식품군을 골고루 이용하고, 다양한 색의 채소와 과일을 사용하여 식단을 구성하도록 한다.

3. 건강한 식탁 차리기

1) 식단 구성

건강한 식탁을 차리기 위한 식단 구성 시 다음 사항들을 고려한다.

① 식단을 구성하는 식품의 색이 다양하도록 선택한다(10장-2. 음식의 색과 건강 참조).
② 제철식품을 활용하여 계절에 맞는 조리법으로 음식을 만든다.
③ 우리 농산물과 지역 특산물을 활용한다. 우리 농산물은 우리나라의 기후와 풍토 속에서 우리 체질에 맞도록 생산된 것으로 우리 몸에 좋고, 영양적으로 우수하다.
④ 전통 상차림을 이용한다(10장-1. 우리의 상차림 참조).
⑤ 골고루 마련하되 비만 예방을 위해 적당한 열량이 되도록 한다. 비만은 만병의 근원이 되므로 항상 정상 체중을 유지하도록 노력해야 한다. 열량이 높은 단 음식과 기름진 음식을 절제하도록 조리법을 고려한다(표 10-3).
⑥ 음식의 상호 보완작용을 이용한다. 어떤 식품에 특정 영양소가 부족할 경우 그 부

표 10-3 조리법에 따른 열량 변화

식품	분량	조리법에 따른 열량			
		생	찜/삶기/조림	지짐/볶음	튀김
달걀	1개	80kcal	달걀찜 92kcal	달걀프라이 125kcal	–
감자	100g	80kcal	찐 감자 85kcal 감자샐러드 110kcal	감자전 200kcal	프렌치프라이드포테이토 130kcal
굴	1/3컵	35kcal	굴회(초고추장) 85kcal	굴전 115kcal	굴튀김 200kcal
닭다리 (껍질포함)	100g	180kcal	닭찜 150kcal	–	프라이드 치킨 280kcal 양념 치킨 320kcal
쇠고기	60g	80kcal	장조림 85kcal	쇠고기 채소볶음 115kcal	쇠고기 튀김 160kcal
팽이버섯	70g	20kcal	팽이버섯 미소된장국 55kcal	팽이버섯 채소볶음 75kcal	팽이버섯 튀김 175kcal

족한 영양소가 풍부하게 함유되어 있는 다른 식품을 함께 섭취함으로써 상호 보완을 할 수 있다. 일반적으로 식물성 단백질은 동물성 단백질보다 질이 낮으므로,

계절에 맞는 음식

- **봄 :** 춘곤증을 이기고 입맛을 돋우는 식품과 조리법을 선택한다.
- **여름 :** 몸의 양기를 보하고 수분을 보충해 주는 식품과 조리법을 선택한다.
- **가을 :** 수확의 계절에 나는 풍요로운 곡식과 과실을 다양하게 사용한다.
- **겨울 :** 추위를 이기는 데에 도움이 되는 식품과 조리법을 선택한다.

제철식품의 활용

제철식품이란 그 계절에 나는 재료로 영양가가 높고 값도 저렴할 뿐만 아니라 신선도가 매우 높다. 사람은 자신이 태어난 땅에서 그 계절의 기운을 듬뿍 받고 자란 제철식품으로 만든 음식만으로도 기운을 보충할 수가 있다. 하지만 시간과 장소의 개념이 사라진 현대사회에서는 어떤 식품이 제철식품인지 구별하지 못하는 경우가 늘어나고 있어, 제철식품에 대한 영양교육도 필요하겠다.

한 가지의 식물성 단백질만 먹는 것보다는 여러 종류의 식물성 단백질을 함께 먹거나 동물성 단백질과 혼합하여 먹으면 부족한 아미노산을 상호 보완할 수 있다.

그 예로 우리나라에서는 예로부터 흰쌀밥만이 아니라 쌀에 콩이나 팥을 섞어 콩밥이나 팥밥을 지어 먹었는데, 이렇게 하면 쌀에 부족한 리신과 트레오닌 등이

표 10-4 식물성 식품에 부족한 아미노산과 보충 방법

식품	부족한 아미노산	보충 방법 예시
곡류	리신, 트레오닌	곡류 + 콩류 → 콩밥, 팥밥 쌀밥 + 콩류 반찬/콩가공품 반찬(두부 등)
콩류	메티오닌	
옥수수	리신, 트립토판	옥수수 토티야 + 콩 음식
채소류	메티오닌	쌀밥 + 나물 반찬 샐러드(채소 + 견과류)
견과류 및 종실류	리신	샐러드(채소 + 견과류 + 콩류)

표 10-5 식품 배합의 장점

식품 배합	장점
돼지고기 + 표고버섯	돼지고기는 콜레스테롤이 많은데, 이를 섬유질이 풍부한 표고버섯과 함께 먹으면 콜레스테롤이 체내에 흡수되는 것을 버섯의 섬유질이 억제시키고 돼지고기의 누린내를 없애며 독특한 맛과 향을 더할 수 있다.
돼지고기 + 새우젓	새우젓은 발효되는 동안에 프로테아제를 많이 생성하는데, 이는 돼지고기의 주성분인 지방과 단백질을 소화시키는 작용이 있다.
미꾸라지 + 산초 (추어탕)	독특하고 상쾌한 향이 있는 산초는 미꾸라지의 비린내를 제거하는 데 가장 잘 어울리는 향신료이며, 위장을 자극해서 신진대사를 촉진하는 생리적 특성을 갖고 있다.
복어 + 미나리	지방이 적고 양질의 단백질이 많아 술 마신 후의 해장국으로도 인기가 높은 복어는 탕으로 끓일 때 미나리를 곁들이면 맛이 좋아질 뿐만 아니라, 복어의 테트로도톡신을 해독하는 효과를 어느 정도 기대할 수 있어 좋다.
생선 + 생강	생선회를 먹을 때 채 썬 생강을 함께 먹게 되면 우선 비린내 제거도 되고 살균작용이 있어 장염, 비브리오균 등으로 인한 세균성 식중독을 예방하는 효과도 기대할 수 있다. 또 생강에는 디아스타아제와 단백질 분해효소도 들어 있어 생선회의 소화를 도우며 생강의 향미 성분은 소화기관에서의 소화·흡수를 돕는 효능도 있다.
당근 + 기름	당근에 많은 카로틴은 지용성이므로 기름으로 조리해서 먹는 것이 카로틴의 흡수율이 높아져 효과적이다.

콩이나 팥으로 상호 보완될 수 있어서이다. 또한 밀가루로 만든 빵을 먹을 때는 우유와 함께 섭취하면 밀에 부족한 리신과 메티오닌 및 트레오닌 등이 이러한 아미노산이 풍부한 우유로 서로 보완될 수 있다. 이렇듯 서로 부족한 영양소를 보충하는 식품이나 음식을 알고 있다면 건강한 식단을 구성하는 데에 많은 도움이 된다(표 10-4). 더 나아가 영양소만이 아니라 식품의 역할과 효능도 서로 보완할 수 있도록 함께 식품 배합을 잘 하여 조리하거나 곁들여 먹으면 기호나 생리 기능에도 훨씬 도움을 줄 수 있다(표 10-5).

⑦ 장수식을 이용한다.

예로부터 인간의 공통된 소망은 건강하게 오래 사는 것인데, 장수에는 산 좋고 물 좋은 지리적·환경적 요소와 함께 건강한 식생활이 큰 영향을 끼친다. 그중에서도 우리나라 장수 노인들은 과식을 하지 않고 밥상에는 항상 나물 반찬이 빠지지 않으며 자연식을 주로 섭취하는 것으로 조사되었다(우리나라의 장수 식단 참조). 이렇듯 장수 노인들은 건강기능식품이나 약품에 의존하지 않고 우리 주

우리나라의 장수 식단

우리나라 사람들에게 맞는 장수 식단은 우리 고유의 전통 식단이며, 건강한 장수인들의 공통된 특징은 주위에서 쉽게 구할 수 있는 자연식품을 즐겨 먹었다는 것이다. 우리나라 100세 이상의 장수 노인들의 식단은 다음과 같은 경향이 있는 것으로 확인되었다.

1. '밥 + 국 + 반찬'을 고루 갖춘 식사를 한다.
2. 주식으로는 잡곡밥보다 쌀밥을 선호한다.
3. 부식은 생채소보다 반드시 나물이나 무침 형태의 조리된 채소를 섭취한다.
4. 김치, 간장, 된장, 고추장 등의 발효식품을 반드시 섭취한다.
5. 데친 나물, 콩, 해조류를 즐긴다.
6. 짠 음식, 죽 · 수프류, 튀김류 등은 피한다.
7. 육류는 삶은 돼지고기를 즐긴다.
8. 술과 담배를 하지 않는 편이 많다.
9. 식사량은 젊을 때보다는 적게 먹지만 결코 적지는 않다.
10. 대부분이 하루 세끼, 특히 아침을 꼬박꼬박 챙겨 규칙적으로 식사를 한다.

자료 : 박상철(2005), 한국 장수인의 개체적 특성과 사회환경적 요인, 서울대학교출판부.

그림 10-5 장수를 돕는 10가지 식품

위에 흔히 있는 건강한 음식을 섭취함으로써 건강을 유지하고 있다.

미국 하버드대에서 그리스 성인 22,243명을 대상으로 식사습관을 조사한 결과, 그리스 식단대로 먹는 사람은 그렇지 않은 사람에 비해 사망률이 25%가 낮고 심장병과 암 사망률도 각각 33%, 24% 낮은 것으로 나타났다. 즉, 그리스인들의 건강

그림 10-6 그리스인들이 즐겨 먹는 건강식

에는 토마토, 올리브, 요구르트, 적포도주가 많은 공헌을 하고 있는 것이다. 그리스 인들은 가공 정도가 낮은 제철 과일과 채소를 좋아하고 지방은 전체 열량의 35%를 넘지 않으며, 이 중 동물성 지방의 섭취는 8%에 불과하다. 식물성 지방도 올리브유와 견과류 등을 통해 섭취한다. 또 고기보다는 해산물을 즐겨 먹고 적포도주를 하루 평균 남자는 두 잔, 여자는 한 잔을 마신다고 한다(그림 10-6).

2) 식탁 차리기

진정한 의미에서의 건강한 식생활이란 음식을 먹을 때에 우리의 입만이 아니라 눈과 손이 닿는 곳까지 아름답고 쾌적하고 즐거워야 할 것이다. 따라서 식탁을 차릴 때에 여러 가지로 코디네이션하는 데에 필요한 나양한 요소들을 알아두면 도움이 될 것이다.

(1) 음식 담기

같은 음식이라도 어떤 그릇에 어떻게 담느냐, 어떤 것과 함께 담느냐에 따라, 즉 음식 디자인이 어떤지에 따라 그 외관에서 오는 느낌과 분위기도 달라지며 식욕에도 영향을 미친다. 음식 디자인을 구성하는 요소로는 모양과 색채가 있는데, 모양은 음식의 모양, 담는 그릇의 모양, 담음새에 따라 전체 모양이 결정되며, 색채는 음식의 색채와 담는 그릇의 색채로 조화가 이루어진다.

① 그릇 선택

그릇의 모양에 따라 느낌이 달라지는데, 다양한 모양의 그릇을 사용하여 멋스럽게 음식을 담아내는 감각이 필요하다. 표 10-6에 접시의 모양에 따른 느낌과 활용법에 대해 요약해 두었다.

② 음식 담는 방법

우리나라는 전통적으로 의례 음식을 제외하고는 음식을 그릇에 수북이 반구 모양으로 담거나 평평하게 담는 등 그다지 입체적으로 담는 편이 아니다. 그러나 서양음식

표 10-6 접시 모양에 따른 특징과 활용법

접시 모양	특징 및 활용법	접시 모양	특징 및 활용법
원형	• 가장 기본이 되는 모양이며 편안하고 고전적인 느낌을 줌 • 진부한 느낌을 줄 수는 있으나 테두리의 무늬와 색상에 따라 다양한 이미지 연출 • 색상, 음식의 종류, 음식의 담음새에 따라 자유롭고 고급스러우며 안정된 이미지 연출	삼각형	• 날카로움과 빠른 움직임이 있는 느낌을 줌 • 코믹한 분위기나 자유로운 느낌을 연출할 음식에 활용
타원형	• 우아하고 여성적인 기품, 원만함 등의 느낌을 줌 • 가로·세로의 비율을 변화시켜 섬세함과 우주적인 신비한 이미지 연출 • 포근한 이미지 등 다양한 이미지가 있으므로 여러 가지로 연출	역삼각형	• 앞쪽이 뾰족한 역삼각형은 날카로움과 속도감이 있는 느낌을 줌 • 먹는 사람을 향해 달려오는 것과 같은 느낌을 줌 • 강한 움직임의 이미지를 연출할 때 활용
정사각형	• 안정되고 정돈된 느낌을 줌 • 모던하고 세련된 느낌을 줌 • 주로 젠 스타일을 연출할 때 자주 활용	마름모형	• 사각이 지닌 정돈된 느낌과 안정감에서 벗어나 선을 비스듬히 한 평행사변형은 쉽게 이미지가 변해서 움직임과 속도감이 있는 느낌을 줌 • 평면이면서도 입체적인 느낌을 줌 • 정사각형 접시를 45° 돌려서 활용하면 됨
직사각형	• 황금분할에 기초를 둔 사각형이 많이 쓰임 • 안정되고 세련된 모던한 느낌과 함께 친근한 이미지 연출 • 원형 접시에 비해 여러 가지 변화를 의도한 창의성이 강한 음식에 활용	–	–

이나 일본음식, 중국음식 등은 공간적으로 볼 때에 상당히 입체적으로 음식을 담는 편이다. 음식을 담을 때에 위에서 보았을 경우 평면적으로 다양한 모양으로 담을 수 있으며(그림 10-7), 구도상으로도 대칭적 구도인지 비대칭적 구도인지에 따라서도 다양한 느낌을 준다(그림 10-8).

그림 10-7 평면상의 음식 담음새

그림 10-8 구도상의 음식 담음새

③ 음식을 장식하는 방법

음식을 장식하는 방법에는 곁들이는 음식으로 장식하는 방법, 소스로 장식하는 방법, 고명으로 장식하는 방법이 있다(표 10-7, 그림 10-9, 10-10, 10-11, 10-12).

표 10-7 음식 장식법

장식법	내용
곁들이는 음식	어떤 주된 음식을 담을 때에 함께 곁들이는 음식으로도 훌륭한 장식 효과를 거둘 수 있으며, 나아가 영양적 균형도 더 좋아질 수 있다(그림 10-9).
소스	소스로 음식을 장식하는 방법은 주로 서양에서 많이 행해지고 있다. 소스가 필요한 음식을 낼 때에는 소스를 따로 낼 때도 있지만, 뜨거운 소스의 경우에는 접시 위에 주된 음식을 담고 나서 음식 주위나 위에 소스를 뿌리거나, 차가운 소스의 경우에는 여백에 소스로 그림을 그리듯이 뿌려서 장식하는 방법이 있다(그림 10-10).
고명	우리나라 전통음식은 고명이 매우 발달되어 있다. 고명은 음식 위에 뿌리거나 얹어놓아 음식의 양념이 되기도 하지만 음식을 한층 더 아름답게 보이도록 하는 데 큰 역할을 하고 있다. 고명으로 사용하는 식품에는 실로 다양한 것들이 있는데 쇠고기, 달걀, 채소류, 버섯류, 견과류, 깨 등이 있다(그림 10-11, 10-12).

대칭적 방법

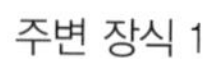
주변 장식 1

주변 장식 2

중앙 장식

비대칭적 방법(혼합 장식)

양식의 경우

일식의 경우

중식의 경우

그림 10-9 곁들이는 음식으로 장식하는 방법

뜨거운 소스 연출법

음식 주위에 뿌리는 방법

음식의 반쪽에만 뿌리는 방법

음식 위를 덮어 뿌리는 방법

차가운 소스 연출법

점 연출법

선 연출법

회화적 연출법

그림 10-10 각종 소스 연출법

달걀지단(채)

달걀지단(마름모)

줄알

알쌈

고기완자

다진 고기 고명

미나리(실파) 초대

표고버섯

그림 10-11 우리나라의 다양한 고명(1)

그림 10-12 우리나라의 다양한 고명(2)

(2) 테이블 코디네이션을 위한 아이템

테이블 코디네이션에 필요한 아이템으로는 리넨(linen)류, 식기류, 센터피스(centerpiece)류가 있다.

① 리넨류

리넨류에는 테이블클로스, 언더클로스, 플레이스 매트, 러너, 냅킨 등이 있다(표 10-8).

② 식기류

식기류는 소재와 종류, 디자인이 매우 다양하여 아름다운 식탁을 차리는 데에 활용할 것이 많다. 격식을 갖춘 정찬에는 금테두리가 있는 그릇이 어울리며, 우아하고 여성스러운 엘레강스한 분위기 연출에는 은테두리나 연한 꽃무늬 그릇이 적당하다. 캐주얼한 분위기에는 강한 원색의 그릇이 어울리며, 모던한 분위기 연출에는 흰색 사각형 그릇이나 흰색과 검은색이 조화된 그릇도 무난하다.

우리나라 전통 그릇인 질그릇이나 옹기는 숨을 쉰다고 알려져 있고 외관상 자연스러운 토속적인 분위기가 있으며, 나무그릇도 자연친화적인 건강한 식탁을 연출하는 데에 잘 어울린다. 계절에 따라서도 그릇을 다양하게 활용하여 식탁의 분위기를 한층

표 10-8 리넨류

종류	내용
테이블클로스 (table cloth)	재질은 일반적으로 면, 마, 합성섬유, 실크 등 다양한 종류가 사용되고 있다. 가정에서 평상시 사용하는 크기는 식탁 끝에서 30~35cm 늘어지는 크기가 적당하지만, 클래식한 테이블 세팅에는 더욱 길게 한다.
언더클로스 (under cloth)	테이블과 테이블클로스 사이에 깔아 커트러리(나이프, 포크, 스푼 등)나 그릇 등을 놓을 때 소리가 덜 나게 하는 역할을 하며, 사람의 목소리도 흡수하기 때문에 차분한 분위기를 만들어 준다. 크기는 테이블보다 10cm 정도 큰 것이 적당하고, 소재는 융이 가장 좋으며 면 또는 얇은 스펀지로도 만든다. 사일런스 클로스(silence cloth) 또는 테이블 패드(table pad)라고도 부른다.
플레이스 매트 (place mat)	모양은 직사각형을 많이 사용하며 크기는 35×45cm²가 일반적이다. 소재는 린넨류 외에 대나무발이나 나무쟁반, 종이 등을 다양하게 사용할 수 있기 때문에 자연스러운 느낌의 웰빙 식탁을 잘 표현할 수 있다. 플레이스 매트는 일반적으로는 캐주얼한 세팅에 많이 사용하지만, 한지로 만든 것은 고급스러운 한식 상차림 분위기에 어울리고, 나무쟁반으로 된 것은 젠 스타일에 잘 어울린다.
러너 (runner)	테이블 가운데를 길게 덮는 직사각형 모양의 천으로, 폭은 일반적으로 30cm 내외이다. 테이블 밑으로 늘어지는 길이는 테이블클로스와 같거나 약간 짧은 것이 좋다. 러너만 사용할 경우에는 폭이 30cm 정도가 좋다.
냅킨 (napkin)	식사 시 입가에 묻은 것을 직접 닦아내는 데에 사용하므로 너무 손이 많이 가는 장식용 접기는 피하고 단순한 것이 좋다. 테이블클로스와 같은 소재가 좋으며, 식기의 색에 맞추어 색과 소재를 선택하기도 하는데, 일반적으로 면을 많이 사용한다.

더 아름답고 쾌적하게 연출하도록 한다. 특히 여름에는 유리그릇이나 대나무로 만든 그릇을 활용하면 시원한 느낌을 줄 수 있다. 우리나라 전통 그릇 중 봄에는 백자 계통, 여름에는 청자 계통, 가을에는 분청사기 계통, 겨울에는 유기(놋그릇)가 잘 어울린다.

③ 센터피스류

센터피스란 테이블 중앙에 장식하는 것을 말하며, 일반적으로는 생화가 가장 좋고 과일이나 돌, 조개류 등을 다양하게 이용할 수 있다. 생화를 사용할 때는 가능한 한 낮게 꽂아 상대방을 가리지 않도록 하고, 식사를 방해할 정도로 향이나 색이 강한 것은 피한다. 일반적으로 서양식 정찬에는 생화와 초를 함께 사용하는데, 식사 중에 초가 녹아 없어지지 않도록 2시간 이상 사용 가능한 것으로 선택한다.

(3) 계절별 식탁 차리기

① 봄을 위한 식탁

봄의 분위기에 어울리도록 전반적으로 파스텔 톤의 따뜻한 색이나 연한 녹색 등을 사용하면 무난하다(그림 10-13). 봄을 상징하는 연분홍의 벚나무나 노란 개나리꽃, 푸른 새싹이 돋은 가지 등을 센터피스로 활용하면 테이블 위에서 봄을 만끽할 수 있을 것이다.

② 여름을 위한 식탁

전체적으로 흰색과 차가운 색을 위주로 배색하면 청량감을 더해주어 상쾌한 기분으로 식사를 할 수 있다(그림 10-14). 장식에 사용하는 색도 실버 계열을 활용하고, 유리그릇을 사용하면 훨씬 더 여름에 어울리는 상차림이 된다. 이와는 반대로 강렬한 원색인 빨강, 노랑, 주황 등을 배색함으로써 작열하는 태양을 연상시켜 여름의 분위기를 연출하기도 한다.

③ 가을을 위한 식탁

전체적인 색채를 낙엽 색깔인 갈색 톤으로 배색하면 무난하게 가을에 어울리는 식탁을 연출할 수 있다(그림 10-15). 풍요로움을 상징하는 수확물인 과일들과 곡식들, 호박, 밤, 호두 등이 훌륭한 장식 소품이 될 수 있으며, 낙엽 또한 계절감각을 잘 나타내준다.

④ 겨울을 위한 식탁

전체적으로 따뜻한 이미지로 연출하며, 자주색 테이블클로스에 황금색 러너를 깔고 금테두리가 있는 그릇을 사용하면 화려함이 더해진다(그림 10-16). 크리스마스 시즌에는 빨강색과 초록색, 황금색을 조화시키고 크리스마스의 꽃인 포인세치아로 장식한다.

그림 10-13 봄에 어울리는 상차림

그림 10-14 여름에 어울리는 상차림

그림 10-15 가을에 어울리는 상차림

그림 10-16 겨울에 어울리는 상차림

HEALTHY EATING

FOR THE **AGE** OF **CENTENARIANS**

PART V

음식문화와 미래의 식생활

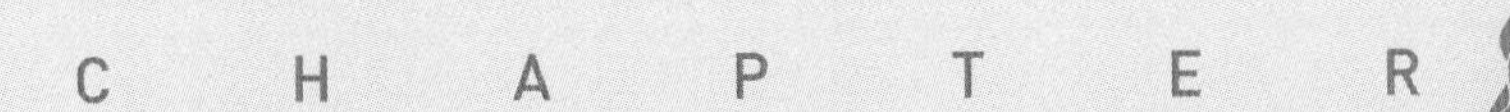

C H A P T E R

11

건강한 외식생활

최근 경제적 · 문화적으로 여유로워짐과 함께 여성의 사회 참여도와 1인 가족의 증가 등으로 가정 내에서의 가공식품의 소비와 외식의 빈도수도 증가하고 있다.

외식이란 일반적으로 '가정 외에서 조리된 음식을 먹는 것'으로, 학교·직장에서 제공하는 집단 급식도 이에 속한다. 외식의 개념은 식사 공간을 기준으로 한 것이 아니라 음식이 만들어진 조리 장소를 기준으로 한다. 요즘 사회발달과 더불어 슈퍼마켓에서 사온 도시락이나 테이크아웃한 음식을 집에서 먹는 경우가 많은데, 이를 세분화하여 중식(中食)이라고 한다.

이 장에서는 외식과 관련된 최근 식생활 동향과 외식메뉴가 식생활에 미치는 건강상의 의미, 건강한 외식생활을 위한 음식 선택에 대하여 알아보고자 한다.

1. 외식의 동향

1) 외식 관련 트렌드와 외식환경의 변화

농림축산식품부의 2016년 외식소비행태조사 결과를 바탕으로 제안된 2017년 외식트렌드는 '나홀로 열풍', '반(半)외식의 다양화', '패스트 프리미엄(fast-premium)', '모던 한식의 리부팅(rebooting)'의 키워드로 정리된다.

- **나홀로 열풍 :** 1인 외식이 보편화된 소비시대를 뜻하며, 혼자 밥을 먹는 혼밥을 넘어 혼자 술과 커피를 마시며 나홀로 외식을 즐기는 외식문화의 확산을 의미한다.
- **반(半)외식의 다양화 :** 포장외식의 확대와 다양화를 의미하며, 배달애플리케이션(배달앱) 등의 발달로 인해 집에서 직접 주문할 수 있으며, 개인 취향에 따라 고급화된 포장외식을 다양하게 소비하는 현상이다.
- **패스트 프리미엄(fast-premium) :** 식사의 형태는 간편하고 빠른 것을 선호하지만 음식은 건강하고 균형 있게, 고급화된 상품을 선호하는 소비자의 니즈가 높아진 것을 의미한다.
- **모던한식의 리부팅 :** 퓨전한식의 대중화를 의미하며, 한식과 외국식의 조합을 통해 또 다른 장르의 한식이 오너셰프(ownerchef, 식당의 주방 및 경영 책임자)를 중심으로 빠르게 확산될 전망이다.

(1) 배달외식

솔로 이코노미(solo economy)란 1인 가구가 급증함에 따라 이들을 타깃으로 한 소용량, 소포장 제품과 서비스 등을 개발해 제공하는 사회·경제적 현상을 의미한다. 이와 같이 1인 가구가 주요 소비층으로 부상함에 따라 외식 행태의 변화가 2015년 이후 지속되고 있으며, 가정간편식(HMR, Home Meal Replacement)의 고급화, 혼밥(혼자 먹는 밥)의 일상화 등이 주요 이슈가 되어 왔다. 또한, 외식산업과 신기술이 접목되면서 스마트폰을 이용한 플랫폼 서비스인 스마트오더(smart order)/스마트페이(smart

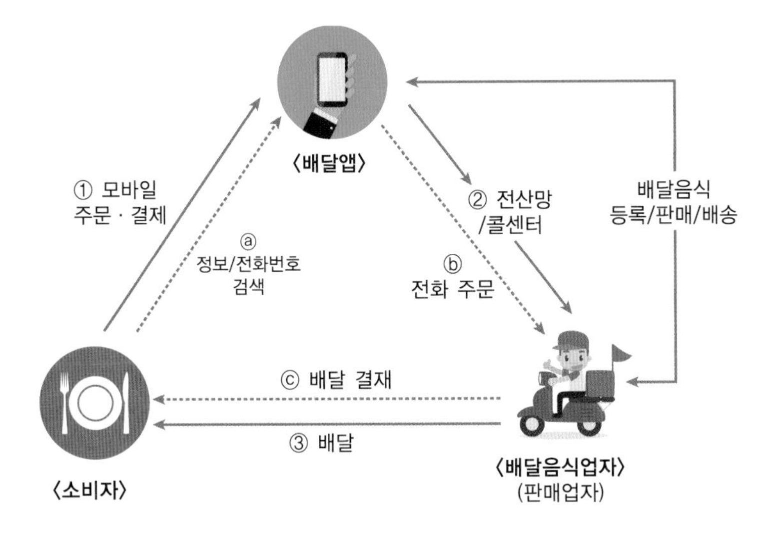

그림 11-1 배달앱서비스의 거래 방법

자료 : 정진명·남재원(2015). 소비자문제 연구. '배달앱서비스 이용자 보호방안'

pay), 배달대행 서비스, 식재료 배송서비스, 배달앱 등을 일컫는 식품 관련 서비스업과 빅데이터 등의 정보통신기술(ICT)이 접목된 신산업 분야인 푸드서비스테크놀로지(foodservice-tech)라는 신조어가 등장하였다. 배달앱이란 소비자가 앱을 통해서 주문할 수 있도록 음식점을 모아놓은 프로그램으로, 배달앱을 통한 주문에 대해서는 배달앱 본사에 수수료를 지불하는 방식이며 배달의 민족, 요기요, 배달통 등이 대표적이다(그림 11-1). 스마트폰을 통해 음식점 정보 제공, 예약, 배달 등이 가능함에 따라 외식시장에서의 배달시장 규모는 더 확대되고 있으며, 이에 따라 대규모 매장에서 소규모 매장 또는 배달 위주의 매장으로 전환되고 있는 추세이다.

해외, 특히 중국의 경우 온라인/모바일 애플리케이션을 이용한 배달서비스 이용이 급증하고 있어 배달/테이크아웃 전문점의 배달서비스 이용률이 매우 높은 것으로 나타났다. 미국은 배달 수요의 증가와 운송업 시장의 증가 추세에 따라 최근 몇 년 사이에 온라인 음식 배달 시장이 급격히 커지고 있다. '심리스(Seamless)', '그룹허브(GrubHub)' 등의 업체가 대표적이다. 일본은 배달 시장이 덜 발달된 반면, 편의점을 이용한 테이크아웃 시장은 지속적으로 인기가 높은 편이다. 또한 일본은 4명 중 1명이 65세 이상인 초고령사회로, 고령자를 위한 영양식, 간병식 등 차별화된 도시락·반찬 택배 서비스가 발달하였다.

(2) 에스닉 푸드

에스닉 푸드(ethnic food)는 이국적인 느낌을 가진 제3세계 고유음식을 이르는 말로 에스닉(ethnic)은 '민족'을 뜻하는 영어 단어이다. 에스닉 푸드는 이국적인 음식이어서 소비자들의 호기심을 자극할 뿐만 아니라 독특한 풍미와 각 나라의 전통이 어우러져 다양한 향과 재료를 접하게 된다. 에스닉 푸드에는 주로 동남아, 남미, 중동, 유럽 등지의 전통음식이 포함되는데, 이들 음식은 채소를 비롯한 각종 허브와 향신료 등 저칼로리 재료를 사용해 웰빙요리로 주목받고 있다. 대표 음식으로 베트남의 쌀국수, 인도의 커리, 태국의 똠양꿍 등 동남아 음식이 있다. 국내 에스닉 푸드 중 주목받는 메뉴 중 하나로 베트남 북부 음식인 '분짜'를 들 수 있는데, 새콤달콤한 맛을 내는 베트남 특유의 느억맘 소스에 야채와 직화 돼지고기, 쌀국수 면을 비벼 먹는 요리로 우리나라의 비빔국수와 비슷해 부담없이 즐기고 있다. 주재료는 쌀가루, 육류, 육수, 소스 등으로 이는 우리의 주식인 밥과 주성분이 비슷해 대체하여 먹을 수 있다는 장점을 가지고 있다.

국내의 경우 2000년대에 들어서 에스닉 푸드에 대한 관심이 높아지기 시작했다. 그 시기에 경제적인 풍요로움과 함께 외국에서 도입된 웰빙 열풍과 다양한 해외 경험으로 타국의 문화를 쉽게 접할 수 있는 기회가 주어졌기 때문이다. 과거 이태원 등 서울 일부 지역에서나 접할 수 있었던 태국과 베트남, 인도, 멕시코 음식 등이 이제는 외식산업을 이끌어갈 정도로 성장했다.

비건 베이커리

한국채식연합에 따르면 현재 국내에서 완전 채식을 하는 비건 인구는 약 50만 명으로 추산되며 이들의 입맛을 잡기 위해 달걀, 우유, 버터 등 동물성 재료를 전혀 사용하지 않은 '비건 베이커리'가 개발되었다. '비건 베이커리'는 팽창제로 식물에서 추출한 성분을 활용해 볼륨감과 응집력을 높이고 촉촉함을 증가시켰다. 또한 두유와 베지터블 오일 등을 사용해 보습력과 가벼운 식감을 주며, 에그포비아 등의 이슈에서 자유로워 일반 소비자들도 안심하고 먹을 수 있다.

(3) 푸드트럭

푸드트럭(food truck)은 음식을 만들어 판매할 수 있는 차량으로 냉동, 냉장되거나 미리 조리된 음식을 판매하는 푸드트럭이 있는 반면, 준비된 식재료를 이용하여 직접 그 자리에서 조리하는 등 다양한 형태의 푸드트럭이 있다. 샌드위치, 햄버거, 감자튀김 등 다양한 음식을 판매하며, 최근 퓨전 요리를 제공하는 푸드트럭과 다양한 전문 요리 및 세계의 요리를 즐길 수 있는 푸드트럭이 인기를 끌고 있다. 미국에서도 경제적인 불황과 맞물려 푸드트럭이 늘어나면서 거리 음식을 선도하고 있고, 상가를 임대하여 창업을 하는 것보다 임대료나 시설비가 저렴하고 판매 지역을 자유롭게 이동할 수 있기 때문에 우리나라에서도 20대 청년 창업가들에게 인기를 얻고 있다. 푸드트럭은 전국 어디에서나 볼 수 있고 영화 촬영, 지역사회 홍보 행사, 기업 모임과 같은 특별 행사 등에 투입되어 회사광고 및 브랜드 광고를 함께 하기도 한다.

우리나라에서 푸드트럭은 2014년도에 합법화되었지만 지방자치단체에 허가를 받아 지정된 장소에서만 영업을 해야 하는 문제가 대두되면서, 식품의약품안전처에서는 2016년 「식품위생법 시행규칙」을 개정하여 푸드트럭 영업자가 단기 지역축제 등 영업 장소를 추가로 확대할 때에 갖춰야 하는 영업서류를 간소화하기로 했다.

현재 명동의 푸드트럭에서는 고급 식당에서 맛볼 수 있는 스테이크나 랍스터 등의 메뉴도 선보이고 있으며, 그 이외에 강남역의 푸드트럭존, 한강 밤도깨비 야시장, 수원 푸드트레일러존 등에서 다양한 음식들을 선보이며 활성화되어 있다.

2) 외식소비 행태

소비자의 특성에 따라 소득 및 연령수준별로 우세하게 나타나는 트렌드에 차이가 있는 것으로 나타났다. 1~2인 가구의 증가는 간편화 경향과 연관성이 높아 편리성/소량화 선호 트렌드를 확대시키고 있다. 고령화는 건강과 맛에 대한 관심을 증대시키는 역할을 하지만, 고령층의 상당수는 경제적인 어려움에 당면해 있는 것으로 나타나 합리화를 추구하는 경향에 크게 영향을 미칠 것으로 보인다. 2014년 기준 우리나라 노인 빈곤율은 48.6%로 OECD 국가 중 압도적인 1위를 기록하였으며, 또한 고령화가

표 11-1 외식소비 행태(외식 빈도 변화)

<table>
<tr><th>구분</th><th colspan="2">2014</th><th colspan="2">2015</th><th colspan="5">2016</th></tr>
<tr><td rowspan="4">외식빈도</td><td>평균</td><td>14.0회/월</td><td>평균</td><td>14.7회/월</td><td rowspan="4">식사류</td><td>평균</td><td>15.0회/월 ⬆</td><td rowspan="4">음료류</td><td rowspan="4">6.9회/월
(음료류는 2016년 첫 조사)</td></tr>
<tr><td>방문외식</td><td>9.0회/월</td><td>방문외식</td><td>9.0회/월</td><td>방문외식</td><td>10.0회/월 ⬆</td></tr>
<tr><td>배달외식</td><td>2.5회/월</td><td>배달외식</td><td>3.4회/월</td><td>배달외식</td><td>3.2회/월</td></tr>
<tr><td>포장외식</td><td>1.5회/월</td><td>포장외식</td><td>2.2회/월</td><td>포장외식</td><td>1.9회/월</td></tr>
<tr><td rowspan="2">혼자 외식빈도</td><td colspan="2">Q. 최근 1개월간 혼자 외식 경험이 있습니까?
YES 56.6%
NO 43.4%
(전체 3,040명 중 1개월간 혼자 외식 경험이 1회 이상 있는 응답자 수 1,721명)</td><td colspan="2">2.8회/월
(총 외식 횟수의 19%)
• 1st 20대 : 23%
• 1st 지역 : 서울</td><td colspan="5">➡ 32.1% 증가
3.7회/월
(총 외식 횟수의 24.7%)
• 1st 20대 : 34.4%
• 1st 지역 : 서울(강남>비강남)</td></tr>
<tr><td colspan="9">※ 혼자 외식 빈도가 0회인 소비자를 포함한 평균값(1회 이상인 소비자의 혼자 외식 빈도는 6.5회/월)</td></tr>
</table>

자료 : 한국농수산식품유통공사(2016), 2017 식품외식산업전망대회발표자료집.

빠르게 진행되고 있는 상황이다. "2016년 외식소비 행태분석"에 의한 우리나라 국민의 외식 빈도의 변화와 주 이용 음식점, 음식점 선택 속성 조사 결과는 표 11-1과 표 11-2에 제시되어 있다.

국내외 디저트 외식시장 규모도 점점 커져 최근에는 식사 가격과 디저트 가격이 비슷한 수준까지 올라왔다. 과거에는 디저트를 먹는 것을 사치라고 여겼지만, 지금은 식사 여부와 관계없이 자주 즐겨 찾는 하나의 문화로 정착했다. 식품소비는 생명유지와 직결되므로 기본적으로는 생리적인 니즈를 충족하는 역할을 하겠지만, 향후 식품소비 트렌드는 건강 지향이 가장 큰 비중을 차지하는 형태가 지속될 것이다. 이와 더불어 간편화·다양화·고급화 경향이 빠르게 증가할 것으로 예측된다. 또한 본인의 선호도와 효용 극대화에 국한하지 않고 사회와 환경에 대해 관심을 갖는 윤리적 소비가 중장기적으로 확대될 가능성이 크므로 주목할 필요가 있다.

표 11-2 외식소비 행태(주 이용 음식점, 음식점 선택 속성)

구분			2014			2015			2016
주 이용 음식 업종	방문외식	1st	한식(63%)	방문외식	1st	한식(59%)	방문외식	1st	한식(61%)
		2nd	중식(4%)		2nd	중식(6%)		2nd	패스트푸드(7%)
		3rd	패스트푸드(5%)		3rd	패스트푸드(6%)		3rd	구내식당(6%)
	배달외식	1st	치킨(53%)	배달외식	1st	치킨(49%)	배달외식	1st	치킨(51%)
		2nd	중식(27%)		2nd	중식(25%)		2nd	중식(23%)
		3rd	패스트푸드(12%)		3rd	패스트푸드(13%)		3rd	패스트푸드(12%)
	포장외식	1st	패스트푸드(38%)	포장외식	1st	패스트푸드(33%)	포장외식	1st	패스트푸드(29%)
		2nd	분식류(20%)		2nd	분식류(19%)		2nd	분식류(20%)
		3rd	제과제빵류(16%)		3rd	제과제빵류(12%)		3rd	한식(17%)
음식점 선택 속성	방문외식	1st	맛(90%)	방문외식	1st	맛(75%)	방문외식	1st	맛(77%)
		2nd	가격(44%)		2nd	가격(44%)		2nd	가격(47%)
		3rd	청결도(27%)		3rd	위치 접근성(38%)		3rd	위치 접근성(21%)
	배달외식	1st	맛(93%)	배달외식	1st	맛(79%)	배달외식	1st	맛(79%)
		2nd	가격(63%)		2nd	가격(51%)		2nd	가격(29%)
		3rd	양(33%)		3rd	신속제공(29%)		3rd	신속제공(25%)
	포장외식	1st	맛(86%)	포장외식	1st	맛(69%)	포장외식	1st	맛(73%)
		2nd	가격(61%)		2nd	가격(47%)		2nd	가격(45%)
		3rd	다양성(37%)		3rd	위치 접근성(43%)		3rd	위치 접근성(31%)

자료 : 한국농수산식품유통공사(2016), 2017 식품외식산업전망대회발표자료집.

2. 외식과 건강

1) 외식의 문제점

① 영양적인 불균형

가정 내의 식사는 가족 건강을 의식하면서 균형이 잡힌 식단이 되도록 계획하고 정성을 다해 만들지만, 외식에 있어서는 영양적인 면보다는 본인의 기호에 비중을 높이 두고, 음주를 겸해서 식사를 하는 빈도가 높기 때문에 열량이 초과되기 쉽다.

② 위생과 안전성

인건비 절감으로 인한 업무량의 과다로 생길 수 있는 비위생적인 요인, 고온으로 처리된 음식을 담는 용기나 포장에서 용출되는 다이옥신 등과 같은 환경호르몬 등, 조리와 포장·배선 과정에서도 안전성의 문제가 발생할 수 있다.

③ 음식물 쓰레기 문제

외국의 경우에는 50명을 단위로 한 다량조리 레시피(food for fifty)가 거의 표준화되어 있는 것에 비해, 우리나라는 표준화된 레시피를 이용하지 않는 경우도 많아 1인분의 양 조절이 어려울 뿐만 아니라, 한 상에 많은 반찬을 차려내는 상차림 습관 때문에 상대적으로 음식물 쓰레기가 많이 발생한다.

④ 조미료의 과다 사용

가정에서는 자극적인 고춧가루와 소금, 조미료의 사용량이 감소되고 있으나, 외식에서는 소비자들이 음식 선택 시 맛에 치중하므로, 특히 소금과 MSG(Mono Sodium Glutamate)의 과다 사용, 음식의 맛은 맵고 짜고 단 음식으로 변해가면서 가정식보다 훨씬 맛이 더 강해졌지만, 사용된 조미료와 향신료의 양을 정확히 알기 힘들다.

2) 외식메뉴

(1) 외식 메뉴 선택 시 고려사항

- 점심식사는 가능하면 일정한 시간에 하도록 하고, 반찬이 다양하게 골고루 나오는 식당을 선택한다.
- 외식을 할 경우, 한두 가지 음식으로만 과식 또는 폭식을 하는 경향이 있으므로 외식 시에는 알맞은 식사량으로 여러 가지 음식을 골고루 섭취한다.
- 지방이 많거나 너무 단 음식 등은 입맛을 돋우는 반면 열량이 높기 때문에, 비만을 해소하거나 예방하기 위해서는 이들 음식의 섭취를 줄이고 짠 음식을 과다하게 섭취하지 않도록 주의한다.
- 과음하지 않도록 하며 횟수는 일주일에 1~2회 이내로 줄인다. 또한 안주 선택 시 지방이 많고 열량이 높은 것은 피하도록 하고, 가급적이면 신선한 과일 안주를 선택하도록 한다.
- 식사 시간은 최소 30분 이상, 적은 양을 이야기하면서 천천히 먹는다.
- 디저트는 콜라나 커피보다는 가급적 녹차로 선택하는 것이 바람직하다.

(2) 올바른 외식 메뉴 선택

① 한식

외식 선택 시 한식은 부식의 종류가 다양하여 영양소의 균형을 이루기가 쉽다. 따라서 채소를 많이 먹을 수 있는 메뉴, 즉 쌈밥이나 비빔밥 등의 메뉴를 선택한다(표 11-3).

- **쌈밥 :** 쌀밥만 먹는 것보다 여러 가지 곡식을 함께 섞어 먹으면 쌀에 부족한 영양소를 보충할 수 있고, 무기질이 풍부한 알칼리성 쌈채소나 나물을 섭취함으로써 체액이 산성화되는 것을 막을 수 있다.
- **비빔밥 :** 밥, 달걀, 나물, 참기름의 조화로 적당한 당질, 단백질, 지방, 비타민과 무기질이 함께 있어 일품요리로서 훌륭한 메뉴이다.
- **된장찌개 :** 한식을 선택할 때 비빔밥 다음으로 선택할 수 있는 메뉴이다. 그러나

외식 시 먹는 찌개는 짜게 조리될 수 있으므로 건더기를 위주로 식사한다. 요즘 직장이 밀집된 건물 주변에는 식당 특유의 가정식 백반이 준비되어 있는 곳이 많으므로 그런 식당을 되도록 이용하면 좋을 것이다.

표 11-3 한식의 영양구성

음식명	주재료	식품군							열량(kcal)
		곡류군	어육류군			채소군	지방군	과일군	
			저지방	중지방	고지방				
삼계탕	찹쌀 30g, 영계 1마리(400g), 깐밤, 인삼, 대추, 마늘	○			◎				800
갈비탕	밥, 갈비살 150g, 대파, 마늘, 무, 대추(건), 인삼	◎			◎	○			740
비빔밥	밥, 쇠고기, 달걀, 도라지, 시금치, 콩나물, 애호박, 당근, 참기름, 고추장	◎	○	○		◎	◎		550
물냉면	메밀면(건) 90g, 양지 40g, 달걀, 오이, 무, 육수	◎		○		○			514
김치찌개	밥, 돼지고기, 두부, 김치	◎		○		◎	○		475
순두부찌개	밥, 순두부 100g, 조갯살, 달걀, 잔배추	◎	○	○		○			473
비빔냉면	메밀면(건) 90g, 양지 20g, 달걀, 오이, 무, 참기름, 다대기 양념	◎		○		○	○		450
된장찌개	밥, 두부, 애호박, 양파, 풋고추	◎		○		○			445
불고기	쇠등심 150g, 양파, 참기름			◎		○	○		333

지료 : 대한영양사협회(2010). 식품교환표.

채소쌈밥

설렁탕

순두부찌개

그림 11-2 한식의 종류

한식 중 기름으로 볶은 재료를 밥과 함께 비벼 먹어야 하는 오징어 덮밥이나 김치 볶음밥 등은 맵거나 짜서 밥 먹는 양이 늘기 쉬우므로 피하는 것이 좋다. 또한 육개장, 부대찌개, 곱창전골 등의 메뉴는 음식의 양에 비해 기름의 양이 많아 칼로리가 높으므로 체중을 줄이고자 할 때에는 피하는 것이 좋다. 또한 반찬 선택 시 너무 짠 젓갈류나 장아찌는 되도록 섭취하지 않는 것이 좋다.

② 일식

일식은 담백한 맛은 있으나 육류의 섭취가 너무 적어 편중된 식단이 될 수 있다. 우리나라에서 흔히 먹는 일식 종류는 한식에 비해 채소류가 부족한 편이다. 따라서 튀김류를 제외한 음식으로 자유로이 선택하되, 육류 부족에서 오는 영양상의 불균형은 생선 요리를 이용하여 보충한다. 주로 회덮밥, 초밥류의 메뉴를 이용하고, 정통 돈가스

표 11-4 일식의 영양구성

음식명	주재료	식품군							열량(kcal)
		곡류군	어육류군			채소군	지방군	과일군	
			저지방	중지방	고지방				
돌냄비우동	우동국수 250g, 떡, 새우, 어묵 60g, 달걀 1/2개	◎		○					550
회덮밥	밥, 참치 150g, 상추, 양배추, 오이, 고추장	◎	◎			○	○		523
유부초밥	밥 210g, 유부, 설탕, 흑임자	◎			○		○		515
대구탕	밥, 대구(생) 100g, 무, 콩나물, 미나리	◎	◎			◎			460
모밀국수(양념장 포함)	메밀면(삶은 것) 400g	◎							450
생선초밥	밥, 광어 40g, 연어 40g, 도미 20g	◎	◎						440
장어날치알밥	밥, 날치알 50g, 장어 30g, 깻잎, 김, 양배추, 상추	◎	○	○		○			428

자료 : 대한영양사협회(2010). 식품교환표.

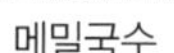

메밀국수

회덮밥

초밥

그림 11-3 일식의 종류

의 경우에는 기름 함량에 주의한다(표 11-4).

- **생선초밥 :** 생선 자체의 열량보다 밥을 조리할 때 들어가는 양념과 뭉쳐진 밥 양이 칼로리에 영향을 미치는데, 보통 1인분의 초밥 10개에서 밥의 양만 계산해도 한 공기 반을 넘게 되므로 주의한다. 유부초밥의 경우 보기와는 다르게 칼로리가 높은데 초밥 양념에 들어가는 당분과 유부를 조릴 때 사용되는 기름 및 간장이 문제이다. 따라서 유부초밥보다는 김초밥을 선택한다.
- **메밀국수 :** 섬유소가 많아 포만감을 주기 때문에 여름철 식욕이 없을 때에는 좋으나, 같이 곁들여 먹는 음식이 없어 영양 균형은 다소 맞지 않는다.
- **생선 정식 :** 한식에서 추천되는 요리와 비슷한데 이 역시 정식과 함께 나오는 기름진 반찬만 피한다면 좋은 외식 메뉴이다.

③ 중식

중식의 유혹은 기름에 볶거나 튀긴 향미, 푸짐한 양, 각종 소스들의 향긋하고 달콤한 냄새에 있는데, 다이어트를 할 때에는 되도록 중식은 피하는 것이 좋다. 중식의 경우 동물성 지방과 열량 함유량이 많으며 특히 염분이 많이 들어 있다. 중식에서는 냉채류가 비교적 저열량 메뉴이다(표 11-5).

- **해파리냉채 :** 해파리와 생채소가 곁들여진 냉채로 중식 중에 기름기가 가장 적은 것이 특징이다.

중국 음식점 증후군

중국 음식에 많이 들어간 화학조미료(글루탐산 나트륨) 때문에 생기는 현상을 말한다. 1968년 로버트 호만(Robert Homan Kwok)이라는 의사는 중국 음식을 먹고 난 후에 목과 등, 팔이 저리고 마비되는 듯하며 갑자기 심장이 뛰고 노곤해지는 것 같은 증상을 경험하여 그것을 의학 전문지에 기고하였다. 이후 이런 증상들이 여러 사람들에게 나타나면서 '중국 음식점 증후군(chinese restaurant syndrome)'이라는 말이 생기게 되었다. 증세로는 얼굴 경직, 머리가 아프고 열이 나며 목이 뻐근하고, 가슴 압박감, 복통, 메스꺼움 등이 나타난다.

표 11-5 중식의 영양구성

음식명	주재료	식품군							열량(kcal)
		곡류군	어육류군			채소군	지방군	과일군	
			저지방	중지방	고지방				
볶음밥	밥 250g, 돼지고기, 달걀, 당근, 양파, 피망, 식용유, 자장소스	◎	○	○		○			705
자장면	중국국수(삶은 것) 300g, 감자, 돼지고기, 양배추, 양파, 식용유	◎		○		○	◎		658
짬뽕	중국국수(삶은 것) 300g, 오징어, 새우살, 조갯살, 배추, 청경채, 표고버섯, 양파	◎	○			◎	○		590
탕수육(1인분)	돼지고기 80g, 전분, 당근, 오이, 양파, 피망	○	○			○	◎		470
기스면	중국국수(삶은 것) 300g, 오징어, 새우살, 돼지고기, 표고버섯, 죽순, 대파	◎	○	○		○			458

자료 : 대한영양사협회(2010). 식품교환표.

- **우동 :** 채소와 해물로 어우러진 중국식 우동은 중국집에서 추천할 수 있는 건강 메뉴로 손색이 없지만, 면을 위주로 식사하기보다는 채소와 해물을 중심으로 식사하는 것이 좋다.
- **기타 :** 기름에 튀겨내지 않은 물만두는 적당량 섭취해도 무방하나, 자장면, 탕수

육, 볶음밥 등은 모두 재료를 볶아 소스나 양념에 버무린 것들이므로, 여기에 다른 메뉴 식사까지 곁들인다면 열량과잉이므로 외식 메뉴 선택 시 권장할 만한 경우는 아니라 하겠다.

④ 양식

양식의 경우 차려진 1인분의 양을 보면 무언가 적어 보이고 모자란 느낌이 들기도 하는데, 다 먹고 나면 은근히 배가 부른 외식 메뉴 중의 하나이다(표 11-6).

- **스테이크 :** 고기의 양이 꽤 많기 때문에 열량과잉을 조심한다. 크림수프보다는 채소수프를 선택하고 빵을 먹을 때에는 버터나 잼을 사용하지 않고, 채소는 드레싱 없이 주문하여 먹는다. 후식은 당 성분이 많은 음료보다는 차 종류를, 커피보다는 녹차를 마신다.
- **연어구이 :** 다이어트를 할 때 양식에서 선택할 수 있는 최선의 메뉴이다.

표 11-6 양식의 영양구성

음식명	주재료	식품군							열량(kcal)
		곡류군	어육류군			채소군	지방군	과일군	
			저지방	중지방	고지방				
포크 커틀릿	밥 100g, 스프(건), 감자, 돼지고기, 달걀, 양배추, 오이, 당근, 브로콜리	◎	○	○		○	◎		958
생선 커틀릿	밥 100g, 스프(건), 동태살, 달걀, 오이, 양배추	◎	○	○		○	◎		883
안심 스테이크	밥 100g, 스프(건), 감자, 쇠고기, 양배추, 오이, 당근, 브로콜리	◎		◎		○	◎		860
햄버거 스테이크	밥 100g, 스프(건), 감자 120g, 쇠고기, 돼지고기, 달걀, 양배추, 오이	◎		◎		○	◎		860
카레 라이스	밥, 카레가루, 감자 130g, 돼지고기, 당근, 피망, 양파	◎		○		○			600

자료 : 대한영양사협회(2010). 식품교환표.

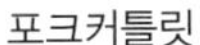

포크커틀릿 연어스테이크 스파게티

그림 11-4 양식의 종류

- **기타 :** 오므라이스나 하이라이스, 카레라이스 등은 간단히 먹을 수 있는 일품요리이나, 샐러드 등을 곁들이는 것이 좋다. 소스 이용 시에는 미트소스나 크림소스에 비해 상대적으로 열량이 낮은 토마토소스를 이용한다. 카페나 술집에서 식사를 하는 경우 술은 피하는 것이 좋지만, 부득이 먹어야 하는 경우 안주는 치즈나 햄보다는 채소나 과일, 두부나 생선 위주로 고른다.

⑤ 패스트푸드

패스트푸드점에서 제공되는 식단은 영양성보다는 경제성, 간편성, 미각성에 중점을 두고 있기 때문에, 어떤 음식을 선택하느냐에 따라서 자칫 한 끼의 식사로서 영양적인 균형이 깨지기 쉽다.

피자, 햄버거, 닭튀김, 도넛, 감자튀김 등 소위 패스트푸드라 불리는 음식들은 한두 가지의 메뉴와 음료수로 배도 부르고 맛있게 부담 없이 먹을 수 있기 때문에, 아이들뿐만 아니라 어른들도 즐겨 찾는 음식이 되었다. 음료수는 대부분 열량을 내는 당 성분 이외에 함유된 영양소의 양이 너무 적어 빈열량식품(empty calorie food)이라 부른다. 과잉 섭취 시 비만을 유발하거나 촉진할 수 있고, 특히 당뇨병 환자의 경우 혈당치를 급격하게 상승시킬 수 있으므로 패스트푸드 섭취 시 음료 선택에 주의를 요한다. 탄산음료 대신 과일주스를 먹으면 과육 속에 함유된 섬유소와 비타민을 함께 섭취할 수 있는 이점이 있다. 탄산음료를 상용하는 습관이 있는 사람의 경우, 설탕의 과잉 섭취로 인한 건강문제를 고려해 보아야 할 것이다(표 11-7).

표 11-7 패스트푸드의 영양구성

음식명	주재료	식품군							열량(kcal)
		곡류군	어육류군			채소군	지방군	과일군	
			저지방	중지방	고지방				
치킨버거(170g)	햄버거빵, 닭고기, 빵가루, 양상추	◎	○			○	○		483
새우버거(160g)	햄버거빵, 새우, 빵가루, 양상추	◎	○			○	○		413
불고기버거(150g)	햄버거빵, 쇠고기, 빵가루, 양상추	◎		○		○	○		393
치킨 1조각	닭고기, 밀가루, 튀김기름	○			◎		◎		295
피자 라지(large) 1조각	밀가루, 토핑(양파, 피망, 페파로니, 쇠고기, 햄, 양송이), 모차렐라치즈, 피자소스	◎		○	◎	○	○		287
프렌치프라이(90g)	감자, 후라잉오일, 소금	◎					◎		285

자료 : 대한영양사협회(2010), 식품교환표.

⑥ 에스닉푸드

- **베트남 쌀국수 :** 베트남 요리는 기름기가 적고 맵지 않은 독특한 특징을 가진다. 쌀과 국수가 주를 이루며 아침과 간식으로 바게트를 즐기기도 한다. 베트남 전 지역에서 공통적인 것은 신선한 채소, 허브와 함께 깊은 맛을 내는 향신료를 곁들이는 것이다. 돼지고기, 쇠고기, 참새우, 다양한 생선, 닭고기 등을 주로 사용하고, 우리나라에 2000년대 초에 선보인 쌀국수는 베트남에서 포(pho)라고 부르며 가장 일반적인 음식으로 덜 자극적이며 간이 담백하다. 열량도 보통 라면 1인분(525kcal)과 비교하여 훨씬 적은 330kcal밖에 안 되어 다이어트식으로 각광받고 있다. 또한 쌀로 만든 국수라는 점이 쌀문화권인 우리나라에서의 성장 배경이 되었다.

그림 11-5 베트남 쌀국수

패스트푸드의 건강상 문제점과 바람직한 메뉴 선택

1. 당분과 지방

대부분 당분과 지방이 많이 들어 있고 맛이 진하다.

→ 주 요리 선택 시 되도록 양배추나 양상추 같은 채소가 많이 들어 있는 메뉴를 선택한다. 피자의 경우 기름기 없는 반죽을 이용한 것을 선택하고 대신 피자와 같이 먹는 콜라나 사이다는 피하도록 한다. 달콤한 양념을 버무린 양념치킨의 경우 칼로리가 더 높아지므로 피한다.

2. 짠맛

특히 아이들의 경우 패스트푸드에 익숙해지면 짠 맛에 길들여져 나쁜 식습관이 생기게 되고, 살찐 사람은 더욱 살이 찌게 되는 원인이 된다.

→ 가급적 뿌려 먹는 소스나 치즈의 사용을 줄인다.

3. 영양 불균형

지방이 차지하고 있는 열량의 비중이 지나치게 높아 영양 불균형을 초래할 수 있으며 설탕을 대사시키는데 필요한 비타민 B군이나 칼슘의 함량이 낮아 어린이들이 자주 먹을 경우 성장 등에 지장을 받을 수 있다.

→ 패스트푸드의 경우 주 열량을 당과 지방에서 얻기 때문에 상대적인 영양소 밀도가 낮다. 따라서 섭취하는 횟수를 줄이며, 부족한 영양소는 다른 끼니에서 보충하도록 한다.

- **인도의 난과 카레 :** 인도요리는 맵고 자극적인 맛을 선호하는 한국인의 입맛에 잘 맞아 최근 소비자들의 관심이 증가하고 있다. 종교적인 이유로 많은 인도인들이 곡식과 콩으로부터 단백질을 섭취하는데, 우유로 만든 다히(dahi)와 버터를 요리에 많이 이용하므로 영양 부족이 되지는 않는다. 난은 밀가루로 만든 이파리 모양의 크고 평평하게 생긴 빵으로, 식감이 담백하고 쫄깃하다. 커리에 찍어 먹거나, 난 위에 다른 요리를 올려 먹는다. 카레의 주재료인 강황에는 항산화 성분인 '커큐민(curcumin)'이 들어 있다. 이것은 세포의 산화를 방지하고 지방세포 증식을 억제하며, 구강암이나 자궁경부암을 유발하는 인유두종바이러스(HPV)의 활성을 억제시킨다. 난(100g)은 300kcal, 카레 1인분(400g)은 544kcal의 열량을 가지고 있다.
- **태국 똠양꿍 :** 세계 6대 요리 중 하나로 손꼽히는 태국요리는 다양한 향신료가 첨

가되어 독특한 향미가 있으며 대체로 고소하고 맵고 신맛이 나는 편으로, 더위를 이기고 에너지를 얻을 수 있는 음식으로 발전되었다. 태국인들은 음식을 밖에서 사먹는 것을 선호하기 때문에 길거리 음식이 발달되어 있으며, 가격이 저렴하고 맛이 좋아 인기가 있다. 똠양꿍에서 똠양이라는 말은 타이어인 '똠(ต้ม)'과 '양(ยำ)'에서 왔으며, 똠은 '삶는다'는 말이며, 양은 타이어와 라오스어에서 '맵고 새콤한 샐러드'를 뜻하는 말이다. 따라서 똠양은 라오스어와 타이어에서 맵고, 새콤한 수프라는 의미를 가지게 되었다. 실제로 똠양은 맵고, 새콤하고 그리고 육수에 사용된 고수가 가진 독특한 향을 지닌 향신료로 특징지어진다. 주재료로 새우, 토마토, 양파, 버섯, 고수 가루, 레몬그라스 가루 등이 들어간다.

⑦ 분식

김밥, 우동, 라면, 떡볶이 등 다양한 메뉴를 자랑하는 곳이 바로 분식집이지만, 대부분 일품요리가 많아 영양소 균형을 이루기가 어렵다. 겉으로는 간단해 보이는 상차림

표 11-8 분식의 영양구성

음식명	주재료	식품군							열량(kcal)
		곡류군	어육류군			채소군	지방군	과일군	
			저지방	중지방	고지방				
칼국수	칼국수(건면) 150g, 쇠양지 30g, 호박, 양파, 참기름	◎		○		○	○		608
떡만두국	가래떡 150g, 밀가루, 돼지고기, 두부, 김치, 숙주, 부추, 양파, 참기름	◎		○		◎	○		560
라면	라면 120g	◎					◎		503
수제비	밀가루 100g, 감자 50g, 바지락, 애호박, 무, 양파, 식용유	◎	○			○	○		443
김밥	밥, 달걀, 맛살, 시금치, 단무지, 당근, 식용유	◎		○		○	○		380
고기만두	밀가루 60g, 돼지고기 40g, 무, 숙주, 부추, 식용유	◎		○		◎	○		338

자료 : 대한영양사협회(2010). 식품교환표.

들이지만 각 메뉴에 대한 칼로리는 집중된 형태를 취하고 있다(표 11-8).

- **김밥** : 1인 분량의 열량이 많은 순서는 쇠고기김밥, 치즈김밥, 김치김밥, 채소김밥이므로 부담 없이 김밥을 먹고 싶을 때에는 채소김밥을 선택한다.
- **라면** : 분식집에서 빼놓을 수 없는 메뉴이나, 다이어트 기간에는 열량, 영양, 자극성을 고려하여 피하는 것이 좋다.

뷔페 이용 시 주의사항

뷔페는 음식의 양이 1인 분량으로 정해져 있는 것이 아니기 때문에 자신이 어느 정도 먹었는지 가늠하기 어렵다는 것이 가장 큰 문제점이다. 따라서 신선한 채소류에 저열량소스를 얹어 충분히 먹고 난 후, 튀김이나 후식을 제외한 음식을 기호에 따라 골라 먹는다.

C H A P T E R

12

음식문화와 건강

음식문화(飮食文化)란 한 나라의 고유한 식생활 양식으로 음식의 조리법은 물론 식행동을 포함하며, 우리는 음식을 통해 그 나라의 역사, 사회상 등 과거와 미래를 들여다 볼 수 있다. 한 민족의 음식문화는 그 민족이 처해 있는 기후나 환경, 식품의 조리방법이나 유통 형태, 사회의 규범 또는 풍속 등의 영향을 받으면서 여러 세대에 걸쳐 그 시대에 맞게 발전한다. 따라서 어떤 음식이 주위 환경의 영향을 받아 새로운 음식으로 거듭나기도 한다.

이 장에서는 음식문화에 대한 이해를 높이고, 아시아 지역과 지중해 지역의 음식문화와 건강에 대하여 살펴보고자 한다.

1. 음식문화의 이해

1) 음식문화에 영향을 미치는 요인

(1) 종교적 요인

종교는 한 사회의 식생활에 가장 큰 영향력을 주는 요인이다. 대표적인 종교로는 기독교, 불교, 이슬람교와 힌두교가 있다. 기독교에서는 술을 금하고 불교에서는 육식을 금한다. 이슬람교에서는 돼지고기의 섭취를 금하고 단식월(라마단) 행사 시기에는 해가 떠있는 동안 모든 음식과 물의 섭취를 금한다. 힌두교에서는 쇠고기와 술을 금하며 대부분 채식주의자다. 이와 같이 종교와 관련된 금기음식이 있으며 식생활에 영향을 준다.

(2) 자연적 요인

자연적 요인으로는 수질, 토양, 기후, 지형이 있다. 자연적인 조건에 따라 식재료가 달라지기 때문에 식생활에 차이가 생겨난다. 예를 들면 한대기후에서는 음식이 담백하고 싱거우며 음식의 종류가 매우 적고, 생선과 유제품을 이용한 음식이 많다. 온대기후에서는 음식의 종류와 조리법이 다양하고, 곡류와 채소를 이용한 음식이 많으며 향신료를 적당히 사용한다. 열대기후에서는 기름이나 과일을 이용한 음식을 많이 볼 수 있으며, 음식에 향신료를 많이 사용한다는 특징도 있다.

(3) 경제적 요인

경제적 요인으로 소득, 생활수준 등이 현실적으로 식생활에 영향을 준다. 생활수준이 높고 소득이 많을수록 건강하고, 맛이 좋으며, 새로운 음식을 먹으려는 욕구가 증가한다. 또한 국내외로 여행을 다니는 사람들이 증가하면서 국가나 지역별로 음식 관련 상품을 특화시키고 있으며, 여성의 사회활동으로 가정에서 직접 만든 음식보다는 가공식품의 소비와 외식의 빈도가 증가하고 있다.

(4) 기술적 요인

기술적 요인으로 식품의 생산기술이나 가공·저장기술, 유통의 발달을 들 수 있다. 식품 생산기술의 발달은 농·수·축산물의 수확량의 증가를 가져왔고, 풍부한 먹거리를 통해 다양한 음식을 먹을 수 있게 하였다. 가공·저장기술의 발달은 활용할 수 있는 식품의 종류를 증가시켰고, 유통기술의 발달은 시간적·공간적 제약을 감소시켜 식재료나 음식의 공급을 원활하게 하여 국가나 지역 간 식생활의 차이를 줄여 주었다.

2) 세계 음식문화

음식 섭취는 생존을 위해 가장 기본적으로 이루어져야 하며, 세계 여러 나라의 음식문화를 알고 이해함으로써 개인과 국가 간의 친밀한 관계형성이 더 용이해진다.

세계는 각기 다른 자연환경 속에서 발달시켜온 음식을 나라별로 고유한 방법으로 먹고 있다. 주식과 먹는 방법에 따라 국가나 민족의 식생활을 나눠보면 다음과 같다.

그림 12-1 주식을 이용한 요리들

(1) 주식에 따른 분류

주식은 에너지를 충족시키기 위한 것으로 세계인의 1/3은 쌀, 1/3은 밀, 1/3은 보리·호밀·감자·고구마·옥수수 등을 주식으로 활용한다. 정착하여 살고 있는 자연환경에 따라 주식이 달라지기 때문에 주식인 쌀, 밀, 서류, 옥수수를 기준으로 식생활 문화권을 나눠볼 수 있다(표 12-1).

(2) 먹는 방법에 따른 분류

국가나 민족마다 먹거리에 따라 먹는 방법에 차이가 있다. 손으로 음식을 집어서 먹는 수식 문화권, 젓가락을 이용하여 음식을 먹는 저식 문화권, 나이프·포크·스푼을 사용하는 나이프, 포크, 스푼식 문화권의 3가지로 나눠볼 수 있다(표 12-2).

표 12-1 주식에 따른 식생활 문화권의 분류

섭취비율	분류	지역	특징
1/3	밀 문화권	인도북부, 파키스탄, 중동, 북아프리카, 유럽, 북아메리카	• 빵이나 국수의 형태 • 건조하여 수확량이 적은 편 • 목축이 성하여 동물성 식품을 상대적으로 많이 섭취함
1/3	쌀 문화권	인도동부, 방글라데시, 미얀마, 태국, 라오스, 캄보디아, 베트남, 말레이시아, 인도네시아, 필리핀, 대만, 중국 중남부, 한국, 일본	• 주식인 쌀과 함께 먹는 부식이 다양하게 발달했음
1/3 (보리, 호밀 포함)	옥수수 문화권	미국남부, 멕시코, 페루, 칠레, 아프리카	• 페루나 칠레 : 낱알 그대로 또는 거칠게 갈아서 만든 죽의 형태 • 멕시코 : 가루를 반죽하여 얇게 구운 형태 • 아프리카 : 가루로 수프 또는 죽을 만들어 먹음
	서류 문화권 (감자, 고구마, 토란, 마)	동남아시아와 태평양 남부의 섬	• 특별한 기술이 없어도 다량 재배 가능 • 감자 : 밀과 함께 유럽에서도 주식으로 먹고 있음

표 12-2 먹는 방법에 따른 식생활 문화권의 분류

먹는 방법에 따른 문화권	특징	지역	인구비율
수식 문화권 (手食文化圈)	• 이슬람교권, 힌두교권, 동남아시아의 일부 지역에서는 엄격한 수식 매너가 있음	동남아시아, 서아시아, 아프리카, 오세아니아(원주민)	40%
저식 문화권 (箸食文化圈)	• 중국문명 중 화식(火食)에서 발생 • 중국과 한국 : 수저를 함께 사용 • 일본 : 젓가락만 사용	한국, 중국, 일본, 대만, 베트남	30%
나이프, 포크, 스푼식 문화권	• 17세기 프랑스 궁중요리에서 확립 • 빵은 손으로 먹음	유럽, 러시아, 아메리카	30%

주 1) 인구 : 73억 5천만 명(2015년 기준)
2) 저식 문화권에서는 숟가락을 함께 사용하는 곳도 있음

자료 : 구난숙 외(2017). 세계 속의 음식문화. 교문사.

2. 세계 음식문화와 건강

1) 아시아 지역의 음식문화와 건강

한 국가를 대표하는 전통음식문화도 세계화의 추세에 따라 조금씩 변화되고 있는데, 같은 동양권에 속할지라도 나라들마다 주식의 형태나 먹는 방법 등에서 문화적 차이를 보이고 있다. 아시아의 음식문화는 육식보다는 채식 위주의 식생활이 주를 이루고 있으며, 채식에서 부족하기 쉬운 영양소는 전통 발효음식들을 이용하여 보충하고 있다.

(1) 발효음식

① 콩

아시아의 여러 나라들은 콩을 이용한 발효음식이 각 나라에 맞게 발달되어 왔는데, 한국의 된장, 청국장, 간장, 고추장, 일본의 낫토, 미소, 중국의 두시, 루푸, 취두부, 인도네시아의 템페 등이 대표적이다.

채식을 주로 했던 동양인들에게 콩은 밥에 부족한 단백질을 얻는 주요한 급원이었다. 콩의 생리 활성 기능과 관련이 깊은 것으로 보고된 것에는 이소플라본 외에 콩단백질 및 분해물인 펩타이드, 트립신저해제, 피트산, 사포닌 등이 있다. 이 가운데 콩에만 특이적으로 풍부하게 들어 있는 이소플라본인 제니스틴은 항암효과 이외에도 골다공증 같은 만성질환의 예방에 탁월한 효과를 나타내는 것으로 알려져 있다. 또한 콩은 다른 식물성 단백질에 부족한 필수 아미노산인 리신이 풍부하고 다가 불포화지방산인 리놀레산이 많아 동맥경화와 뇌졸중을 예방해준다.

대두 올리고당은 인체에 유익한 비피더스균의 증식에 관여한다.

- **한국 :** 우리 민족은 세계 어느 나라보다도 다양한 콩 조리법이 발달하여 삼국시대 이전부터 대두를 이용한 각종 염장 발효식품을 만들어 먹었다. 음식의 간은 거의 장류로 맞추어 왔기 때문에, 장은 우리 한국 음식의 밑간을 이루는 중요한 요

인이 되었다.

– **된장** : 장류 중 된장의 종류에는 전통식 된장과 개량식 된장이 있다. 일반적으로 된장은 콩을 삶아 으깨어 메주를 만든 뒤 2~3일 건조시켜 볏짚으로 묶어 한 달 정도 발효시킨 후, 다시 소금물을 부어 4개월 정도 발효시켜 만든다. 세균인 바실러스 서브틸리스(*bacillus subtilis*, 고초균), 곰팡이인 아스퍼질러스 오리제(*aspergillus oryzae*) 등의 작용에 의해 숙성이 완료되면, 대두 및 기타 원료의 단백질은 단백질 분해 효소에 의해 장 특유의 맛을 내게 되고, 소금이 가미되어 저장성은 더욱 증가하게 된다. 소금을 많이 넣으면 짠맛이 증가하고 숙성은 더디지만 저장성은 증가하며, 반대로 소금의 양이 너무 적으면 숙성은 빠르나 산미가 증가하고 때로는 부패하게 되므로, 소금의 양을 잘 맞추는 것이 중요하다. 된장의 건강상의 장점으로는 발효 과정에서 생성되는 항생물질들이 항암 작용 등을 한다고 알려져 있다.

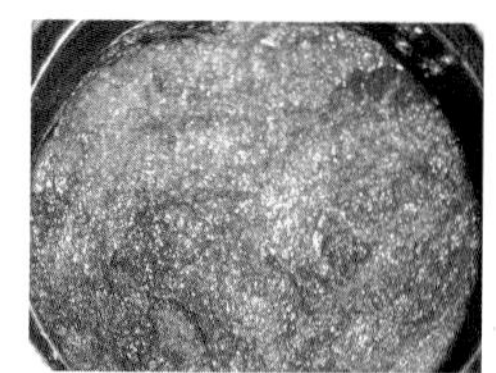

그림 12-2 메주와 된장

– **청국장** : 된장의 일종인 청국장은 콩을 삶아 60℃ 정도로 식혀 소쿠리에 담아 볏짚을 덮고 2~3일 동안 45℃로 유지시킨다. 점질이 생기면 콩이 식기 전에 각종 양념을 넣고 찧은 후 꾹꾹 눌러 담아 만든다. 청국장은 콩 발효식품 중에서 가장 짧은 기간에 발효가 완성되며, 특이한 풍미와 우수한 영양 성분을 함유하는 전통 발효식품이다.

– **간장** : 간장은 메주를 건져 된장을 만들고 남은 소금물을 끓여 만든 것으로, 한국의 간장과 된장에는 바실러스 서브틸리스라는 균이 작용하여 특유의 맛을 내게 된다. 볏짚에 있는 바실러스균은 메주 덩어리를 볏짚으로 엮어 건조시킬 때 왕성하게 번식하여

그림 12-3 청국장의 여러 가지 형태

청국장의 효능

- 청국장의 끈끈한 실 같은 물질은 폴리 글루탐산으로 칼슘의 흡수를 촉진한다.
- 항산화 물질 등이 각종 암과 생활 습관병을 예방한다.
- 셀룰로오스나 펙틴 같은 섬유질이 변비를 개선하는 효과를 나타낸다.
- 테트라메틸 피라진(tetramethyl pyrazine)은 청국장의 독특한 냄새를 만드는 성분으로 알려져 있다.

장맛을 좌우하는 것으로 알려져 있다. 간장 속의 아미노산은 갈변 반응과 구수한 맛에 관여한다.

- **고추장** : 고추장은 된장 종류와는 달리 콩을 주원료로 한 고추장 메주에 쌀 등의 전분질 원료, 엿기름 그리고 고춧가루를 넣고 발효시킨 음식으로, 세계에서 단 하나밖에 없는 독특한 한국의 조미료이다. 된장과 간장은 중국이나 일본 등지에서도 많이 이용되고 있지만, 고추장은 우리 특유의 장류로 각종 음식에 첨가되어 맛을 내는 데 널리 쓰이고 있다. 고추의 매운 맛과 적색소 함량은 고추장 품질을 결정하는 중요한 요소이다. 고춧가루의 매운 맛 성분인 캡사이신(capsaicin)은 항균 작용이 있으며, 빨간 색소인 캡산틴(capsanthin)은 항암 효과만이 아니라 대사를 촉진시켜 다이어트에도 효과가 있다. 또한 된장에 비해 단백질 함량은 떨어지지만, 고추와 찹쌀가루를 사용해 탄수화물, 비타민, 무기질의 함량이 높다.

- **일본** : 일본의 콩 발효식품으로 미소와 낫토, 쇼유가 있다.
  - **미소** : 미소는 아스퍼질러스 오리제를 이용하여 발효시킨 식품으로, 콩에 보리나 쌀, 밀가루 등을 첨가함으로써 담백하고 달콤한 맛이 난다. 땅콩버터와 같은 조직감과 함께 구수한 고기 맛과 유사한 풍미를 가진다. 미소는 한국의 전통 된장에 비해 맛이 순하고 색이 밝으며, 입자가 작고 짠맛이 적은 특징을 가지고 있다. 일반 가정에서는 국으로 끓여 먹기도 하지만, 미소 분말은 건조된 채소, 조미료 등과 혼합되어 즉석미소국의 재료로 사용된다. 미소 발효 중에 발효 미생물에 의해 비타민 B_{12}가 생성된다.
  - **낫토** : 낫토는 대두를 삶아 낫토균을 이용해 발효시킨 것으로 끈적거리는 실

이 많이 생기는데, 이 물질(낫토키나아제, nattokinase)이 혈전을 용해시키는 효과가 있어 주목을 받게 되었다. 지역마다 맛이 독특하며 낫토 자체를 그대로 먹거나 간장이나 달걀을 섞어 먹기도 한다.

그림 12-4 낫토

– **쇼유** : 일본 간장인 쇼유는 콩 이외에 전분질 원료를 혼합하며 발효제인 코지(koji) 제조에 곰팡이인 아스퍼질러스 오리제를 이용한다. 쇼유는 곡류, 생선, 두부, 발효 콩, 채소 등을 위주로 한 일본인의 담백한 식사에 매우 중요한 조미료이다. 쇼유에서 풍미와 향을 구성하는 물질은 단백질 가수분해물인 아미노산들이며, 이들 중 글루탐산(glutamic acid)과 그 염은 간장의 구수한 맛에 중요한 성분이다.

• **중국** : 중국의 대표적인 콩 발효식품으로는 두시와 루푸, 취두부 등이 있다.

– **두시** : 삶은 콩을 발효시켜 소금을 첨가해 만든 것을 함두시라 하고, 소금을 첨가하지 않은 것을 담두시라고 한다. 함두시는 된장이나 간장에 해당하고 담두시는 청국장과 유사한 방식으로 만들어진다.

– **루푸** : 콩을 이용한 일종의 콩 발효식품으로 중국이나 대만에서 오래전부터 제조되어 왔다. 먼저 두부를 만들고 곰팡이를 번식시킨 후 된장이나 간장 또는 술에 넣어 숙성시킨다. 숙성이 진행됨에 따라 두부의 조직이 부드럽게 되어 치즈와 같은 감촉과 풍미가 있다.

– **취두부** : 중국의 소홍 지방에서는 취두부라는 것을 즐겨 먹는다. 이는 1년 이상 썩힌 세차이루(채소 세차이를 발효시킨 액)라는 물에 주사위 모양으로 자

춘장

춘장은 일본식과 중국식으로 분류된다.
중국식은 캐러멜 색소를 첨가하지 않고 콩을 발효하여 검은색을 띠도록 오랫동안 숙성시킨 것이다.
우리가 사용하는 춘장은 거의 일본식 춘장으로 일본 된장에 캐러멜, 스테비오사이드, 물엿 등의 첨가물을 혼합하여 제조하는 것으로 자장면의 재료로 사용된다.

른 두부를 하루 동안 담갔다가 튀겨낸 것으로 세차이루가 오래될수록 취두부의 냄새가 더 좋다. 또한 세차이루를 만들 때에는 이미 몇 십 년 동안 썩힌 기존의 세차이루를 섞어 만드는데, 취두부는 서민들의 지친 몸을 달래주는 고단백 발효식품으로 각광받고 있다.

- **인도네시아** : 인도네시아의 전통 장류로는 템페(tempe)가 대표적이다. 템페는 대두를 곰팡이로 발효시킨 식품으로 일종의 콩 발효식품이다. 탈피 증숙된 대두에 곰팡이인 라이조푸스 올리고스포러스(*rhizopus oligosporus*)를 증식시키면 흰색의 곰팡이가 표면을 덮은 덩어리가 된다. 노란색 대두가 주로 이용되며 지역에 따라서 검은 대두가 이용되기도 한다. 발효 중에 곰팡이는 표면에서 생육되는 것은 물론 대두의 조직 안으로 침투된다. 발효된 템페는 다른 콩 발효식품과는 달리 버섯향이 있으며, 기름에 튀기는 경우 유리 지방산에 기인된 호두향 같은 풍미가 난다. 발효된 템페는 콩 사이사이에 백색 곰팡이가 꽉 차서 단단한 상태가 된다. 템페 제조에는 소금이 들어가지 않으며, 썰어서 야자유에 튀겨 먹기도 하고 굽거나 다른 음식의 부재료로 사용하기도 한다.

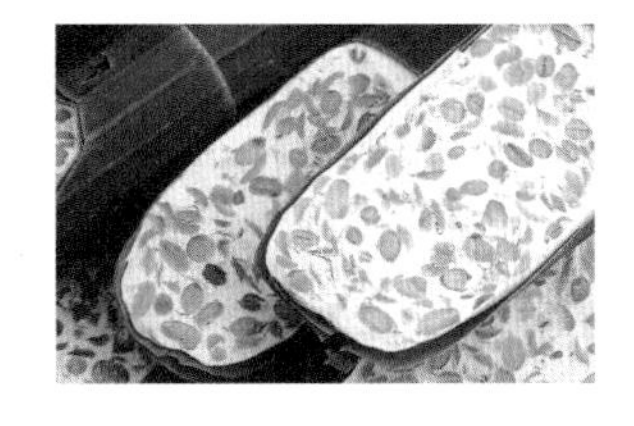

그림 12-5 인도네시아의 템페

② 채소

- **한국의 김치** : 채소를 이용한 식품에는 한국의 김치가 대표적이다. 김치는 채소를 발효시킨 전통식품이며 긴 겨울 동안 부족해질 수밖에 없었던 비타민과 무기질을 지속적으로 공급받기 위한 수단으로 만들어 먹었다. 채소를 소금에 절이는 동안 부패균은 사멸되고, 소금에 잘 견디는 유산균이 채소의 당 성분을 이용하여 젖산을 비롯한 여러 유기산, 탄산가스 등의 물질을 만들어내는 발효식품이 김치이다.
  삼국시대 이전까지만 해도 김치의 형태는 장아찌와 비슷한 형태였고, 지금의 김치와 같은 모습을 취하게

그림 12-6 각종 김치류

김치의 정의(Codex 규격)

한국을 비롯하여 일본 등 세계 각국에서 김치를 소비하고 관심을 갖게 되자, 국가 간 교역을 원활히 하기 위하여 김치의 Codex 국제식품규격을 제정하게 되었다.
한국의 배추김치에 근거하여 2001년 7월 채택된 Codex 기준에는 김치의 영문표기법(KIMCHI), 김치의 정의, 품질기준, 식품첨가물 등을 규정하고 있는데, 김치는 배추를 소금에 절이고 물로 세척한 후 고춧가루, 마늘, 생강, 파, 무 등으로 혼합된 양념으로 버무려 적당한 용기에 담아 저온에서 젖산을 생성시킨 발효식품이라고 정의하고 있다. 품질 기준은 다음과 같다.

- **총 산도 :** 김치의 총 산도는 주 발효가 젖산발효이므로 젖산으로 표시하도록 하였고, 김치는 담근 직후부터 먹을 수 있으므로 가장 맛이 좋은 상태인 0.6~0.8%를 포함하면서, 과숙 김치도 다른 다양한 식품으로 응용될 수 있도록 1.0% 이하로 설정한다.
- **염도(염화나트륨 함량) :** 젖산균의 적정 발효농도인 1~4%로 설정한다.
- **색 :** 고추에서 유래한 붉은 색이어야 한다.
- **맛 :** 맵고 짠맛을 지녀야 하며 신맛을 가져야 한다.
- **조직감 :** 적당히 단단하고 아삭아삭하며 씹는 맛이 있어야 한다.

된 것은 17세기 무렵이다. 김치의 종류는 주재료와 담그는 방법, 지역에 따라 독특하게 발전되어 왔으며, 동·식물성의 재료가 어우러지면서 일본의 츠케모노나 서양의 피클과는 다른 양상을 띠고 발전했다. 일반적으로 겨울용 김치는 양념을 많이 사용하고 여름철에는 재료가 단순하며, 북쪽 지방에서는 싱겁게 남쪽 지방에서는 짜게 담근다.
김치의 건강상 장점으로는 유기산, 유산균, 식이섬유 등을 함유하므로 변비와 대장암 예방 효과가 있을 뿐 아니라, 식이섬유는 혈중 콜레스테롤을 낮추고 급격한 혈당 상승을 억제하는 효과가 있다. 또한 식이섬유는 체중 조절에도 도움이 되며 마늘 중의 알리신은 강력한 항균 작용이 있다. 김치는 저장 중 비타민과 무기질의 손실이 없다는 점에서도 높이 평가받고 있다.

- **일본의 채소 절임 음식 :** 일본에는 발효시키지 않은 채소 절임 음식으로 츠케모노라는 것이 있는데, 우리의 밥상에서 김치가 빠지지 않듯이 일본인의 밥상에서는 츠케모노가 빠지지 않는다. 채소류를 소금, 쌀겨, 미소, 간장 등에 담가서 만든 일

본식 장아찌인 츠케모노는 발효시켜 복합적인 맛을 내는 우리의 김치와는 대조적으로 발효시키지 않아 단순한 맛을 가진다. 대표적인 츠케모노에는 매실 장아찌인 우메보시, 무로 담근 다쿠앙, 락교, 나라즈케 등이 있다. 우메보시는 옅은 녹색이지만 차조기 잎을 넣어 담그면 붉은색이 된다.

③ 어패류

- **한국의 젓갈 :** 신라 신문왕 때 폐백음식으로 『삼국사기』에 '해(醢)'가 언급되었는바 그것은 바로 젓갈과 식해이다. 젓갈은 껍질을 벗긴 생선이나 조갯살, 새우 등을 20% 정도의 소금과 버무린 후 빛이 차단되는 용기에 넣고, 용기 윗부분을 2~3cm 소금으로 덮은 후 공기가 들어가지 않게 덮개를 씌워 2~3개월 상온에서 저장한다. 이렇게 발효된 젓갈은 내염성 세균과 효소의 작용으로 생선의 비린내는 사라지고 아미노산이 발효되면서 구수한 맛이 난다. 또한 젓갈을 6~12개월 발효시켜 육질이 모두 분해되도록 한 후 끓여 살균하면 수 년간 보관할 수 있는 젓국이 된다. 식해는 수산물과 소금 외에 밥이나 채소를 혼합하여 발효시킨 것을 말한다.

그림 12-7 각종 젓갈류

- **베트남의 느억맘(nuoc mam) :** 생선을 발효시켜 만든 투명한 붉은색의 어장(魚醬, fish sauce)으로 베트남 음식의 기본이며 베트남 음식과 가장 잘 어울리는 소스이기도 하다. 멸치와 비슷한 까껌(ca com)에 소금을 넣고 발효시킨 후에 맑은 액만을 걸러낸 것으로 베트남을 비롯한 동남아시아 국가의 음식에 많이 사용된다. 어장의 기원은 메콩강 유역의 태국 동부와 라오스 지방으로, 베트남의 느억맘·태국의 남플라(nam pla)·캄보디아의 틱트레이(toeuk trey)·라오스의 남빠(nam pa) 등이 있다. 느억맘은 만드는 지역에 따라 다양한 특징이 있는데 북부지역의 느억맘은 담백하

그림 12-8 베트남의 느억맘

14세기 유럽과 향신료

- 당시 유럽에서는 조미료가 발달하지 않아 음식의 맛과 향이 좋지 않았는데, 향신료는 음식의 맛을 살리는 데 중요한 역할을 했다.
- 유럽의 의학은 그다지 발달하지 않아 모든 병이 악풍에 의하여 발생한다고 믿었고, 이 악풍을 없애기 위해서는 향신료를 사용해야 한다고 믿었다. 실제로 당시 많이 사용했던 로즈마리는 살균, 소독, 방충작용이 뛰어나다.
- 향신료는 마약으로도 사용되었다.

고 깊은 맛이 나며, 남부지역의 느억맘은 야자수를 넣어 부드러운 맛이 특징이다.

(2) 향신료

향신료는 식욕을 돋우며 부패를 방지하고 강장효과 등이 있어 동·서양을 막론하고 널리 쓰이고 있다. 향신료에는 후추, 계피, 고춧가루, 고수(코리앤더), 정향, 심황 등이 있으며 이 중에서 가장 잘 알려진 것은 후추이다. 후추는 인도의 마라발 해안이나 자바 섬, 말레이 반도 등 동남아시아에서 주로 생산되며, 후추를 영어로 페퍼(pepper)로 부르는 것은 산스크리트어로 후추를 '피파리'로 불렀기 때문이다. 검은 후추는 소화액 분비를 촉진하고 미각을 향상시키는 기능을 가지고 있다. 정향은 꽃봉오리를 말린 것이 마치 '못' 같다고 해서 '고무래 정(丁)' 자를 붙인 이름으로, 카레와 수프에 주로 사용하며 살균력이 강력하다. 정향을 생산할 수 있는 곳은 인도네시아 동부에 위치한 몰루카 제도뿐이다.

우리나라에서는 고추, 마늘, 후추 등의 양념이 향신료 역할을 해왔는데, 마늘은 건국신화에도 나올 정도로 오래된 향신료이다.

고수는 아시아를 비롯하여 중동 지역이나 멕시코 요리에서 빠질 수 없는 재료로 특유의 냄새가 난다. 중국이나 베트남, 태국에서는 잎(고수)을 향미채소로 사용하지만, 유럽에서는 주로 열매(코리앤더)를 향신료로 사용하는데 고기의 누린내를 잡아주고 식욕을 자극한다.

(3) 할랄 인증식품

할랄(halal)은 '허용된 것'이라는 뜻의 아랍어로, 이슬람 율법상 무슬림들이 먹고 사용할 수 있도록 허용된 식품·의약품·화장품 등에 붙여지는 인증이다. 할랄 식품은 세계 3대 종교의 하나인 이슬람 교도가 먹을 수 있는 것으로, 육류 중에서는 이슬람 전통 도축 방식인 단번에 목을 쳐 즉사시키는 다비하(dhabihah) 방법으로 도축된 동물을 할랄 식품으로 인정한다. 채소, 과일, 곡류, 해산물은 자유롭게 사용할 수 있다. 돼지고기와 술, 알코올 성분이 들어 있으면 할랄 식품으로 인정받지 못한다. 할랄 식품 시장은 세계 식품 시장의 약 20%를 차지하고 있는 거대 시장으로, 공산품의 경우 공식적인 할랄 인증마크가 부착된다.

이와 반대로 허용되지 않는 음식을 '하람(haram)'이라고 한다. 금지된 식품, '하람'으로 규정된 식품에는 돼지고기와 돼지의 부위로 만든 모든 음식, 동물의 피와 그 피로 만든 식품, 알라의 이름으로 도축되지 않은 고기 등이 해당된다. 도축하지 않고 죽은 동물의 고기, 썩은 고기, 육식하는 야생 동물의 고기 등도 먹을 수 없다.

2) 지중해 지역의 음식문화와 건강

(1) 지중해 지역 식생활의 특징

지중해 지역은 지리적으로는 그리스, 크레타, 이탈리아, 프랑스 남부, 스페인, 포르투갈, 모로코, 알제리, 이집트, 이스라엘, 레바논, 시리아, 터키 등이 지중해 지역에 속한다. 비가 적고 더운 긴 여름과 건조한 겨울 날씨, 돌이 많은 지형 때문에 농작물의 경작과 목축이 어려운 지역이다. 따라서 주된 농작물로는 밀, 포도, 올리브, 채소와 과일, 생선 등을 식생활에서 주로 이용할 수밖에 없었고, 육류와 유제품은 적게 섭취하였다. 지중해 지역 국가들은 음식의 재료나 조리법, 향신료 등에 있어 여러 민족의 영향을 받으며 전통음식문화가 발달되었기 때문에, 따라서 각 나라의 독특한 음식 외에 식품 사용에 있어 공통점이 많은 편이다.

- 지역의 계절식품을 이용한다.

- 식단은 당질식품, 채소, 과일 위주로 식물성 식품이 풍부하다.
- 올리브유가 주된 지방의 급원식품이며 육류는 소량 섭취한다.
- 재료의 신선도를 중요하게 여긴다.
- 조리법이 간단하여 재료의 맛과 향이 살아있다.
- 향신료를 많이 사용하지 않으며 진한 소스도 사용하지 않는다.
- 음식에 복잡한 장식을 하지 않고 재료 자체의 화려한 색을 활용한다.
- 매일매일 장보는 일을 즐겁게 생각한다.
- 가족이나 친지를 사랑하는 마음으로 즐겁게 음식을 준비한다.
- 아침은 빵과 커피로 간단하게, 점심은 따뜻한 음식으로 먹고 더운 날씨 때문에 낮잠을 즐긴다. 저녁은 늦게 먹는다.
- 반주로 한 잔의 포도주를 곁들이고, 단맛의 후식은 잘 먹지 않는다.
- 천천히 오랫동안 느긋하게 식사한다.

(2) 지중해식 식단의 건강성

1993년 지중해식 식단에 관한 국제학술대회가 열렸고, 그 당시 지중해식 식단은 30년 이상 지중해 지역에서 올리브 경작이 이루어지고 있는 지역의 식단으로 정의되었다. 지중해식 식단은 그리스와 크레타 식단이 중심이 되고, 이탈리아 남부, 스페인 동부와 남부, 프랑스 남부의 식단까지를 포함한다.

그림 12-9에서와 같이 곡류, 과일, 콩, 견과류, 씨앗류, 채소, 올리브 오일, 치즈, 요거트 등은 매일 섭취를 권장하고, 생선, 가금류, 달걀, 당류 등은 3~4회/주, 맨 윗층의 붉은 육류는 되도록 적게 섭취할 것을 권장한다.

① 올리브유

버진 올리브유는 다른 기름과는 달리 정제과정을 거치지 않고 전체 과육을 압착시켜 생산하므로 영양 손실이 적고 비타민 E가 풍부하다. 지질 섭취가 많으면 당연히 심장질환 발병률이 높은데, 올리브유를 많이 섭취하는 크레타 섬 주민의 심장병 발병률은 세계에서 가장 낮은 것으로 알려져 있다. 또한 올리브유는 혈액의 응고를 막아주고, 인체에 유익한 HDL 콜레스테롤을 높여 동맥경화를 예방한다. 스페인은 올리브를 세

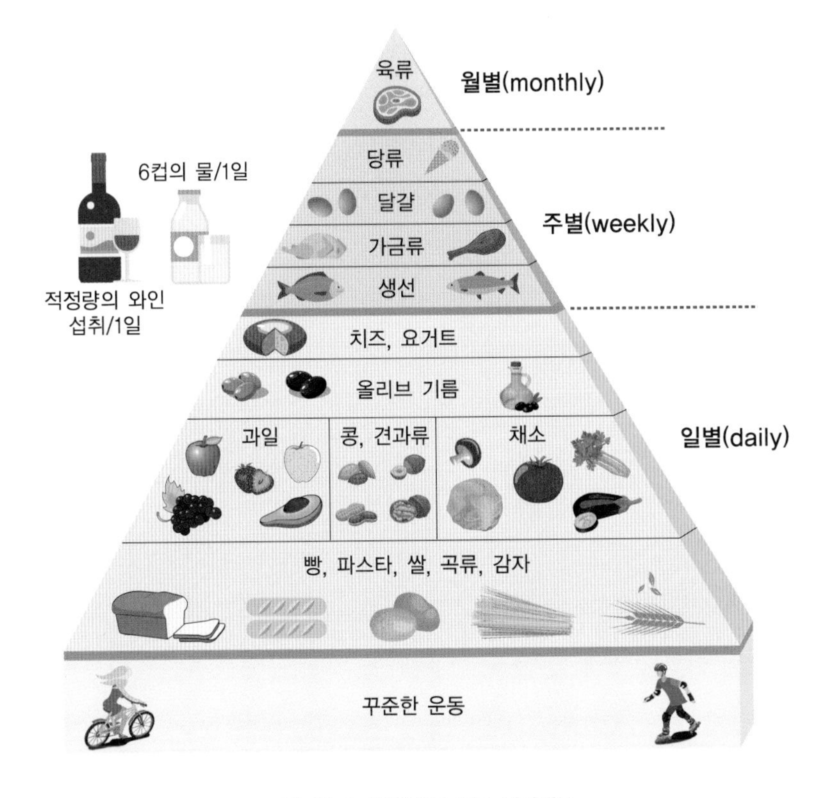

그림 12-9 지중해식 푸드 피라미드

계에서 가장 많이 생산하는 만큼 올리브유 또한 다양하게 쓰여 샐러드유로는 물론 수프, 채소나 해물의 절임용으로도 이용한다.

올리브에는 두 가지 종류가 있는데 그린올리브는 덜 익은 올리브를, 블랙올리브는 완전히 다 익은 올리브를 말한다. 블랙올리브의 경우 과육이 단단한 편이라 식감을 살리기 위한 용도로 많이 사용된다. 버진 올리브 오일은 그린올리브를 압착해서 얻어내는 것이 거의 대부분이며, 이 중 향이 좋고 품질이 좋은 것을 엑스트라 버진 올리브 오일이라 한다. 올리브유의 색이 녹색인 것은 과육의 클로로필 때문이며, 단일불포화 지방산인 올레산이 올리브유 전체 지방산의 56~84%를 차지하고, 리놀레산이 적어서 산화에 견디는 힘이 강하다. 루테올린과 쿼세틴 등 폴리페놀 화합물을 함유하고 있어서 각종 암과 종양의 발생 빈도를 낮춘다.

그림 12-10 항암식품 토마토

② 토마토

토마토는 칼로리가 낮지만 다른 식품에 비해 영양소가 풍부하고 특히 항산화 영양소인 비타민 C와 비타민 A 전구체인 카로티노이드가 풍부한 건강식품이다. 실제로 토마토를 많이 사용하는 지중해 지역, 특히 남부 이탈리아와 그리스 지역에서는 유럽의 다른 지역에 비해 심혈관계 질환과 전립선암 등 식습관과 연관된 암의 발생률이 현저하게 낮은 것으로 조사됐다.

토마토에 들어 있는 루틴은 혈관을 튼튼히 하고 혈압을 내리는 데 좋다. 토마토는 지용성이라 날 것일 때보다 기름과 함께 조리하면 흡수가 더 잘된다. 고기나 생선 등 기름기 있는 음식을 먹을 때 토마토를 곁들이면 소화가 잘되고 위산을 중화시키는 역할을 한다. 토마토의 빨간색은 카로티노이드에 속하는 라이코펜이 주성분이며, 카로티노이드 중 잘 알려진 베타카로틴에 비해 활성산소를 없애는 능력이 2배에 달한다. 이러한 항산화 능력으로 인해 암 발생을 억제하는 데 관여하는 것으로 보인다.

③ 요구르트와 치즈

염소와 양의 젖은 그대로 먹는 경우는 드물고 요구르트와 치즈를 만들어 먹는다. 그러나 유럽 다른 나라에 비해서 치즈를 많이 먹는 편은 아니며, 그리스는 페타치즈가 유명한데 조직이 거친 두부와 유사하며 손으로 대충 부셔서 샐러드에 넣어 먹는다. 요구르트가 세계적인 관심을 끌게 된 것은 러시아의 생물학자 메치니코프가 불가리아 등 발칸 지역의 장수 비결의 하나로 요구르트를 연구하여 발표한 것으로부터 시작되었다. 발효유는 위와 장에서의 소화·흡수를 높이며, 칼슘의 이용 효율을 좋게 한다. 또한 면역 능력을 높여 항암 작용을 강하게 한다.

④ 포도주

포도는 비가 많이 내리고 습기가 많은 곳에서는 잘 자라지 않기 때문에 프랑스를 중심으로 남유럽이 적지로 알려져 있다. 포도는 당분이 많고 색소 및 방향 성분 등이 있어 그 과즙을 발효하여 포도주를 만들며, 품종과 성숙도에 따라 성분의 차이가 있다. 프랑스를 비롯한 대부분의 유럽 지역은 토양이 석회질로 되어 있어, 물에 석회 성분이 많아 그냥 마시기에는 부적합하여 포도주나 맥주가 발달되었으며 프랑스인의 포도주에 대한 사랑은 유별나다. 프랑스인들은 육류나 버터 등이 풍부한 기름진 식사를 하는데도 불구하고 심장병을 비롯한 관상동맥질환의 발병이 적은 것으로 알려져 프렌치 패러독스(french paradox)라는 말이 생겼다. 이는 적포도주를 많이 마시기 때문으로, 적포도주는 혈관에 쌓여 있는 콜레스테롤 농도를 낮춰주는 HDL 콜레스테롤의 함량을 높여준다. 한방에서는 포도씨를 강장제로 이용한다.

⑤ 등 푸른 생선과 해산물

생선은 지중해식 식단에서 중요한 단백질 급원이다. 다가불포화지방산 함량이 높은 등 푸른 생선은 심혈관계 질환을 예방한다. 에스키모인의 지방 섭취량은 열량 비율로 볼 때 약 40%에 달하는 고지방식인 반면, 동맥경화, 뇌경색, 심근경색 등의 발생률이 아주 적은 것으로 나타났다. 이와 같은 결과는 에스키모인이 등 푸른 생선을 통해 EPA와 DHA와 같은 ω-3 지방산을 많이 섭취한다는 점에 기인한다. EPA는 혈전을 해소시켜 혈관을 확장하는 작용이 있다는 것이 밝혀졌고, 혈중의 중성지방 농도가 높아지는 것을 억제하고 혈액이 부드럽게 흐르도록 돕는다는 사실이 확인되었다. 그 외에도 아토피성 피부염, 기관지 천식 등 알레르기 증상의 치료와 예방에도 효과가 있는 것으로 알려졌다. DHA는 성인 뇌세포의 지방에도 10% 정도 포함되어 있는 것으로 알려져 있으며, 최근 두뇌작용을 활발하게 할 뿐만 아니라 혈중 콜레스테롤을 낮추고 치매나 암을 예방하는 효과가 있다는 연구결과가 나왔다.

그림 12-11 등 푸른 생선

등 푸른 생선과 ω-3 지방산

등 푸른 생선에는 ω-3 지방산 함량이 풍부해 혈액 흐름을 원활히 해준다. 반면 불포화지방산 함량이 높아 과산화지질이 쌓일 수 있는데, 등 푸른 생선에 함유되어 있는 비타민 E의 작용으로 과산화지질이 생성되는 것을 막을 수 있으므로 노화를 방지할 수 있다. 대표적인 등 푸른 생선으로는 고등어, 꽁치, 정어리, 청어, 삼치, 가다랑어, 참치 등이 있다.

조리법에 있어서는 튀기기보다 주로 굽거나 찌기 때문에 건강에 유익하다. 멸치류의 작은 생선을 절여 발효시켜 뼈가 없게 잘 손질한 엔초비는 샐러드나 피자에 사용한다. 지중해식 식단을 구성하는 생선에는 몸에 좋은 불포화지방산인 ω−3 지방산이 많이 들어 있다. 따라서 불포화지방산이 몸에서 산화하여 과산화 지질이 되는 것을 막기 위해서는, 베타카로틴이 풍부한 녹황색 채소와 같이 섭취하면 좋다.

월계수

오레가노

바질

파슬리

그림 12-12 허브의 종류

⑥ 허브

대부분 신선한 상태로 음식에 이용한다. 지중해 음식의 기본이 되는 월계수 잎은 향기가 좋아 요리나 차 등의 원료로 쓰이며, 신선한 잎이나 말린 잎을 조리하기 전에 넣어 사용한다. 오레가노는 잎을 파스타나 샐러드 요리에 이용하며, 지방과 콜레스테롤을 분해하고 박테리아의 활동을 막는 기능이 있어 노화를 예방해 준다. 또한 바질은 토마토가 들어가는 음식에 반드시 사용되는 향신료로, 생선, 닭고기, 파스타 등에 두루 쓰인다.

⑦ 콩 및 곡류

지중해 식단은 당질의 비중이 높은데 밀은 거칠게 도정하여 담백한 맛의 빵을 만들어 먹는다. 반죽을 부풀리지 않고 장작 화덕에 구운 납작한 피타빵과 거친 밀가루와 올리브유로 만든 시골풍의 빵을 즐겨 먹는다. 특히 지중해 동부에서는 콩과 파스타 수프, 쌀과 렌틸콩을 이용한 음식을 만들어, 곡류와 콩이 영양적으로 단백질을 상호 보완해주는 식생활을 한다.

3) 한식의 세계화

한국음식은 크게 주식과 반찬, 후식류로 이루어져 있다. 주식은 밥, 죽, 국수, 만둣국, 떡국 등이 있고, 반찬은 국, 찌개와 전골, 찜, 생채, 나물, 조림, 전, 구이, 산적, 회, 편육,

포, 장아찌, 김치, 젓갈 등이 있다. 후식은 떡, 한과의 병과류와 음료와 차 등의 음청류로 나뉜다.

해외 주요 31개 도시의 외식 및 한식산업에 대하여 농림축산식품부와 한식재단이 조사한 결과에 따르면, 북경, 상해, 연변, 호치민 시민들은 가장 자주 가는 식당으로 한식당을 꼽았다. 한식에 대한 인지도는 연변, 호치민, 북경, 홍콩, 상하이, 마닐라, 동경, 오사카 등 아시아 지역이 상대적으로 높았으며, 그 다음으로 LA, 뉴욕, 시드니, 파리, 런던이었다. 현지식과 가격을 비교한 결과, LA·뉴욕·동경·오사카·런던은 한식이 상대적으로 고가였고, 한식 메뉴 중 중국인들은 삼겹살, 일본인들은 갈비, 미국인들은 불고기를 특히 선호하는 것으로 나타났다. 유럽, 아시아, 중동 지역은 안전한 먹거리와 건강식에 대한 관심이 늘어가고 있고, 미주 지역은 웰빙 트렌드와 퓨전음식, 유기농 먹거리에 대한 관심이 높았다. 특히 미주 지역에서 한식은 K-BBQ와 퓨전타코로 대표되는 푸드 트럭에 관심이 높은 것으로 조사되었다.

한식의 세계화를 위해서는 지속적으로 우리 음식의 우수성에 대해 알리는 한편, 한국 음식의 장단점을 고려한 상차림의 간소화, 조리의 단순화를 추구하며 접근해 나아가야 할 것이다.

한국음식의 개선 방향

- 일품요리는 쟁반을 이용하여 한 상에 차린다.
- 식사하는 장소와 목적에 따라 음식을 구성한다.
- 한식의 표준 레시피를 작성하여 맛을 통일시킨다.
- 되도록 1인 독상차림을 기준으로 차리고, 나누어 먹어야 할 때는 개인접시를 따로 준비한다.
- 글로벌 시대에 맞게 다양한 식재료를 고유한 조리법에 적용하여 우리 것으로 만든다.

2018년 평창 동계올림픽 세계인을 위한 한식 10선

- **주식류 :** 황태구이덮밥, 메밀감자비빔밥, 버섯옥수수죽
- **부식류 :** 간편잡채, 모던불고기, 단군신화전, 롤삼계탕, 영양한우떡갈비찜, 트리플백김치
- **후식류 :** 구슬떡

자료 : 한식진흥원.

CHAPTER

13

미래의 식생활

우리의 식생활 문화는 자연 및 사회적 환경 변화에 의해 달라지면서 소비자인 국민들의 생활기반을 형성하고 있다. 미래의 우리 식생활은 지구환경의 변화로 나타나는 기후변화에 대응해야 하며, 급속하게 변해가는 과학기술의 결과에 기인되는 새로운 식품소재들도 빠르게 받아들여야 한다. 물론 인공지능(AI), 사물인터넷(IoT), 로봇, 드론, 빅데이터, 3D 프린팅 등의 4차 산업혁명 기반의 기술을 미래의 식생활에 접목해야 하는 과도기적인 시대에 맞추어 준비해야 한다.

1. 환경변화에 따른 식생활

1) 기후변화와 식품

지난 1세기 동안 지구의 평균기온은 0.75℃가 상승하였으며, 2℃ 이상이 상승할 것으로 예측되는 2030년부터는 식량부족이 심화될 것으로 추측하고 있다. 우리나라의 기온은 지난 100년간 1.5℃ 상승하였으며, 이는 지구 평균의 2배이다. 특히 기후변화는 우리나라 국민의 식생활을 변화시키고 있다. 현재 추세로 온실가스 배출 시, 2050년에는 기온이 3.2℃, 강수량이 16% 상승하여 내륙을 제외한 대부분이 아열대화가 될 것으로 예측된다. 또한 기후변화로 생태계가 파괴되면 물과 식량 부족 현상이 나타나 인류 건강에 위험이 닥칠 것으로 예상된다. 즉, 기후변화는 생물종의 감소, 먹이그물의 붕괴, 새로운 해충의 등장, 온실가스로 인한 지구온난화, 기상재해 및 사막 증가, 빙하 감소, 해수면 상승과 생태계 파괴, 인명·재산 피해 증가, 물과 식량 부족, 인류 건강위험 등에 영향을 줄 것이다(그림 13-1).

그림 13-1 기후변화로 나타나는 변화 양상

(1) 기후변화와 식품 생산

① 식품 생산 환경의 변화

기온의 상승으로 농작물의 최적재배지가 북상하여 농산자원들의 재배 환경이 변화되고 있다. 기온이 현재 대비 2℃ 상승하면 곡물 생산량은 수요 대비 밀 14%, 쌀 11%, 옥수수 9%, 콩 5%가 부족할 것으로 예측하고 있다. 국립수산과학원에 따르면 지난 40년간 한반도 근해의 평균 수온은 겨울철에는 1.35℃, 여름철에는 0.7℃ 올랐다. 이 때문에 명태·도루묵 등 한류성 어종이 급격하게 줄어든 반면, 고등어·멸치·살오징어 등 따뜻한 바다에서 잡히는 어종이 몰려들고 있다. 또한 방어는 제주에서 충남 서산까지 북쪽으로 이동했으며 대부분의 어류가 북상하고 있다.

지구 온도의 상승과 바닷물의 수온 상승으로 인해 어류의 이동 경로 변화, 생태계 변화, 산소량 감소, 어류의 질병 증가 등의 현상이 일어났고, 식량 생산은 불안정해지고 있다. 이런 문제를 해결하기 위해서는 도시농업 육성, 식물공장 보급 확산, 로컬푸드 활성화 등의 식생활 문화 개선과 품종개발, 재배기술 강화, 신작물 생산지도 등의 스마트 농업이 해결 방안이 될 수 있다. 결국 21세기 식량안보 문제는 식량의 양과 질에 대한 안정적 공급만이 아닌 건강과 환경에 대한 안정성, 지속 가능성에 대해 고려하는 종합적인 접근이 필요하다.

② 식품 안전 위험성의 증가

한반도는 점점 더 고온다습한 기후대인 아열대로 바뀌고 있다. 한국보건산업진흥원에 따르면 아열대로 변하는 한반도 생활공간에서 식품안전의 위험성이 증가되는데, 특별히 높은 위험은 식중독으로 화학적·생물학적 오염의 증가이다. 기후변화에 민감한 4대 세균성 식중독균은 살모넬라균, 장출혈성 대장균, 캠필로박터균과 장염비브리오균이다. 즉 기온의 상승과 습도의 증가로, 이에 민감한 노로바이러스와 로타바이러스의 증식에 유리한 환경이 조성된다. 기온 증가에 민감한 원인균이 분비하는 독소인 오크라톡신, 아플라톡신, 제랄레논, 니발레논, 파튤린, 디옥시니발레놀 등의 위험이 크게 증가할 것으로 예상된다.

2) 온실과 수직농장

수직농장(vertical farming)은 미국 콜롬비아 대학의 딕슨 데스포미어(Dickson Despommir) 교수가 1999년 창안한 개념으로, LED 등과 재생에너지를 이용해 건물 안에서 농작물을 재배하는 실내농장이다. 수직농장에는 외부 토양에서 경작할 때와 달리 토양과 물의 사용이 적고 공간을 효율적으로 활용할 수 있으며, 실내공간이라 해충이나 질병의 발생 통제가 용이해 농약 사용이 필요하지 않다. 또한 날씨와 상관없이 온도 및 습도, 빛, 물 등을 인위적으로 통제할 수 있어 기후환경의 영향을 받지

네덜란드의 수직농장 성공 사례

- **비비 베르테(Vivi Verte) 시스템 :** 네덜란드에서 최근 성장하고 있는 수직농장 산업의 한 예로 독특한 포장방식이 이 시스템의 가장 큰 특징이다. 비비(Vivi) 사는 식물의 조직배양부터 유통과정까지 위생과 신선도 유지 등을 기본 원칙으로 적용하고 있다. 조직배양이 끝난 어린 식물은 미세 구멍이 뚫린 포장비닐 안에서 성숙한 식물로 자라는데, 이때 사용되는 포장 비닐은 최종 소비단계까지 제거되지 않으며 이 포장기술이 혁신기술로 별도의 관리 없이 청결한 상태를 유지하며 자라게 된다.
- **필립스(Philips) 사 :** 아인트호벤(Willem Einthoven)은 수직농장 연구시설을 설립하였고 설립된 연구시설에서 상추, 딸기, 고수, 크레송(watercress) 등을 연구하였는데 상추 재배량이 경작지에서 재배한 것보다 167% 증가함을 확인하였다. 그 요인이 LED 등의 효율적 사용임을 알았는데 식물의 성장 초기 단계에 붉은빛을 사용해 그늘과 비슷한 환경을 만들어 성장속도를 증가시켰고 식물이 충분한 휴식을 취할 수 있도록 LED 등 전원을 끄기도 한 효과였다.
- **보타니, 필립스 라이트닝 :** 네덜란드 작물 재배기업인 보타니(Botany), 필립스 라이트닝(Philips Lighting), HAS 대학은 도시농장에 적합한 다층재배 연구를 위해 브라이트 박스(BrightBox) 연구시설을 설립, 최신 LED 등이 사용되었다. 브라이트 박스의 시설구조는 하나의 큰 재배실에 5개 층으로 나뉜 4개의 철재 선반을 배치한 형태로, 선반 각 층의 조명을 모두 다르게 하였다. 조명을 다르게 설정한 이유는 식물의 성장단계에 따라 필요한 빛의 양과 세기가 다르기 때문으로, 이런 시설을 통해 수직농장이 운영되고 있다.

않는다. 자연조명 대신에 LED 등과 같은 인조조명으로 안정적이고 효율적으로 연중 작물을 키울 수 있고 재생에너지를 활용하는 점이 지속 가능성을 가능하게 한다. 원예 농업의 종주국 네덜란드의 많은 스타트업들이 혁신적인 작물 재배 방식의 개발에 힘입어 수직농장 산업에 진출하고 있다.

3) 우리나라의 식물농장

우리나라는 수직농장을 식물공장이라 부르며, 이 식물공장은 농작물의 생육 상태를 과학적으로 관리하여 비료나 농약을 저투입하는 정밀농업(precision agriculture)의

성격을 가진다. 일반 농산물에 비해 식물의 안전성을 확보할 수 있으며, 노지 재배가 어려운 기능성 농작물을 재배함으로써 고부가가치 농업을 실현할 수 있다. 또한 식량작물의 연중 재배를 통해 생산성을 비약적으로 높임으로써 식량기지로 활용할 수 있어 미래 농업의 대안이 될 수 있다.

2004년 농촌진흥청 내에 수평형 식물공장을 설치하여 시범운영하였고, 점차 수직형 식물공장으로 대체하고 있다. 2009년 9월, 농촌진흥정은 남극 세종과학기지에 컨테이너박스형 식물공장을 보내 −40℃ 이하인 남극에서도 채소 재배가 가능하도록 하였다. 2010년부터는 롯데슈퍼에서 처음으로 도심 속 식물공장에서 재배한 농산물을 판매하기 시작하였다. 집이나 사무실에서도 식물을 재배할 수 있는 상자(주머니) 텃밭을 제공하여 서울 곳곳에 도시농업이 증가하고 있다.

2. 새로운 식품재료

1) 식용곤충

(1) 식용곤충의 필요성

2013년 유엔식량농업기구(FAO)는 인류의 식량난과 환경파괴를 해결해줄 대안으로 식용곤충을 꼽았다. 현재도 기아 문제 해결을 못하고 있는 상황에서 지금의 인구 증가

그림 13-2 세계적으로 식용곤충으로 사용되는 곤충류

자료 : 유엔농업식량기구(FAO).

율을 볼 때 2030년 세계 인구는 90억 명 정도로 예상되어, 인구의 급격한 증가는 식량 공급의 불균형을 야기하는 인류의 재앙으로 여겨진다. 이 때문에 일반 가축보다 적은 사료를 먹이고도 빠른 사육이 가능한 곤충이 기아 문제를 해결해줄 대안으로 각광받고 있는 것이다.

현재 전 세계적으로 약 20억 명의 인구가 1,900여 종의 식용곤충을 섭취하고 있는 것으로 추정되며, 섭취 인구는 주로 아프리카와 아시아 대륙에 몰려 있지만, 최근에는 미국이나 유럽 등 선진 국가들에서도 식용곤충 분야에 대한 관심이 높아지고 있다.

(2) 식용곤충의 잠재적 가치

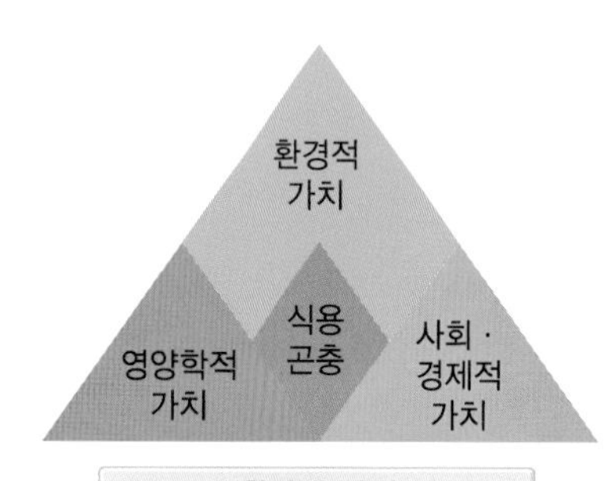

환경적 가치
가축 사육량에 비해
- 물 소비량 약 5배 절감
- 사료 공급량 약 3~20배 절감
- 이산화탄소 배출량 약 3배 감소

영양적 가치
식용곤충의 영양성분
- 58~80%의 풍부한 단백질 함유
- 10~40%의 불포화지방산 함유
- 기타 비타민 및 무기질 함유

사회 · 경제적 가치
세계 인구의 증가
- FAO(2009)의 보고서에 의하면 2050년 세계 인구는 약 97억만 명에 이를 전망(식량 부족 위기)

그림 13-3 식용곤충의 잠재적 가치
자료 : 2015 식용곤충 KELL 해외동향 보고서(2016).

① 환경적 가치

식용곤충은 가축 사육에 비해 물 소비량이 약 5배 절감될 뿐만 아니라, 사료 공급량도 약 3~20배 절감되고 이산화탄소 배출량은 약 3배 감소되어 환경적 신산업으로 관심이 증가되고 있다.

② 영양적 가치

식용곤충은 58~80%의 풍부한 단백질을 함유하고 있으며, 10~40%의 불포화지방산 및 비타민과 무기질도 풍부하게 함유하고 있다.

③ 사회·경제적 가치

FAO(2009)의 보고서에 의하면 2050년 세계 인구는 약 97억만 명으로 예측되어 미래의 식량부족 위기는 이미 예견되어 있어, 식용곤충 가치는 더욱 크다 하겠다.

(3) 식용곤충의 영양소

FAO에서는 식용곤충이 단백질, 지방, 무기질 등의 함량이 많고 영양가도 높아, 앞으

표 13-1 육류 단백질과 곤충 단백질의 비교

일반성분(100g)	벼메뚜기	꽃무지유충	갈색거저리	귀뚜라미	쇠고기	돼지고기
열량(kcal)	377.9	422.81	541.86	203.7	148	348
수분(g)	4~10	6.66	2.9	5.9	71.6	48.9
탄수화물(g)	N/D	10.56	9.32	N/D	0.2	8
지방(g)	10.7	16.57	33.77	10.9	6.3	26.4
단백질(g)	70.4	57.86	50.32	26.4	20.8	15.8

자료 : 한국식용곤충연구소, 곤충식과 일반 육류의 영양성분 비교.

로의 식량 안보문제를 해결해 줄 방법이 될 수 있다고 제안하였다. 단백질 급원인 육류와 같은 중량(100g)을 비교했을 때, 쇠고기와 돼지고기의 단백질 함유량은 각각 20.8g과 15.8g이지만, 식용곤충인 벼메뚜기와 꽃무지유충의 단백질 함유량은 70.4g과 57.86g으로 더 높게 함유되어 상대적으로 영양이 풍부하고 친환경적임을 보고하였다.

FAO와 일반 식용곤충 업체에서는 식용 곤충에 대한 소비자들의 혐오감이 곤충을 주요 단백질원으로 받아들이는 데 최대 걸림돌이라는 지적 때문에, 소비자의 거부감을 없애려고 업계에서는 곤충의 이름을 변경하고 있다. 한 예로 우리나라에서는 밀웜을 고소한 맛을 낸다고 하여 고소애로 하였다.

(4) 우리나라의 식용곤충

2015년 농림축산식품부가 집계한 국내 곤충산업의 시장 규모는 3,000억 원에 이르며, 2020년에는 5,000억 원까지 성장할 것으로 예상된다. 현재 국내에서 식품의 제조·가공·조리에 사용할 수 있는 식용곤충은 누에번데기, 벼메뚜기, 백강잠, 쌍별귀뚜라미, 갈색거저리유충, 흰점박이꽃무지유충, 장수풍뎅이유충 등 7종이다(「식품의 기준 및 규격」, 식품의약품안전처 고시 제2016-153호). 이 중 오랜 기간 식용으로 하여 온 누에번데기, 벼메뚜기, 백강잠은 모든 영업자가 사용할 수 있고, 나머지 4종은 신청을 통해 인정받은 업체만 이용이 가능하다.

2016년 고소애(갈색거저리 유충), 쌍별이(쌍별귀뚜라미), 꽃벵이(흰점박이꽃무지 유충, 굼벵이), 장수애(장수풍뎅이 유충) 등 예로부터 식용으로 쓰였던 곤충 4종이 일반

표 13-2 2016년 일반식품원료로 인정된 식용곤충의 주요 성분

주요 성분	쌍별귀뚜라미 (쌍별이)	흰점박이꽃무지 유충 (꽃벵이)	갈색거저리 유충 (고소애)	장수풍뎅이 유충 (장수애)
열량(kcal/100g)	440	442.59	544.67	516.62
탄수화물(%)	13.3	16.85	10.26	26.23
조단백질(%)	64.4	57.85	48.26	38.36
조지방(%)	14.4	17.85	35.81	28.76
불포화지방산(%)	63	77	77	58
수분(%)	2.41	2.13	2.47	2.63
회분(%)	5.45	5.31	3.17	4.02
식이섬유(%)	–	8.43	5.89	0.29

식품원료로 인정되면서, 본격적인 곤충식품산업이 시작되었다(표 13-2). 흰점박이꽃무지(*Protaetia brevitarsis*)는 딱정벌레목 풍뎅이과에 속하는 곤충으로 시베리아 동부 지역에 서식하고, 유충인 굼벵이는 한약재로 쓰이며 천연항생단백질인 프로테신(protaecin) 등 유용한 생체활성물질을 함유하고 있다. 갈색거저리(*Tenebrio molitor*)는 딱정벌레목 거저리과 곤충으로 밀웜(mealworm)이라고도 불리며, 전 세계에 분포하고 번식률이 높다.

국내 곤충산업은 「곤충산업육성법」의 제정(2010.02)으로 국가 성장 동력산업으로서의 근본 입지를 마련하였고, 농림축산식품부는 곤충산업 육성 5개년 종합계획 수립(2010.12)과 곤충자원산업화지원센터(2012)를 설립하여 식약, 사료, 천적, 화분매개의 특화산업을 적극 지원하고 있다.

(5) 바이오 소재로서의 식용곤충

동의보감에는 95종, 본초강목에는 106종의 곤충에 대한 효능이 소개되어 약용자원으로서 사용이 가능함을 알 수 있다. 최근 식용곤충으로 인정된 7종과 기타 곤충에서도 바이오소재를 얻을 수 있음이 밝혀지고 있어, 식품 이외에 화장품이나 의약용으로도 관심이 증가되고 있다(표 13-3).

표 13-3 곤충의 바이오 소재로서의 기능

곤충	바이오 소재 기능
장수풍뎅이 유충	• 분말이나 추출물이 지방세포 분화에 억제 효과 • 간 손상 억제 • 식욕 억제, 암·당뇨·비만을 유발하는 소포체 스트레스(ER stress) 감소 효과
갈색거저리 유충	• 식욕 억제와 소포체 스트레스 감소 효과 • 뇌세포에 유해한 영향을 주는 베타 아밀로이드 발생 억제 • 간기능 개선 효과 • 간을 해독하는 총글루타티온 함량이 5.2%로 높게 나타났음
흰점박이꽃무지 유충	• 인돌 알칼로이드가 혈전 치료와 혈행 개선(항혈전)에 효과 • 간기능 개선 효과
귀뚜라미 추출물	• 간 보호 효과
연지벌레	• 코치닐색소, 붉은 식용색소로 사용 • 화장품 소재로도 사용 • 소시지나 딸기우유 등 붉은색에 사용
애기뿔소똥구리	• 항생제 후보 물질이며 항생 펩타이드인 코프리신을 분리하여 토닉, 크림, 마스크 등에 사용 • 인체 유해균에 대해 강한 항균활성이 있으며, 내성균 방제에도 효과 • 화장품에 사용
왕지네	• 스콜로펜드라신을 얻어 아토피 치료제로 사용 가능성 연구

표 13-4 식용곤충의 한의학적 및 양의학적 효능

종류	한의학적 효능	양의학적 효능
귀뚜라미	해열제, 이뇨제, 신경마비, 소변불통 및 부인의 난산 등에 사용	토코페롤을 통한 알코올 해독능력 상승, 글루타티온 s-전달효소의 활성을 이용한 간보호 효과
벼메뚜기	백일해 치료, 천식 치료, 위장기능 강화, 비장기능 강화, 정력 강화	풍부한 단백질 성분으로 단백질 보충, 트립신이 풍부하여 소화기능 촉진
갈색저거리	기침·가래·토혈 치료, 중풍과 반신불수 등의 치료 효과	불포화지방산 풍부, 무기질과 식이섬유가 풍부해 식이요법에 도움
흰점박이 꽃무지유충	강정제, 통증 완화, 악성 부스럼 치료	나이아신을 통한 독소 해독과 혈액순환 개선
번데기	심신발육 촉진, 해열제, 당뇨병 예방, 고지혈증 개선 및 피부보습 효과	레시틴을 통한 뇌신경세포 조직 발달
불개미	기침·감기·천식 치료, 동맥경화 치료에 효과	수분과 섬유소가 풍부해 고혈압 예방

자료 : 여러 나라 곤충의 자원화와 그 이용(2000) 재구성.

식용곤충의 의학적인 효능을 살펴보면 표 13-4와 같다.

(6) 국외 식용곤충의 활용 현황

전 세계적으로 가장 많이 섭취하는 곤충은 딱정벌레이다(31%). 두 번째로는 사하라 남부 아프리카 지역에서 많이 섭취하는 애벌레(나비목)가 약 18%를 차지하고 있다. 벌, 말벌, 개미(벌목)가 14%(라틴 아메리카)로 세 번째다. 다음으로는 메뚜기, 비황, 귀뚜라미(메뚜기목)가 13%, 매미, 매미충, 멸구, 개각충, 노린재가 10%, 흰개미 3%, 잠자리 3%, 파리 2%, 기타 종류가 5%이다. 나비목은 대부분 애벌레 형태로 섭취하며 벌

식용곤충을 이용하고 있는 나라별 현황

- **태국 :** 시장에서 곤충을 판매하고 있으며, 업체에서 통증에 좋은 벌독크림(포라비), 건조굼벵이(타일랜드 유니크) 등이 제조되고 있다.
- **벨기에 :** 식용곤충에 적극적인 나라로 연방식품안전청(FASFC, Federal Agency for the Safety of the Food Chain, FASFC)에서 귀뚜라미, 메뚜기, 딱정벌레, 갈색거저리, 풀무치, 벌집나방 등 판매할 수 있는 곤충 10종(갈색거저리, 누에 등)을 식용으로 등록하였다.
- **네덜란드 :** 완화갈색거저리(*Tenebrio molitor*), 외미거저리(*Alphitobius diaperinus*), 이주 비황(*Locusta migratoria*)을 포함하는 세 종의 곤충류가 식용으로 생산되어 동결 건조된 상태로 판매되는데 축산물 코너에서 판매하고 있어 거부감을 줄이고 있다.
- **영국 :** Edible Grub에서 건조 곤충을 판매하고 곤충이 들어간 초콜릿이나 사탕, 술 등을 제조하고 있다.
- **프랑스 :** Micronutris에서는 곤충 분말이 함유된 마카롱 쿠키, 초콜릿 등을 판매하며, Insecto에서 코코넛 카레맛 메뚜기를 생산하고 있다.
- **독일 :** Snackinsects에서 메뚜기가 들어간 라즈베리 롤링팝과 밀웜이 들어간 초콜릿을 생산하고 있다.
- **미국 :** Chirps와 Sixfoods에서 귀뚜라미 칩스, Exo와 Chapul, 귀뚜라미로 만든 내추럴 에너지 단백질 바(bars), Hotlix에서는 곤충을 넣은 사탕을 판매하고 있다.
- 예전부터 아프리카, 동남아시아, 중국, 일본, 우리나라에서도 곤충을 식용으로 사용하였지만, 미래의 식량자원으로서의 곤충에 관심을 갖게 된 것은 2013년 FAO에서 보고서를 발간한 후부터이며, 각 나라마다 다양하게 곤충을 산업화하고 있다.

자료 : Tabo M&A(2016). 식용곤충, 일반 식품원료로 확대.

목은 유충이나 번데기 형태로 주로 섭취한다. 딱정벌레목은 성충과 유충을 모두 섭취하지만 메뚜기목, 매미목, 흰개미목, 노린재목은 대부분 성충의 형태로만 섭취한다.

(7) 식용곤충의 안전

식용곤충을 식품으로 섭취하면서 문제가 되는 것은 식품으로서의 안전성이다. 한국소비자원(2017)은 소비자 문제를 예방하고자 시중에 유통 중인 식용곤충식품 섭취경험자를 대상으로 설문조사(500명) 및 표시 실태조사(100개)를 실시했다. 섭취 후 위해 발생 여부를 조사한 결과, 9.2%(46명)가 위해사고를 경험한 것으로 응답했다. 이 중 피부발진, 호흡곤란 등의 알레르기 증상이 26.1%(12명)를 차지해, 해당 식품의 안전관리 및 알레르기 표시가 필요한 것으로 나타났다.

2) 육류 대체 단백질

(1) 배양육

미래의 인구증가에 따른 식량문제 해결 방안으로 첨단기술을 활용한 육류 생산 기술이 큰 주목을 받고 있다. 배양육(cultured meat, in-vitro-meat, pure meat)은 살아있는 동물의 세포를 배양하여 축산농가 없이 고기를 배양하는 세포공학기술로 생산하는 살코기이다.

① 네덜란드 연구실

배양육은 실험실에서 암소의 근육 조직에서 추출한 줄기세포를 배양하여 자란 수십억 개의 세포를 가지고 만드는데, 아직 상업적으로 생산되고 있지는 않다. 줄기세포를 배양하는 데에 필요한 영양소들을 개발하고 번성하는 데 도움이 되는 성장촉진 화학물질을 사용하여 배양하는데, 필요한 영양소로 스피룰리나(spirulina) 미세조류가 사용된다고 한다. 스피루리나는 단백질 함량이 70% 정도인 남조류의 일종이며 배양하기도 쉽기 때문이다. 마크 포스트의 줄기세포 버거 연구(그림 13-4)에 이어 다양한 연구가 진행 중이다.

소에서 조직을 분리함

조직에서 줄기세포를 추출함

줄기세포를 실험실에서 6주간 근육섬유로 배양함

2만 개 근육섬유를 발색, 다지고 지방과 혼합하여 버거 모양으로 만듦

그림 13-4 줄기세포로부터 배양육으로 버거가 만들어지는 과정

② 멤피스 미트

멤피스 미트(Memphis Meats) 사는 미국 샌프란시스코의 신생기업이다. 이 회사는 2016년 1월 쇠고기 미트볼(고기 완자)을 선보였고, 2017년 3월 14일 맛 감별사들을 초청해 배양육 치킨 시식회를 가졌으며 오리고기도 전시하였다. 시식에 참가한 이들이 실제 치킨과 같은 맛을 느꼈다는 소감을 전했다고 한다. 멤피스 미트는 2021년부터는 소비자를 대상으로 배양육 제품을 판매할 계획이다.

(2) 식물성 육류 개발

콩 단백질로 조직단백(textured meat)이라는 콩고기를 만들어 햄버거 패티의 30%를 대체하는 등 다양하게 사용되어 왔다. 동물세포를 사용해야 하는 배양육과 달리 식물성 단백질로 육류와 같은 구조 및 조직을 가지는 식물성 육류((plant–based meat)인 버거를 만드는 데 성공하였다.

① 비욘드 미트

비욘드 미트(Beyond Meat) 사에서는 식물 단백질인 콩 단백질을 가열·냉각한 뒤 압력을 가해 동물 단백질 구조처럼 재구성하는 데 성공했다. 채식주의자를 위한 햄버거인 비욘드 버거(beyond burger)의 햄버거 패티는 콩과 완두콩, 이스트 등 100% 식물성 재료로 만들어졌는데도 고기 패티처럼 육즙이 흐른다.

② 임파서블 푸드

임파서블 버거는 한인 셰프가 임파서블 푸드(Impossilbe Foods) 사와 함께 만든 버거로, 같은 크기의 쇠고기 패티보다 단백질 함량이 높고 지방과 열량은 낮다. 육류의 헤모글로빈과 미오글로빈의 붉은 색소 분자인 헴에 대해 관심을 갖게 되면서 콩과 식물 뿌리에서 헴을 추출해 복제하였고, 여기에 감자 등 다른 식물에서 분리한 식물 단백질과 비타민, 코코넛 지방 등의 영양소를 결합해 식물성 고기 패티를 만들었다.

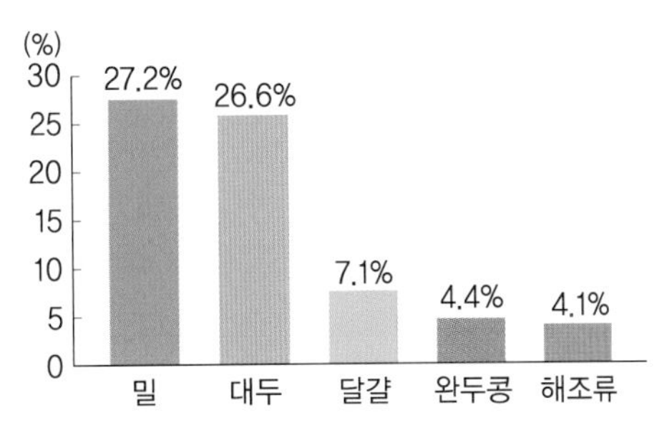

그림 13-5 육류 대체 단백질 원료 사용 비율

자료 : Innova Market Insights(2016).

육류 대체 단백질을 제조하기 위해 사용되는 원료 단백질의 비율은 밀 단백질과 대두 단백질이 26~27%이며 달걀 단백질, 완두콩 단백질, 해조류 단백질 순이다.

③ 햄튼크릭푸드

햄튼크릭푸드(Hampton Creek Food) 사는 달걀이 아닌 식물성 원료로 만든 달걀을 이용해 마요네즈를 생산하였는데, 10여 종의 식물에서 추출한 인공 달걀 파우더가 주재료로 사용되었다.

④ 가덴 프로틴 인터내셔널

가덴 프로틴 인터내셔널(Garden Protein International) 사에서 대두와 같은 식물성 원료로 만든 육류 대체품이 가데인(Gardein)이다. 햄버거 스파게티 등 쇠고기 대신 요리에 이용할 수 있는 10여 가지 레시피를 선보였다. 모양은 치킨인데 육류는 전혀 들어가지 않은 닭고기도 생산하고 있다.

3) 해양 미세조류 및 해조류

조류는 이산화탄소, 물, 태양에너지를 이용하여 유기물질을 합성하고 산소를 생산하는 광합성생물로, 미역, 다시마와 같은 대형 조류와 클로렐라(chlorella)와 스피룰리나(spirulina) 같은 미세조류로 나눈다.

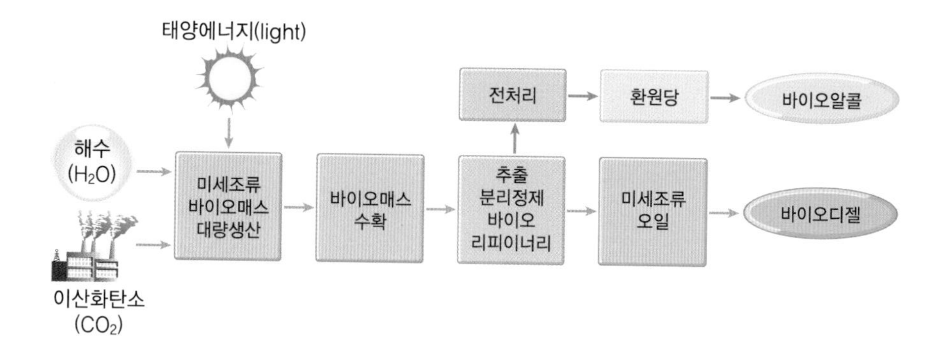

그림 13-6 미세조류를 이용한 바이오매스 수확과 바이오에너지 생산과정

미세조류(microalgae)는 식물성 플랑크톤으로, 이 중 클로렐라는 건강식품으로, 스피룰리나는 단백질원으로 개발하고자 대량 배양하고 있다. 스피룰리나는 단백질 함량이 건량의 46~71%로 매우 높고, 감마리놀렌산(γ-linolenic acid, GLA), 피코시아닌(phycocyanin), 믹소잔토필(myxoxanthophyll), 제아잔틴(zeaxanthin) 등 약리작용을 나타내는 물질이 다량 함유되어 있어, 사람뿐만 아니라 동물에게까지 단백질이나 비타민을 제공하는 건강보조식품으로 선호되고 있다.

3. 융복합 관점에서의 식생활

1) 영양유전체학

영양유전체학(nutrigenomics)이란 그림 13-7과 같이 유전체와 영양소 간의 상호작용을 분석하기 위해 유전자 대량 분석기술(high-throughput technology)을 영양학에 적용한 학문이다. 즉 인간의 건강과 영양에 대한 대사체 진단기술, 단백질체학, 전사체학, 유전체학을 적용하여 개인의 유전적 특성에 따라 개인이 섭취한 영양소에 반응하는 차이를 규명하면 개인별 맞춤 식품을 추천할 수 있다.

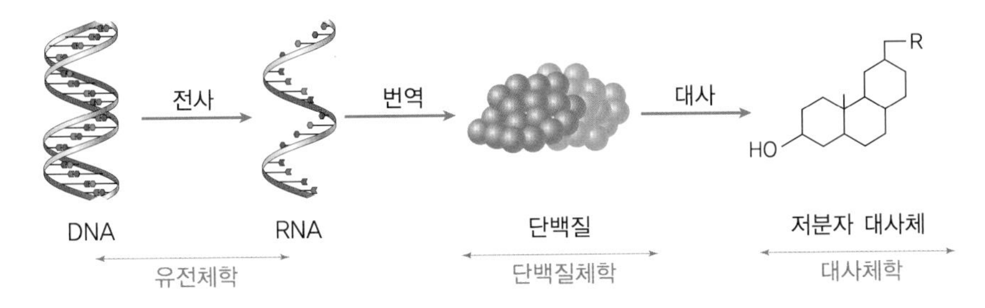

그림 13-7 영양유전체학 관련 학문 영역 구분

(1) 영양유전체학과 개인 맞춤형 기능식품

영양소에 의한 유전자 발현 조절, 단백질 합성, 활성의 변화, 대사물질의 합성과 분해

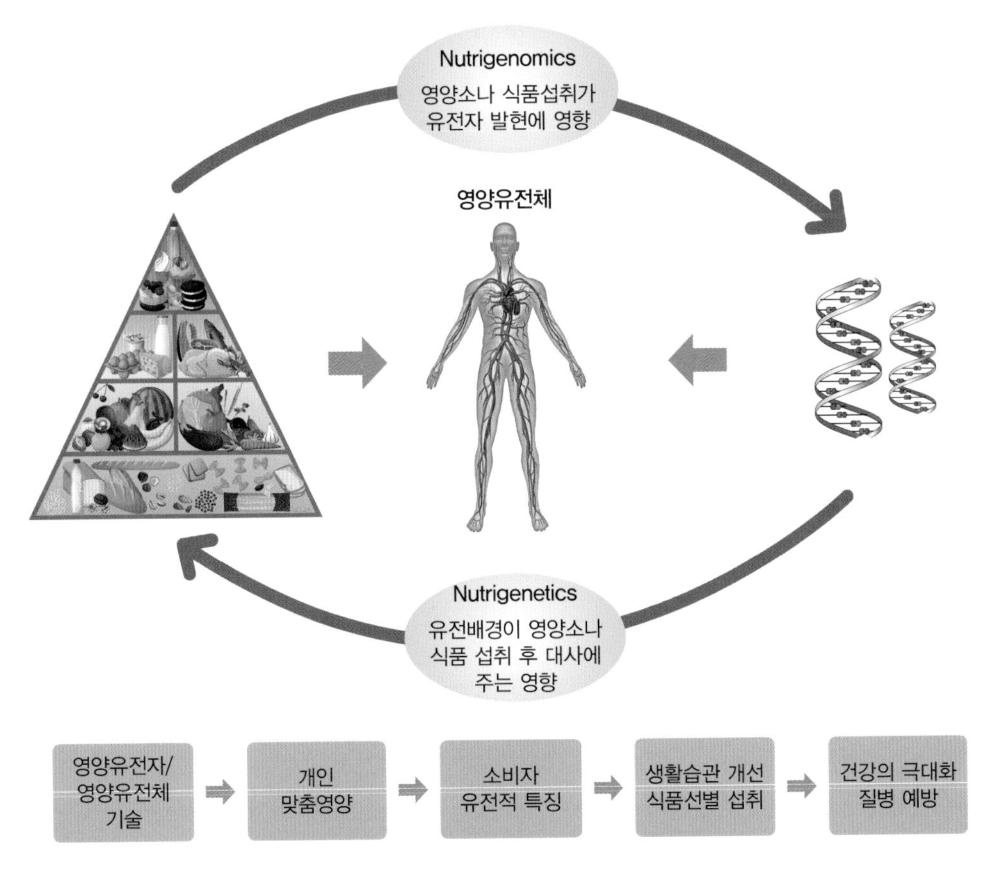

그림 13-8 영양유전체 기술과 개인 맞춤형 질병 예방 관계

자료 : 이종호(2017). 혈관경직도와영양대사체및영양유전자의연구.

등에 미치는 영향을 포괄적으로 연구함으로써, 질병의 유발과 예방에 관여하는 유전체-영양소 상호작용에 대한 이해를 증진시킨다. 영양소나 식품 섭취가 유전자 발현에 미치는 영향을 연구하는 영양게놈학(nutrigenomics)과 유전배경이 영양소나 식품 섭취 후 대사에 미치는 영향을 연구하는 영양유전체학(nutrigenetics)을 이용하여, 개인의 맞춤영양과 관련한 유전적 특징을 검토하고, 식품을 선별 섭취하여 생활습관의 개선을 통해 질병을 예방하고 건강을 극대화하는 데 이용한다.

(2) 영양유전체학의 윤리적 문제와 개인 맞춤형 기능식품의 규제 필요

영양유전체학은 인간을 대상으로 하거나 인간의 유전정보를 이용하는 연구이므로 유전자 연구에 준하여 윤리적 연구 수행을 강조해야 한다. 따라서 영양유전체학의 발전과 관련된 규제, 지침, 관리 및 감독 등의 규제 환경이 필요하며, 영양유전체 연구와 영양유전자검사 및 유전형에 근거한 맞춤형 기능식품에 대해 각기 다른 규제가 필요하다.

① 영양유전체 연구에 적합한 윤리지침을 마련하여 제공하고 교육함으로써 연구 발전과 윤리적 수행을 병행하여 지원해야 한다.
② 영양유전자검사에 대한 분석 타당성(analysis validity), 임상적 타당성(clinical validity), 임상적 유용성(clinical utility) 및 윤리적 및 사회적 암시(ethical and social implication)의 평가가 전제되어야 한다. 소비자가 영양유전자검사에 대해 합리적인 의사결정자로서의 역할을 담당하도록 지원하는 규제가 필요하다.
③ 유전형에 따른 기능식품의 개발 및 상업화는 시장의 진입 가능성을 규정하여 일차적으로 소비자를 보호하며 실제 시장의 거래를 감시 및 감독하는 것도 중요하다.

(3) 영양유전체학의 적용

1996년 유전자 내에 유전자 다형성이 존재함이 알려졌고, 인간의 DNA 염기서열은 각 개인 간에 99.9%가 일치함이 밝혀졌다. 즉 개인 간 0.1%의 작은 유전자 차이에도 질병에 대한 감수성 차이를 가져온다는 것이다. 유전자 다형성 중 가장 많이 존재하는 단일염기 다형성(SNP, Single Nucleotide Polymorphism)은 인구의 1% 이상에서 나타나는 형태인데, 영양유전체학 연구 과학자들은 이 차이로 개인의 음식에 대한 반응이 완전히 달라진다고 밝혔다.

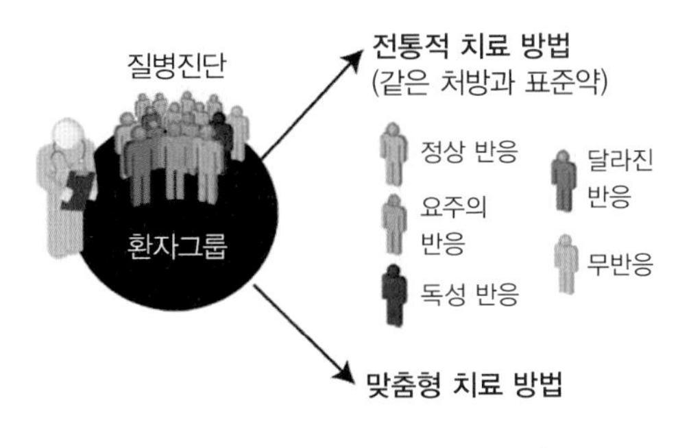

그림 13-9 맞춤형 치료의 필요성

- 노화는 유전자와 환경 요소의 상호작용에 의존하는 복합 다중 요인에 의해 영향을 받으므로, 유전학적 검사를 통한 맞춤형 식단은 노화관련 질환을 치료하는 데에 도움이 된다.
- 유전학적 검사를 통해 특정 영양소를 대사하는 데에 필요한 효소의 결손이 확인되면, 이상 대사산물이 생성되지 않도록 비정상적으로 축적되는 전구물질의 섭취는 줄이고, 생성이 안 되어 부족한 물질의 섭취는 더 보충해주는 식사를 적절히 처방할 수 있다.
- 아포지단백질(apolipoprotein) E의 다형성 중 특정 타입은 알츠하이머의 유발율을 예측할 수 있으며, 치료 약물의 임상적 효과와 비타민 E의 잠재적 장점에 중요한 지표 역할을 한다.
- LDL-콜레스테롤과 관련하여 유전적으로 X와 Y그룹이 있는데, Y그룹은 지단백질 입자가 작아 잘 뭉쳐 동맥을 쉽게 막기 때문에, 저지방·고탄수화물 식이요법으로 효과를 볼 수 있다.
- 유전적으로 엽산(folate)을 많이 필요로 하는 사람은 엽산이 풍부한 음식을 먹으면 대장암 발생 위험을 효과적으로 줄일 수 있다.

2) 3D 식품프린터

정보기술의 발달로 소비자가 원하는 상품을 스스로 만드는 다품종 맞춤형 생산 시대로 접어들었는데, 이런 4차 산업혁명을 이끌어 갈 기술이 3D 프린팅 기술이다. 3D 프린팅 기술은 특정 소프트웨어로 그린 3차원 설계도를 통해서 마치 종이에 인쇄하듯 밀도와 부피를 갖춘 사물과 제품을 만들어내며, 전산제어기술과 통합하여 소량 혹은 산업화 스케일로 주문 대응형 제조공정에 이용이 가능하다.

(1) 3D 프린팅 기술 발달과 식품산업

3D 입체조형 제조법은 크게 두 가지의 방식으로, 가루나 액체를 굳혀가며 한 층씩 쌓는 적층형(additive manufacturing)과 합성수지 덩어리를 깎아가며 모양을 만드는 절삭형(milling)으로 나뉘지만, 식품의 제조를 위한 3D 프린팅에는 주로 적층형이 사용된다. 다음은 식품산업에서의 3D 프린팅 기술의 발달 사례이다.

그림 13-10 3D프린터를 이용하여 만들어진 정교한 제품

① **2006년 :** 코넬(Cornell) 대학의 Fab@Home은 오픈 이노베이션 프로젝트(open innovation project)의 일환으로 초콜릿, 쿠키 반죽 그리고 치즈를 활용할 수 있는 압출적층조형(FDM, Fused Deposition Modeling) 방식 3D 프린팅 장비의 보급화를 위해 노력한 대표적 사례이다.

② **2011년 :** 초콜릿을 재료로 하는 3D 프린터가 최초로 개발되어, FDM 방식으로 디자인된 3차원 설계에 따라 압출기가 노즐을 통해 초콜릿, 크림, 반죽 등의 원료를 밀어 얇게 짜면서 이를 층층이 쌓아올려 초콜릿을 만들었다.

③ **2013년 :** 미국 항공우주국(NASA)은 우주에서 피자를 만드는 3D 프린터 개발을 진행했는데, 식용재료로 유지, 분말, 단백질 및 소화 가능한 영양성분들을 사용하였다.

④ **2014년 :** 미국의 내추럴 머신(Natural Machine) 사가 푸디니(foodini)라는 3D 프린터를 개발했다. 일반적으로 3D 식품프린터들은 음식재료가 프린터 안에 장착되는 반면, 푸디니는 프린터 안의 캡슐에 넣어 다양한 종류의 빵, 파스타, 피자 등을 만들어낸다.

⑤ **2015년 :** 싱가폴 국립대는 open-source FDM 방식의 3D 프린터에 쿠키도우를 소재로 하여 압출한 결과물을 굽는 방식으로 쿠키를 출력하였으며, 쿠키도우뿐만 아닌 으깬 감자나 초콜릿 크림과 같은 압출이 가능한 여러 식재료도 사용할 수 있도록 응용하여 그 성과를 발표하였다.

(2) 3D 프린팅을 이용한 맞춤형 식품의 장점

① 음식의 구성 및 구조를 표현할 수 있다.
② 개인의 기호에 맞춰 영양소, 감미료, 향신료 함량을 조절하여 맞춤형 식품을 제공할 수 있다.
③ 음식을 씹거나 삼키기 어려운 저작장애 고령층이나 연하장애 환자를 위한 식품 농도를 조절한 개별적인 영양식을 개발할 수 있다.
④ 식재료의 한계를 극복할 수 있다.
⑤ 동일한 설계를 바탕으로 모든 음식의 맛을 똑같이 재현할 수 있다.

3) 푸드테크

푸드테크(food tech)란 식품산업과 정보 기술(IT)이 접목된 신산업 분야로 전 세계적으로도 주목받는 시장이다. 기존의 개념이 단순히 식품문화의 과학화였다면, 이 신산업은 소비자들이 음식을 맛있고 간편하게 소비하려는 요구를 충족할 뿐 아니라, 인류의 식량문제를 책임질 차세대 먹거리 개발로까지 나아가는 등 그 영역을 확장 중이다. 푸드테크의 세부 분야는 표 13-5와 같다.

표 13-5 푸드테크의 세부 분야

카테고리	비전
영농(farming)	농업(agriculture), 수경재배(aquaculture), 생명공학(biotechnology)
케이터링(catering)	식품점(grocery), 농업협동조합(farmers cooperative)
검색(searching)	사회의 플랫폼(social platform), 영양적인 조언(nutritional advices)
제조(manufacturing)	기구(tools), 기기(machine), 기능성식품(alicament), 음료(beverages), 포장(packaging)
주문 및 배달 (ordering & delivering)	meal online, 주문(ordering), selling online, box delivery
소비(consuming)	bar, restaurants, foodtruck, entertainment
제공기술 (providing technology)	software, hardware, SaaS(Software as a Service, 예 : 클라우드 서비스)

자료 : KB 지식비타민(2016).

(1) 외국의 푸드테크 시장

신선한 식재료 배달시장을 놓고 아마존 프레시와 구글 익스프레스가 다투고 있고, 우버도 2015년 음식배송 서비스인 우버이트(uber eat) 영업을 시작했다.

햄버거처럼 빨리 만들어 빨리 먹는 인스턴트 음식이 아니라, 유명한 세프가 직접 구성한 레시피나 식자재를 보내줘서 주문자가 굉장히 빨리 만들어 먹을 수 있게 해주는 패스트푸드 2.0이 뜨고 있다. 미국 뉴욕 기반의 스타트업 메이플이나 중국의 하우추스가 그런 경우이다. 하우추스는 중국의 4대 지역 음식(사천·광둥·후난·산둥)과 요리사를 선택하면 원하는 시간에 출장 요리를 해준다.

글로벌 푸드데크

1. 대체식량 개발

- 비욘드 미트 · 임파서블푸드(가짜 고기 개발)
- 모던메도우 · 컬처드비프(실험실 배양육 개발)
- 햄프던 크릭(가짜 달걀 개발)

코

2. O2O(앱 기반요리 · 식재료 주문 · 배달)

- 미국 인스타카트(장보기 대리)
- 아마존 프레시
- 구글 익스프레스 with 홀푸드 · 코스트
- 영국 딜리버루
- 중국 하오추스(요리사 출장요리)

(2) 국내의 푸드테크 시장

국내에서도 농업·식품·외식 분야에 도전하는 스타트업이 늘고 있다. 이들은 건강한 농법으로 생산한 식재료로 만든 맛있는 음식을 언제든지 먹고 싶은 곳에서 먹거나 만들기까지, 거쳐야 할 모든 단계에 혁신을 시도하고 있다.

국내에서 서비스되고 있는 배달의 민족, 요기요 등 배달 앱은 출시 5년 만에 누적 다운로드 건수가 4,000만 건에 육박하고, 거래액도 지난해 기준 약 2조 원에 달한다. 국내에는 현재 약 300여 개의 푸드테크 스타트업이 다양한 분야에서 활동 중이다. 국내에서 활동 중인 대표적인 푸드테크 스타트업들을 분류해 보면 크게 다음 4가지 분야로 구분할 수 있다.

- **배달 및 배송 서비스 :** 배달음식을 주문하고 결제까지하는 음식배달 서비스, 배달이 안 되는 식당음식을 배달해주는 맛집배달 서비스, 식재료 배송 서비스 등
- **온디맨드 서비스 :** 음식점 예약을 대행해주는 식당예약 서비스, 모바일로 주문 및 결제하는 오더 서비스, 정기적으로 식재료를 배송해주는 정기배송 서비스, 기업 직장인들을 위한 전자식권 서비스, 신선한 농산물을 직거래하는 식자재 플랫폼 서비스 등
- **콘텐츠 서비스 :** 맛집 정보 제공 및 추천을 해주는 맛집정보 서비스, 음식을 만들어 먹을 수 있는 레시피를 제공하는 레시피 서비스, 빅데이터 분석을 통한 맞춤형 서비스 등
- **인프라 서비스 :** 첨단 기술을 활용해 농산물을 생산하는 스마트팜, 외식업에 필요한 판매시점 정보관리시스템(POS), 반경 50~70m 범위 안에 있는 사용자의 위치를 찾아 메시지 전송과 모바일 결제 등을 가능하게 해주는 스마트폰 근거리 통신 기술인 비컨(Beacon), 지리적 위치를 파악해주는 무선통신 기술, 음식점을 위한 크라우드펀딩, 차세대 식품, 3D 푸드 프린팅, 로봇요리사 등

4) 스마트 키친

사물인터넷(IoT, Internet of Things)이 점차 현실화되면서 가장 활발하게 투자가 이뤄지고 있는 분야 중의 하나는 스마트홈(smart home)이다. 특히 집의 중심이 거실에서 주방으로 옮겨가고 있어 스마트 홈의 혁명은 스마트 키친에서 시작될 것이라는 전망이 나오고 있다.

냉장고를 비롯해 오븐, 세탁기, 저울이나 밥솥과 같은 소형 주방기기에 이르기까지 사물인터넷으로 연결되고, 스마트폰 및 태블릿을 통한 요리 정보에 대한 검색과 요리 앱 활용이 보편화되는 추세이다.

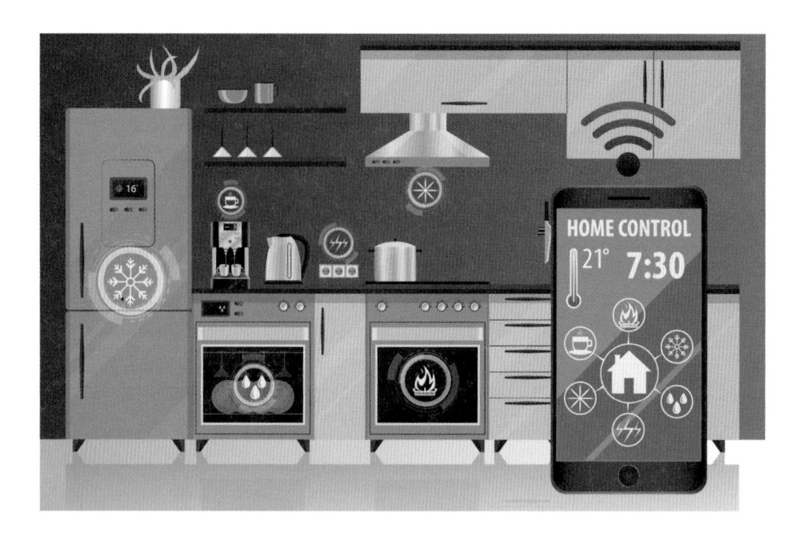

그림 13-11 스마트 키친

(1) 스마트 저울

프리 패드(pre pad)는 음식의 영양소와 칼로리를 바로 분석해서 알려주는 저울로, 블루투스를 통해 카운터탑(countertop)이라는 앱에 자동으로 연결되어 정보를 보여주며, 건강과 식습관까지도 분석해주는 기능이 있다. 드롭(drop)은 스마트 기기와 연결되어 다양한 레시피를 볼 수 있으며 저울을 통해 완전한 베이킹을 할 수 있다.

(2) 스마트 오븐

삼성 스마트 오븐은 총 160가지 요리를 자동으로 조리해주는 기능이 있어, 식재료만 준비해놓으면 오븐이 알아서 조리해준다. 항균인증을 받은 세라믹으로 조리실의 천장에 있는 72개 구멍에서 강력한 열풍을 식재료로 바로 뿜어내어, 식재료의 겉을 더욱 바삭하게 하면서도 속은 촉촉하게 조리하는 핫블라스트 기능도 탑재하고 있다.

LG 전자의 디오스 인버터 광파오븐은 인버터 기술로 구이뿐 아니라 발효, 스팀, 튀김, 건조, 토스트 등 다양한 기능을 갖추고, 마이크로웨이브의 세기를 섬세하게 조절해준다. 조리에 꼭 필요한 화력만 사용하기 때문에 기존 제품 대비 에너지 효율이 높다. 앱을 선택한 다음 제품에 부착된 근접무선통신(NFC) 태그에 대면 조리 기능, 온도, 시간 등이 자동으로 설정된다.

(3) 스마트 프라이팬

최첨단 스마트 프라이팬(pantelligent)은 CircuitLab, Inc에서 개발한 혁신적인 디자인과 스마트한 기술로 조리시간과 온도를 최적화해주어 완벽한 요리를 보장한다. 스마트 프라이팬의 숨겨진 센서가 프라이팬에 음식을 올리는 순간부터 온도를 측정하고, 앱에 재료의 두께, 크기, 굽기 방식(웰돈, 미디엄, 레어)을 입력하면 실시간으로 굽는 과정을 모니터링해준다.

(4) 스마트 냉장고

삼성전자가 스마트 기능을 결합한 셰프컬렉션 패밀리허브(chef collection family hub) 냉장고를 출시했다. 미세정온기술을 풀메탈쿨링으로 강화했고 푸드 레시피 등도 들어 있으며, 사물인터넷 기술을 접목한 주방가전으로 음성인식과 가족 구성원별 개인 계정 설정 기능 등을 추가해 사용 편의성을 크게 높였다.

LG 전자는 TV를 시청할 수 있는 스마트 냉장고를 시작으로 다양한 엔터테인먼트 기능을 결합한 제품까지 출시하고 있으며, 냉장고 내부에 카메라를 탑재해 외부에서 쇼핑할 때 촬영한 이미지로 신선식품을 확인하고 구입할 수 있게 했다. 저전력 시스템을 기반으로 마이크로소프트 윈도 10 IoT 엔터프라이즈 운영체제 등을 채택하고, 아마존의 인공지능 음성서비스 알렉사를 연동하며 직접 개발한 웹OS를 탑재하였다.

이렇듯이 스마트 가전제품은 앱으로 스마트폰과 연계하며 음성인식은 물론 IoT와 AI를 탑재하고 다양한 기능을 갖추고 있어, 지속적으로 어떻게 발전할 수 있을지 지켜볼 필요가 있다.

참고문헌

구난숙 외(2017). 세계 속의 음식문화(4판). 교문사.

구난숙 외(2016). 식품위생학. 파워북.

구성자·김희선(2005). 새롭게 쓴 세계의 음식문화. 교문사.

구재옥 외(2017). 식사요법. 교문사.

권순자 외(2016). 식생활관리(제3판). 파워북.

권순자 외(2012). 웰빙식생활(제3판). 교문사.

김덕웅 외(2016). 21C 식품위생학. 수학사.

농수산 유통공사(2017). 2017 식품외식산업전망대회 발표자료집.

농업생명공학기술바로알기협의회(2009). 식탁 뒤의 생명공학. 푸른길.

농촌진흥청(2007). 식품성분표.

대한고혈압학회(2013). 고혈압진료지침.

대한당뇨병학회(2015). 당뇨병 진료지침.

대한비만학회(2012). 비만치료지침.

대한영양사협회(2010). 식사계획을 위한 식품교환표.

대한영양사협회. 저염식 실천지침.

류재주(2015.11.17). 신토불이와 로컬푸트. 경남도민신문.

미국암연구소. 암 예방 식품 피라미드.

박상철(2005). 한국 장수인의 개체적 특성과 사회환경적 요인. 서울대학교출판부.

배재대학교 외식급식경영학과(2002). 제3회 지구촌 식문화 전시회 작품자료집.

배재대학교 외식급식경영학과(2003). 제4회 지구촌 식문화 전시회 작품자료집.

배재대학교 외식급식경영학과(2004). 제5회 지구촌 식문화 전시회 작품자료집.

배재대학교 외식급식경영학과(2005). 제6회 지구촌 식문화 전시회 작품자료집.

보건복지부·국립암센터(2015). 우리나라 주요 암 발생분율.

보건복지부·질병관리본부(2015). 청소년건강온라인행태조사.

보건복지부·한국영양학회(2015). 한국인 영양소 섭취기준.

손숙미 외(2018). 임상영양학. 교문사.

식품의약품안전처. 스마트건강지킴이영양표시.

식품의약품안전처. 식품첨가물 바로알기.

식품의약품안전처. 식품의 기준 및 규격에서 정하는 가공식품이란? – 가공식품 해당여부 매뉴얼.

식품의약품안전처(2016). 수입 식품 현황.

식품의약품안전처(2017). 음식 중 나트륨 함량.

식품의약품안전평가원(2016). 2016 유전자변형식품 올바로 알아보기.

원융희(2007). 음식으로 찾아가는 47개국 문화여행. 자작나무.

이연정 외(2011). 한국 음식의 이해. 대왕사.

장동석 외(2008). 식품위생학. 정문각.

장성호(2017). HMR 트렌드와 발전방향. 식품산업과 영양, 22(1). p.13-17.

장영주(2015.06). 지표로 보는 이슈-GMO 수입현황과 시사점. 국회입법조사처.

정진명·남재원(2015). 배달앱서비스 이용자보호 방안, 소비자문제연구 제46권 제2호. p.207-230.

정혜경 외(2013). 식생활문화. 교문사.

조 슈워츠 저. 김명남 역(2016). 똑똑한 음식책. 바다출판사.

질병관리본부. 2005년 국민영양통계.

질병관리본부. 2015년 국민영양통계.

최혜미(2017). 21세기 영양학. 교문사.

통계청(2014). 식료품비 지출 중 외식비 비율 추이.

통계청(2015). 사망원인통계.

한국농수산식품유통공사(2015). 2015년 가공식품 소비량 및 소비행태 조사·가공식품 소비행태 조사 보고서편.

한국식품과학회(2008). 식품과학기술대사전. 광일문화사.

한국농촌경제연구원(2016). 한국인의 식품소비 심층 분석.

한국지질동맥경화학회(2015). 이상지질혈증 치료지침.

WHO(2003). Diet, nutrition and the prevention of chronic diseases, WHO/FAO expert consultation.

웹사이트

네이버 메거진 http://navercast.naver.com

네이버 지식백과 http://terms.naver.com

대한급식신문 http://www.fsnews.co.kr

베타뉴스 http://www.betanews.net

식품안전나라 http://foodsafetykorea.go.kr

식품음료신문 http://www.facebook.com/foodnews

식품의약품안전처 http://www.mfds.go.kr

푸드뉴스 http://www.foodnews.co.kr

한국외식산업연구원 http://www.kfiri.org

한수원블로그 http://blog.khnp.co.kr

한식진흥원 http://hansik.or.kr/kr

isaaa(International Service for the Acquisition of Agri-biotech Applications) http://www.isaaa.org

찾아보기

저자 소개

신말식

서울대학교 이학 박사(식품학 전공)
현재 전남대학교 식품영양과학부 명예교수

서정숙

서울대학교 농학 박사(영양학 전공)
현재 영남대학교 식품영양학과 명예교수

권순자

일본 도쿄대학 보건학 박사(보건영양학 전공)
현재 배재대학교 융복합교육부 식품영양학전공 교수

우미경

충남대학교 이학 박사(영양학 전공)
현재 한남대학교 식품영양학과 강사
배재대학교 외식조리학과 강사

이경애

일본 도쿄대학 농학 박사(식품학 전공)
현재 순천향대학교 식품영양학과 교수

송미영

충남대학교 이학 박사(영양학 전공)
현재 우송대학교 외식조리영양학부 식품영양학전공 교수

100세
시대를 위한
건강한
식생활

2018년 5월 1일 초판 발행
2023년 2월 28일 초판 3쇄 발행

지은이 신말식 · 서정숙 · 권순자 · 우미경 · 이경애 · 송미영
펴낸이 류원식
펴낸곳 **교문사**
편집팀장 김경수
책임진행 권혜지
디자인 신나리
본문편집 우은영

주소 (10881)경기도 파주시 문발로 116
전화 031-955-6111
팩스 031-955-0955
홈페이지 www.gyomoon.com
E-mail genie@gyomoon.com
등록 1968. 10. 28. 제406-2006-000035호
ISBN 978-89-363-1735-5(93590)
값 19,600원